华章科技
| Science & Technology

EMBEDDED
OPERATING SYSTEM
History of Development and Future
in the Internet of Things

嵌入式操作系统风云录

历史演进与物联网未来

何小庆 著

机械工业出版社
China Machine Press

图书在版编目（CIP）数据

嵌入式操作系统风云录：历史演进与物联网未来 / 何小庆著 . —北京：机械工业出版社，
2016.10

ISBN 978-7-111-55085-3

Ⅰ. 嵌…　Ⅱ. 何…　Ⅲ. 实时操作系统　Ⅳ. TP316.2

中国版本图书馆 CIP 数据核字（2016）第 248216 号

　　本书全面回顾了嵌入式操作系统的演进历史，主流的嵌入式操作系统的技术特点、成长历程以及背后的商业故事，展望了嵌入式操作系统未来的技术路径、市场发展趋势和物联网时代的新机遇。并按时间轴讲述了从 RTOS、开源嵌入式操作系统到物联网操作系统的发展历程，以技术为视角剖析了嵌入式操作系统的实时性、安全性和云计算等重要技术，从手机、通信、汽车和可穿戴设备几个市场讨论了嵌入式操作系统的应用，从嵌入式操作系统知识产权角度讨论了商业模式的问题。

　　本书适合电子信息行业的人士阅读，尤其适合嵌入式系统、电子设计和工业控制领域的工程技术人员、管理和营销人士阅读，也可供从事嵌入式系统教学和学术研究领域的科研人员、老师，以及高校计算机、物联网、电子信息和自动控制等专业学习嵌入式课程的学生学习参考。

嵌入式操作系统风云录：历史演进与物联网未来

出版发行：机械工业出版社（北京市西城区百万庄大街 22 号　邮政编码：100037）
责任编辑：缪　杰　　　　　　　　　　　　　　责任校对：殷　虹
印　　刷：三河市宏图印务有限公司　　　　　　版　　次：2016 年 11 月第 1 版第 1 次印刷
开　　本：186mm×240mm　1/16　　　　　　　印　　张：16.75
书　　号：ISBN 978-7-111-55085-3　　　　　　定　　价：59.00 元

凡购本书，如有缺页、倒页、脱页，由本社发行部调换
客服热线：（010）88379426　88361066　　　　投稿热线：（010）88379604
购书热线：（010）68326294　88379649　68995259　读者信箱：hzit@hzbook.com

计算机技术可以说是人类历史上最重要的发明之一，但是业内人士担心这一重要技术的发展历史并没有被正确地保留下来。即使是能够以实物保留的硬件，不少也已经被拆解，无法让后人完整地学习和了解。事实上，美国加利福尼亚山景城的计算机博物馆正是为了保存计算机技术的历史而创建的。对于软件而言，如何保存的问题就更加严重了，也许只有手册、源代码列表或者磁带可以保存。

针对这一问题，Allan（何小庆的英文名）决定撰写本书，以自己的力量来更好地保存软件的历史。嵌入式软件的特性决定了它们隐藏在航空、运输、通信等众多大型应用领域中，对于外界基本是不可见的（除非它们出了故障）。这也意味着除了少数业内人士以外，更多的人根本都不知道这些软件的存在。尽管如此，嵌入式软件全天候、可靠、安全地运行对于整体系统而言是极其重要的。

在个人计算机兴起的时代，Intel 公司的处理器也遇到了类似的苦恼，但他们成功地通过 Intel Inside 宣传项目让自己的品牌广为人知。很遗憾，对于嵌入式操作系统而言，历史上并没有一个关于“内有嵌入式操作系统”的宣传活动来让更多的人知晓它。

尽管嵌入式系统业内没有像 Intel 这样成功地宣传自己的公司，但好消息是，Allan 是业内先锋之一，他处在能够记录历史的独特位置上。20 世纪 90 年代早期，Allan 是中国嵌入式软件市场最早的企业家之一，他先创建了 Ready System 中国，后来创建了 BMR（麦克泰）。近 30 年来，Allan 一直在推动 RTOS 技术和嵌入式 Linux 的应用。1992 年前后，Allan 加入了国际嵌入式系统社区，他也很可能因此成为中国最早的 Linux 和互联网用户之一（Linux 在 1991 年首次发行）。Allan 是一个言行一致的企业家，他说到做到（在硅谷，这是衷心的赞美）。

在本书中，你能够体会到保留软件历史的核心，听到内行人士亲自向你讲述历史。在此向 Allan 致以敬意，感谢他投入时间和精力来撰写本书。

Jim Ready

2016 年 2 月 9 日

写于美国加利福尼亚库比蒂诺

我是在 1994 年正式进入嵌入式系统这个领域的，之前 10 年，我虽然参与过工业自动化和通信设备开发项目，但在当时，它们还不能算是真正意义上的嵌入式系统。可以这样讲，1994 年之前我对实时多任务操作系统有一定的了解，但对嵌入式操作系统基本上是一无所知。20 多年一路走过来，我与嵌入式系统和嵌入式操作系统结下了不解之缘。

写作的初衷

本书最初的构想还要从 2008 年整理的一本小册子《嵌入式系统文集》说起。就在那一年，我自己有了更多的可以自由支配的时间，于是我将前几年撰写的 20 余篇文章整理成文集，并印刷了一小批送给我的朋友，这算是本书的雏形。

2011 年，我在桂林参加飞思卡尔大学计划的交流会，期间我做了一个题为"嵌入式系统：以变应变、未来无限"的发言。听了我的发言，同去参会的电子工业出版社的一位编辑就建议我写一本关于嵌入式操作系统历史的书籍。之后，他还很热情地寄给我一本吴军写的《浪潮之巅》。这位朋友的鼓励是我写成本书的一个推动力。

2013 年下半年，与非网的刘福锋和高扬两位主编找到我，希望我能写一个介绍嵌入式操作系统发展历史的系列文章。经过构思，我前后花 2 个月时间完成了 12 篇文章，并于 2014 年 1 ~ 3 月在与非网"嵌入式操作系统史话"栏目上发表。这些文章受到了业内人士的普遍好评，也让初学者弄清楚了嵌入式操作系统的概念和产品变迁历史。这一次的系列文章让我对嵌入式操作系统历史的知识积累更加丰富，也让我确定了撰写嵌入式操作系统风云录图书的计划。

2014 年中期，我把与非网文章的链接发给了对嵌入式 Linux 很感兴趣的张国强先生，当时他是机械工业出版社华章公司的策划编辑。他很热情地邀请我写一本嵌入式操作系统科技史的图书。于是写这本书就到了水到渠成的时候。此外，我确信物联网操作系统将是嵌入式操作系统的发展方向之一，这也是我下定决心写本书的原因之一。而在 2013 年年底写"嵌入式 OS 的未来"这篇文章的时候，我只是预感到物联网操作系统可能成为嵌入式产业界未来关注的方向。

本书的内容

本书共 15 章，包括史话、技术、应用、商业模式和发展几大部分内容。书中全面回顾了嵌入式操作系统的演进历史，主流的嵌入式操作系统的技术特点、成长历程以及背后的商业故事，展望了嵌入式操作系统未来的技术路径、市场发展趋势和物联网时代的新机遇。本书以时间为轴，讲述了从 RTOS、开源嵌入式操作系统到物联网操作系统的发展历程；以技术为视角，剖析了嵌入式操作系统的实时性、安全性和云计算等重要技术；从手机、通信、汽车和可穿戴设备几个市场角度讨论了嵌入式操作系统的应用，从嵌入式操作系统知识产权的角度讨论了商业模式的问题。嵌入式操作系统起源于北美，主要的创新也来自北美，但近年来，欧洲和亚洲的嵌入式操作系统发展也颇具特色，潜力无限，所以本书也以极大的热情关注了欧亚市场。

致谢

早在 1988 年我在北航计算机应用专业攻读研究生期间，田子钧和庄梓新两位导师就曾细心指导我对微处理器技术及其应用进行了深入的研究，这段经历为我今后从事嵌入式系统工作打下了坚实的基础。正如美国著名的嵌入式系统人士 Jack Ganssle 于 2011 年年底所说："在微处理器出现之前，如果你想在电子产品中加入计算机，那将是一件极其困难的事情。而在今天，任何电子产品如果没有嵌入智能，那将是无法想象的。"

真正引领我走入嵌入式操作系统大门的是 Jim Ready 和 Andre Kobel。Jim 是技术专家和成功的创业者，他善于把握大方向。Andre 精于销售和市场开发，他的帮助最为直接和有效。这两位前辈给了我进入嵌入式操作系统领域的信心，借助于 Jim Ready 创建的 Ready System 和 Microtec Research 公司的产品，我顺畅地走上了嵌入式系统的研究道路。

2009 年以后，我有幸与何立民教授在《单片机与嵌入式系统应用》杂志社共事。何老是中国单片机的开拓者之一，他敏捷的思维、开放的思想，以及严谨的作风让我受益匪浅。与何老等人共同创建的嵌入式系统联谊会让我有机会与高校嵌入式和物联网专业方向的老师相识并交流，加上后来我自己亲身参与高校的嵌入式和物联网的教学工作，这些让我对嵌入式系统的理解多了一个维度。

在学习和应用嵌入式操作系统的 20 多年中，许多学生、老师、企业和媒体界的朋友都给过我多方的帮助和支持，这里无法一一细说，借本书出版之机，谨表达我最真挚的感谢！

本书在写作过程中还得到了多位朋友的帮助，他们的贡献让本书的内容更加丰富，在这里一并奉上我的衷心感谢！这些朋友是：我与 Microtec Research 和 Montavista 合作时的老朋友 Jim Ready，他给了我一些珍贵的史料，并为本书撰写推荐序（Jim 现在在 Cadence 公司工作，任软件开发和业务发展集团的副总裁）；Bill Weinberg（Bill 曾在 Montavista 和 Black duck 工作，现在在 OSDL 工作）和 Jun Sun 博士（Jun 曾在 Montavista 和 Google 工作）；Micrium 的 Jean Labrosse 和 Christian Legare；麦克泰公司我的同事江文瑞和张爱华；还有曾经在麦克泰公司实习的李少莆博士、黄武陵博士和王霞女士；北京理工大学马忠梅副教授；中兴成都研究所的钟卫东总工程师；北京凯思昊鹏董事长顾玉良博士；RT-Thread 的创始人熊谱翔以及 Synopsys 武汉研究中心的任蔚博士等人，麦克泰公司及其合作伙伴也给我提供了资料。

我还要感谢多年来科技媒体界朋友们的帮助和支持，尤其是嵌入式联谊会的支持媒体（http://www.esbf.org.cn/），科技媒体在宣传嵌入式操作系统上一直不遗余力。

最后需要特别感谢的是我的家人，我的太太和儿子，他们倾力的支持才能让本书得以顺利完成。我太太帮助我审阅了全书，并帮助我精心梳理文字；我儿子何灵渊帮助我整理了文章。感谢他们的支持和理解，让我能一直做我喜欢的事。

2016 年 2 月 23 ~ 25 日，我访问了德国的纽伦堡，参加 Embedded World 2016 会议和展览。这个展览中，全球著名的嵌入式操作系统、软件和工具公司悉数登场。比如微软展示了 Windows 10 for IoT，ARM 演示了 embed OS 和谷歌 Brillo，QNX 展示了汽车电子应用，Gree Hills 和卡巴斯基展示了安全操作系统，Micrium

展示了最新的创客版本——μc/OS for maker。现场我还看到了 Expresslogic、Mentor Graphic、WindRiver（在 Intel 展位）等著名企业。欧洲 Enea 和 FreeRTOS，德国的 Segger、SYSGO、euros 也参加了展示，这些公司在欧洲市场都颇有名气。此外还有更多从事嵌入式操作系统安全认证、测试服务和应用方案的中小企业也来到现场。150 余场技术报告中，许多都是嵌入式操作系统相关的内容，在欧洲物联网和工业 4.0 发展浪潮中，嵌入式操作系统正在发挥着举足轻重的作用。

嵌入式操作系统是一门软硬结合、覆盖广泛的应用和工程技术，在当前物联网浪潮袭来之际，嵌入式操作系统再一次被推上了风口浪尖。我创建了 www.hexiaoqing.net 网站，将我过去 20 多年所写的文章和会议发言的 PPT，以及相关的资料全部放在上面，欢迎对嵌入式操作系统有兴趣的朋友随时浏览，也欢迎朋友们随时以任何方式与我交流和探讨。再次感谢大家！

何小庆

2016 年 4 月 20 日

写于北京海淀中关村

Contents **目　录**

认识嵌入式操作系统

操作系统和物联网是今天大众熟悉的二个专业技术词汇。人们拿起智能手机就想到绿色小机器人——谷歌的 Android 操作系统；使用电脑的时候就想到了 Windows 操作系统；当人们驾驶汽车时，使用 ETC 可以自动交费通过高速路的收费站；人们使用小米手环每天记录自己的运动步数，到了晚上，微信运动应用会自动将这些数据同步到云端，运动爱好者们在那里一决胜负。这些都是物联网应用。但是对于嵌入式系统和嵌入式操作系统的认识，人们的观点是不一致的。

什么是嵌入式系统

到底什么是嵌入式系统？什么又是嵌入式操作系统？这些概念不为大众所深入了解。既使我们这些专业人士对于嵌入式系统定义的理解也不尽相同，但概括起来，嵌入式系统的定义应该是这样两种：第一，嵌入式系统是专用的计算机系统，比如有这样的定义，以应用为中心，以计算机技术为基础，软件硬件可裁剪，对功能、可靠性、成本、体积、功耗严格要求的专用计算机系统；第二，嵌入式系统是软件和硬件的综合体，最经典的解释出自美国 CMP Books 出版的 Embedded Systems Dictionary 的中译本的定义，嵌入式系统是一种计算机硬件和软件的组合，也许还有机械装置或其他部件，用于实现一个特定功能。在某些情况下，嵌入式系统是一个大系统或产品的一部分，例如汽车中的防抱死制动系统。简练一点的定义还有 IEEE 的定义：嵌入式系统是软件和硬件的综合体，可以涵盖机电等附属装置。从以上的定义我们不难看出，嵌入式系统具备两个最显著的特点：一个是软硬结合；一个是计算功能。因此最近 Intel 和微软公司也把嵌入式系统称为智能系统，这样的说法也有其道理。

今天，嵌入式系统无处不在，从厨房里的电饭煲、冰箱，到我们每天使用的智能手机、智能手环和手表，它们都是嵌入式系统。还有我们驾驶的汽车和乘坐的高铁、飞机，里面含有许多嵌入式处理器和系统设备；保证我们互联网通信的网络中也有许多路由器、交换机和网关，它们都是嵌入式系统设备。

什么是嵌入式操作系统

每一个嵌入式系统至少有一个嵌入式微处理器（或微控制器和 DSP），运行在这些嵌入式微处理器中的软件就称为嵌入式软件，也称为固件（firmware）。初期这些软件都不是很复杂。随着嵌入式微处理器和微控制器从 8 位发展到 16 位和 32 位，整个嵌入式计算机系统也变得越来越庞大和复杂，这就需要有一个操作系统对微处理器进行管理和提供应用编程接口（API）。于是，实时多任务内核（real-time kernel）在 20 世纪 70 年代末应运而生。进入 20 世纪 80 年代，嵌入式系统应用开始变得更加复杂，仅仅只有实时多任务内核的嵌入式操作系统已无法满足以通信设备为代表的嵌入式开发需求。最初的实时多任务内核开始发展成一个包括网络、文件、开发和调试环境的完整的实时多任务操作系统（称为 RTOS）。到了 20 世纪 90 年代，嵌入式微处理器技术已经成熟，除了传统的 x86 处理器，以 ARM7/9 为代表的嵌入式处理器开始流行起来，这也让以 Linux 为代表的通用操作系统进入了嵌入式系统应用这个领域，一些针对资源受限硬件的 Linux 发行版本开始出现，也就是我们所说的嵌入式 Linux。进入 2000 年以后，Android 开始被广泛地应用在具有人机界面的嵌入式设备中。近来，物联网操作系统又以崭新的面貌进入了人们的视野。

所有可用于嵌入式系统的操作系统都可以称为嵌入式操作系统（国外称为 Embedded Operating System 或者 Embedded OS，中文简称为嵌入式 OS）。既然它是一个操作系统，那就必须具备操作系统的功能——任务（进程）、通信、调度和内存管理等内核功能，还需要具备内核之外的文件、网络、设备等服务能力。为了适应技术发展，嵌入式操作系统还应具备多核、虚拟化和安全的机制，以及完善的开发环境和生态系统。嵌入式 OS 必须能支持嵌入式系统特殊性的需求，如实时性、可靠性、可裁剪和固化（嵌入）等特点。这里不一一细说。

Labrosse 和 Noergaard 在《Embedded Software》中的"Embedded Operating System"一章中对嵌入式操作系统有这样的描述：每一种嵌入式操作系统所包含的组件可能有所不同，但至少都要有一个内核，这个内核应具备操作系统的基本功能。嵌入式操作系统可以运行在任何移植好的 CPU 上，可以在设备驱动程序之上运行，也可以通过 BSP（板支持软件包）来支持操作系统运行。

20 世纪 70 年代末，嵌入式操作系统的商业产品开始在北美出现。进入 20 世纪 90 年代，嵌入式操作系统的数量呈井喷式增加，最鼎盛的时候有数百种之多，经过 30 多年的市场发展和淘汰，如今依然有数十种。但是，真正在市场上具有影响力并有一定的客户数量和成功的应用产品的嵌入式操作系统并不多，常见的有：eCos、μC/OS-II 和 III、VxWorks、pSOS、Nucleus、ThreadX、Rtems、QNX、INTEGRITY、OSE、C Executive、CMX、SMX、emOS、Chrous、VRTX、RTX、FreeRTOS、LynxOS、ITRON、Symbian、RT-thread，以及 Linux 家族的各种版本，比如 μClinux、Android 和 Meego 等，还有微软家族的 WinCE、Windows Embedded、Windows Mobile 等。其中有些产品已经因为公司被收购而消失，比如 pSOS、VRTX 和 Chrous 等；还有的开源嵌入式操作系统因为缺少维护而逐渐被放弃，比如 eCos 和 Meego 等。关于这些操作系统的情况，本书后面的章节将会有更多的介绍。

嵌入式操作系统分类

通用的操作系统按照应用可分成桌面和服务器两种版本，近年随着智能终端（手机和平板电脑）的兴起，又增加了一个移动版本，而服务器版本随着云计算的发展，又出现了云操作系统这一"新贵"。但是，嵌入式操作系统分类却是一件很困难的事情。原因是什么呢？因为嵌入式系统没有一个标准的平台。从实时性角度看，嵌入式操作系统可分为硬实时和软实时，RTOS 是硬实时操作系统，而 Linux 是软实时的操作系统；从商业模式看可分为开源和闭源（私有）；从应用角度看可分为通用的嵌入式操作系统和专用的嵌入式操作系统。比如，VxWorks 就是硬实时、私有和专用的操作系统，而嵌入式 Linux 就是软实时、开源和通用的嵌入式操作系统。Android 是一个有趣的例子，它主要应用在智能手机和平板电脑中，不是一个典型的嵌入式操作系统。但是最近几年，它也开始广泛应用在消费电子产品中，比如智能电视、智能手表，甚至是工业电子应用中，这说明它正在逐渐变成为一个嵌入式操作系统。

从内核技术看，嵌入式操作系统有 3 种架构：单片（monolithic）、分层（layer）和微内核（microkernel）。单片架构是将设备驱动、中间件和内核功能模块集成在一起。单片架构的操作系统因为结构上很难裁剪和调试，后期发展成模块化单片架构，典型的单片架构的操作系统有 μC/OS-II 和 Linux 等。分层架构是指操作系统分成不同级别的层，上层的功能依赖底层提供的服务。这种架构的好处是易于开发和维护，但是每层都有自己的 API，所带来的附加开销会使操作系统的尺寸增加和性能降低，VRTX32 是一个典型分层架构的嵌入式操作系统。模块化的进一步发展，最小内核功能压缩成只有存储和进程管理，设备驱动变成一个更小内核模块的操作系统，称为微内核操作系统。这个操作系统的附件模块因为可以动态地加载，使得系统的可伸缩和可调试性更强，独立的内存空间又使得系统的安全性更好，模块化的架构更容易移植到不同的处理器上。比较前面两种架构，微内核的操作系统的整体开销更大，性能和效率要低。目前商业的嵌入式操作系统多数都是微内核架构，比如 CMX-RTX、VxWorks、Nucleus plus、QNX 和 VRTXsa。

嵌入式操作系统的应用

可以说，哪里有嵌入式的应用，哪里就有嵌入式操作系统的身影。今天的嵌入式应用已经无处不在，嵌入式操作系统更是随处可见。但是必须强调，嵌入式操作系统对于系统的处理器和其他资源均有一定要求和占用，商业嵌入式操作系统要收取一定的开发和使用费用，即使是开源的嵌入式操作系统，你在开发中也或许要向商业公司购买技术服务。这些都将是最终的电子产品的成本因素，如果你想降低成本，对于那些开发者不多且易于维护的简单应用，就可以选择不使用操作系统。哪些应用适合而且必须使用嵌入式操作系统呢？笔者根据自己 20 多年的实践经验，认为下面所列出的各项是市场上嵌入式操作系统应用的热点。

　　❑ 无线通信产品：比如手机、基站和无线交换机等无线通信设备大量使用嵌入式操作系统和中间件（通信协议等）。

- 网络产品：比如路由器、交换机、接入设备和信息安全产品等大量使用 RTOS 和开源的 Linux。
- 智能家电：比如智能电视、IP 机顶盒、智能冰箱等产品大量使用包括 Android 在内的嵌入式操作系统。
- 航空航天和军事装备：包括飞机、宇航器、舰船和武器装备等在内，都在使用经过认证的 RTOS，这个领域也是嵌入式操作系统最早开发的市场之一。
- 汽车电子：现代汽车和运输工具大量使用嵌入式处理器技术，正在从采用私有的 RTOS 转向采用标准和开放的 RTOS 和通用的嵌入式操作系统技术。随着智能交通和车联网的发展，汽车电子将给嵌入式操作系统发展带来一个新的春天。
- 物联网应用：物联网和云计算是 IT 产业技术发展的两大推手，其中物联网的发展对嵌入式操作系统的需要和影响更大。物联网应用需要嵌入式操作系统来支持低功耗无线网络技术、物联网网关、物联网安全，以及动态的升级和维护功能。

嵌入式操作系统的历史

20 世纪 70 年代末，嵌入式操作系统商业产品开始在北美出现，20 世纪 90 年代末嵌入式 OS 的数量呈井喷式增加，最鼎盛的时候有数百种之多，即使经过 30 多年的发展和淘汰，现在嵌入式 OS 依然有数十种之多。最早的嵌入式操作系统是实时多任务操作系统（RTOS）内核，支持 8 位和 16 位微处理器，它初期使用汇编和 PLM 语言编程，后来支持 C 和 Ada。本章讲述了 RTOS 发展历史中几个重要产品背后的故事。

VRTX：嵌入式操作系统的开拓者

最早出现的商业嵌入式操作系统当属 VRTX，因其技术上的创新性，VRTX 很快就得到了用户和嵌入式系统公司的广泛支持。VRTX 可称为商业嵌入式操作系统的开拓者和领导者。

VRTX 的历史

起初 VRTX 是 Hunter & Ready 公司的产品，该公司是由 James（Jim）Ready 和 Colin Hunter 在 1980 年创立的。VRTX 是英文 Versatile Real-Time Executive 的缩写。VRTX 最初支持 Z8002、8086、8088 和 68000 这些 16 位微处理器，原理上讲，VRTX 可以运行在任何微处理器芯片上。VRTX 并不要求客户一定购买源代码，使用 C 语言作为内核 API 接口，这在当时是颇具远见的。Jim 提供给我的资料显示，Hunter & Ready 最初的大客户是 AMD 公司和 AMD 生产的 AMZ8000/8002（Zilog Z8000/8002）。VRTX/8002 是一个多任务实时内核，使用事件驱动的调动方式，代码尺寸很小，而且可以扩展，这些特征奠定了之后很长一段时间实时多任务操作系统的技术基础。有关 VRTX/8002，海外媒体在 1981 年 12 月 21 日以"基于 PROM 的 OS 为 Z8002 微处理器带来了实时控制功能"为题撰写了专文，详见"延伸阅读"。

Hunter & Ready 后来更名为 Ready Systems。在历史上 VRTX 有这样一些重要的贡献：在 1987 年成为最先实现了具有确定性内核机制的 RTOS；在 1989 年发表了第一个 RTOS 仿真器 VRTXdesigner；在 1990 年应用 VRTX 的 MD-11 Honeywell 飞行控制系统通过了美国联邦航空航天局的 FAA 认证。

1991 年，Ready System 开发了 VRTX Velocity 产品，它将 VRTX 与 UNIX OS 开发环境完美地整合在一起。VRTX Velocity 支持以太网下载和调试，Velocity Rtscope 支持 VRTX 内核交互调用的源代码调试器，Velocity 支持 UNIX 标准的 I/O 和网络。UNIX OS 在 20 世纪 80 ～ 90 年代是使用最广泛和最标准的通用操作系统。

1993 年，Ready System 与硅谷著名的嵌入式软件公司 Microtec Research 合并，在已经是工业界广泛认可的 RTOS 标准 -VRTX32 基础上开发了 VRTXmc 和 VRTXsa 两个新的 RTOS 内核，并结合 Microtec 著名的调试软件 XRAY，开发了 VRTX 集成开发环境 Spectra。1995 年，EDA 公司 Mentor Graphic 收购了 Microtec Research，在收购之后的 7、8 年间，VRTX 得到了持续发展，比如前面提到的借助 Menotor 在 EDA 方面的优势，VRTX 支持 SoC 芯片的集成和软硬件协调开发，这在当时是颇具前瞻性的投资。2002 年，Mentor Graphic 收购了另外一个嵌入式 OS 公司（Accelerated Technology）之后，转向开放源代码的嵌入式 OS（Nucleus），

VRTX 就逐渐被放弃了。因为不断被收购，VRTX 市场在 20 世纪 90 年代末被 pSOS 和 VxWorks 等产品替代。VRTX 的创始人 Jim Ready 也在 1999 年离开 Mentor Graphic，创立了专注于嵌入式 Linux 的 MontaVista Software 公司，这在后面有关开源嵌入式 OS 的章节中会有更多叙述。

VRTX 的产品家族

VRTX 1.0 版本是在 1981 年发布的，经历 2.0、3.0 版本之后，于 1987 年发表了世界上首个具有确定性调度机制的 RTOS——VRTX32。VRTX32 最初是针对 68K 和 80x86 CPU 设计的，这也是工业界 RTOS 之中最早应用在机载电子设备中，并通过 FAA 认证的产品。它是错误报告最少、应用最广泛的 RTOS 内核之一。1992 年新产品 Spectra 集成开发环境和 VRTXsa 问世，VRTXsa 是基于超微内核（Nanokernal）的新一代 RTOS，sa 意味着具备可以伸缩的 RTOS 架构，可以支持更大规模的嵌入式系统应用。1994 年 VRTXmc 发布，mc 是 Micro-Controller（微控制器）的缩写，也有支持 SoC 芯片的含义，它占用最少的 RAM 和 ROM 空间。VRTXmc 除了继续支持 68K 系列 CPU 外，还支持 Motorola M•CORE 和 ARM SoC。不同于 VRTX32 和 VRTXsa，VRTXmc 采用按产品系列一次性授权的模式，更加适合产量大的消费电子产品使用。

VRTX 的应用

作为最早的商业嵌入式 OS，VRTX 有大量引以为傲的成功应用，比如 F14、MD-11、A320、A330、A340 飞机、法国 TGV 火车、Motorola 手机、三星通信交换设备、医疗生命保障系统、心脏监视系统、机顶盒等。据 1999 年的资料记载，当时已经有超过 5 万用户在使用 VRTX 相关产品。

VRTX 在中国

VRTX 于 1993 年前后进入中国，与竞争对手相比起步是比较早的。之后 Integrated Systems（产品是 pSOS 和 pSOS+）和 Windriver（风河公司，产品是 VxWorks）分别在 1997 年和 1998 年通过代理商进入中国市场。VRTX 对中国高校的嵌入式 OS 研究和教学发展有一定的贡献，1996 年与成都电子科大合作建立嵌入式软件设计中心（CESD），为中国用户提供学习课程和培训。为此 Microtec 免费提供了可以支持 4 种嵌入式微处理器的嵌入式 OS 开发工具，Intel 公司也为实验室提供了嵌入式 386EX 开发系统。Microtec 之后还在清华大学与 Motorola 合作建立了嵌入式软件设计中心。VRTX 在航空和工业控制领域凭借国外的市场优势及产品技术优势，较早得到了中国用户的认可，其用户有华为技术（通信电源）、三菱电梯、南瑞、许继、华控等公司。成都、上海、西安等地的航空电子设备研究所都使用过 VRTX。在通信领域，VRTX 与 pSOS 竞争激烈，但 VRTX 还是获得了包括上海贝尔（现在的上海阿尔卡特）、华光科技、巨龙、金鹏、大唐、重庆邮电设备厂和北邮泰康等著名的通信公司的青睐，它们使用 VRTX 开发了数字程控交换机、SDH 传输设备和新一代宽带接入等通信产品。2013 年我在深圳遇到过长园深瑞（原深圳南瑞）的罗工程师，与他交流都江堰嵌入式 OS 的时候，他还回忆起当年在华为技术使用 VRTX 开发通信电源产品的情景，可见 VRTX 对中国老一代工程师的巨大影响力。如今 VRTX 作为 RTOS 开发平台已经消失，但它或许还会长期嵌入在某些电子设备之中。所幸，它的技术和思想已经深深影响了一批嵌入式软件开发者，比如国外的 VxWorks 和国内由成都电子科大参与开发的 Delta OS。

延伸阅读

VRTX/8002 操作系统为 Z8002 16 位微处理器带来了完整的多任务和实时控制功能，通过将"内核"功能转移到芯片上，操作系统可以在不损失可定制性的基础上简化嵌入式微处理器的开发，这是嵌入式实时操作系统最初的形态。

VRTX/8002 嵌入式微处理器多任务实时执行系统

VRTX/8002（Versatile Real-Time Executive of Embedded Microprocessor，嵌入式微处理器多任务实时执行系统）由专注于 8/16 位微处理器软件开发的 Hunter and Ready 公司提供，其硬件固化在一对型号为 2716 的 EPROM 中。当时的 Hunter and Ready 公司市场营销副总裁 Jim Ready 解释说，和一般的用户端可编程计算机不同，嵌入式计算机在接受大量任务时需要同时满足实时响应和并行处理两种需求。

VRTX 将这些机制整合到了芯片上，让开发者不必在新的计算机设计上重新实现和修改这些机制。

VRTX 只使用一个组件

VRTX 相当于用一个简单的组件代替了软件的随机逻辑单元，就像用微处理器取代了随机逻辑硬件一样。VRTX 位于系统内存空间中。

接下来，RAM 或者 PROM 中会加入一个配置表，将 VRTX 和除 CPU、内存以外的系统硬件连接起来。然后用户就可以使用 VRTX 的系统调用编写任务了。

设计者可以专注于为应用程序添加价值，而不是和系统软件打交道，这样费时费力，而且有风险。"VRTX 只是系统的一个组件。"

双芯片设计提供基于中断的任务调度、任务间通信和同步、动态内存分配、实时时钟支持、字符 I/O 和快速响应。如此广泛的基础机制只需要一个 CPU 和内存的最小配置即可使用。

控制最多 256 个任务

尽管 VRTX 可以控制最多 256 个任务, 支持至多 256 个优先级, 但它是独立于开发系统和配置语言的, 不需要时钟, 而且不对中断的结构做出任何假设。

VRTX 通过用户提供的配置表 (ROM 或者 PROM 中 14 个两字节内存字) 和环境相连接。因为操作系统并不是一个需要系统生成软件或者配置语言的模块的集合, Ready 认为用户在配置表中完全可以指定需要的全部参数。

当设计者增加系统调用时, 可能会需要更多内存字。VRTX 中一个新的程序状态区域为增加中断处理程序提供了方法。

VRTX/8002 只需要任意 4KB 内存, 它的重要功能如下 (见图 2-1):

1) 提供任务通信和同步机制, 不需要邮箱、信号量、信息头和交换。

2) 支持 256 个任务和优先级。

3) 基于优先级的调度, 可以支持在同一个优先级下, 按时间片进行调度。

4) 128 个用户定义的系统调用。

5) 提供逻辑上高于中断 – 服务例程的位置服务。

6) 支持实时时钟和至少一个基于字符的 I/O 设备。

7) 同时支持静态和动态内存块分块。

8) 支持将内存分为最多 4 个 65KB 的地址空间, 或者完全不进行地址空间分割。

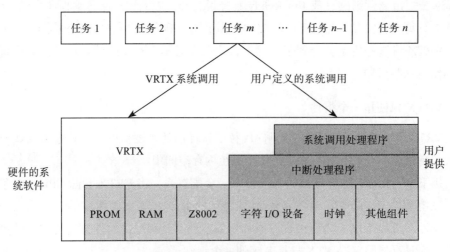

图 2-1　基于 PROM 的 VRTX

Hunter 和 Ready 同时提供 C 语言编写的库与 VRTX 进行交互，以及 Z8002 芯片级别的支持软件包。VRTX/8002 价格是 200 美元（100 个级别批量购买）和 2000 美元（非批量购买），以上包括授权和支持。

嵌入式操作系统的"摩托"系

摩托罗拉在嵌入式系统的地位举足轻重，其微处理器、单片机和计算机系统是当时行业的标准，很多开发嵌入式操作系统的公司都是借助摩托罗拉的市场而起家的。

这里说的"摩托"是指摩托罗拉公司（Motorola），它是美国著名的通信和芯片设计制造公司，成立于 1928 年。作为一家老牌通信巨头，摩托罗拉在通信业的地位毋庸置疑。从摩托罗拉发明第一款手机开始，摩托罗拉见证了迄今为止整个手机的发展史。许多人很熟悉摩托罗拉手机，但对于摩托罗拉公司芯片和计算机部（简称 MCG）的业务了解不多。2003 年，摩托罗拉将半导体业务分离出来成立了飞思卡尔（Freescale）公司，并独立上市，继续摩托罗拉以前的通信、汽车电子和通用嵌入式处理器和 MCU 芯片设计业务。2007 年，摩托罗拉的另外一部分与嵌入式相关的业务——MCG 则以 3.5 亿美元出售给艾默生公司。2011 年，摩托罗拉自己的核心业务——手机也被互联网巨头谷歌公司以 125 亿美元收购。2015 年 3 月 2 日，恩智浦（NXP）半导体斥资 112 亿美元收购了飞思卡尔，继承了摩托罗拉半导体技术和产品的飞思卡尔公司在 2015 年 12 月完全与 NXP 合并了，飞思卡尔公司的名字从此消失。这里将讲述与摩托罗拉嵌入式芯片和计算机密切相关的嵌入式操作系统发展中的一些有趣的事情。

靠摩托罗拉起家的 OS-9

摩托罗拉自 1974 年发布第一款 MC6800–8 位微处理器到 1979 年发布 MC68000（简称 68K）16/32 位 CPU 之后，其芯片因为既可以使用在计算机系统中，也可以使用在嵌入式系统中，很快成为当时行业的标准。最早开发嵌入式 OS 的公司，许多都是借助摩托罗拉的市场起家的，比如 VRTX（Reday System 公司的产品，后被 Microtec Research 公司收购）、pSOS（ISI 公司产品，后被 Windriver 公司收购）、LynxOS 等。其中 OS-9（Microware 公司的产品）的经历值得特别说一说。

OS-9 是一个实时的、基于进程的、多任务和多用户的操作系统，它很像 UNIX 的一个实时版本（使用类似技术的嵌入式 OS 还有 LynxOS 和 QNX 等）。OS-9 的开发始于 20 世纪 80 年代初，最初是支持 MC6809 微处理器一个称为 BASIC09 的项目，后来随着 MC6809 支持 64KB 存储器扩展到 2MB，OS-9 组件逐渐丰富起来，比如 GUI，这使得它不仅可以使用在摩托罗拉的寻呼机上（见图 2-2），还可以应用在早期的个人电脑上，比如 TRS-80 Color Computer（俗称 CoCo），如图 2-3 所示。这样的 OS 和图形技术在当时还是非常领先的。

图 2-2　摩托罗拉寻呼机　　　　　　图 2-3　CoCo 计算机

OS-9 在 20 世纪 80 年代初开始支持 68K，20 世纪 80 年代后期重新改写成方便移植的内核（基于 C 代码），该内核可以广泛支持 x86、PPC、68K、MIPS 和 ARM。

OS-9 内核在结构上很有特色，非常类似微内核模式，但效率却很高，也不是单片结构，架构更加安全可靠。OS-9 的内核、文件、驱动和应用都是一个单独的逻辑存储模块。每个模块有自己单独的头、数据 / 代码和 CRC。这样，这些逻辑模块很容易在保证高可靠性基础上动态地创建和维护。

OS-9 支持 POSIX 的线程和 API，因为具备实时性和 UNIX 应用兼容性这两个特点，OS-9 在支持摩托罗拉 VME 和 CPCI 总线的工业计算机方面更具有特色。

2001 年，北美的一家工业计算机公司 Radisys 收购了 Microware，Radisys 希望提供一站式的解决方案，比如提供与 Intel 合作的网络处理器 IXP1200 的解决方案等。但是因为没有长期的发展策略和资金支持，OS-9 的发展和技术服务在后期基本处于停滞状态。2013 年，3 家 Microware 经销商从 Radisys 手里购买了 OS-9 的资产，成立了 Microware LP，继续为 OS-9 用户提供技术支持和服务。

提供完整方案的飞思卡尔

2003 年，飞思卡尔从摩托罗拉独立出来之后，一直致力于提供一站式解决方案。飞思卡尔不仅继续加大力量与著名的嵌入式 OS 公司合作，比如 MontaVista 的嵌入式 Linux 和风河公司的 VxWorks RTOS，还自己投入人力、物力成立软件研发中心，专门负责开源 Linux 在 PowerPC 芯片上的移植和优化工作。2004 年，飞思卡尔在通信基站上大量使用的 StarCore DSP 芯片上推出了免费 SmartDSP OS 软件套件，套件内包含了 CodeWarrior IDE（该工具产品在若干年后也被飞思卡尔收购）。今天，许多用户都会在使用飞思卡尔 MCU 的时候，看到或者用到一个 MQX 的 RTOS，它原来是 Precise 软件技术公司 1989 年开发的一款 RTOS。与 OS-9 的技术路线不同，它是一款微内核的 RTOS，具备多任务可抢占特性，经过裁剪可配置为低至 6KB 的 ROM，除了内核外还有文件、TCP/IP 和 USB 模块等组件，支持 68K、Coldfire、PPC、ARM 等 CPU。MQX 以率先采用开放源代码和免版税商业模式在业内著名。2000 年，MQX 被 ARC 公司收购（ARC 是一家销售可配置处理器核的公司）。2009 年，飞思卡尔收购了 MQX，并在官方网站上提供、开放了其源代码，使其成为开源 RTOS，允许用户可以在基于飞思卡尔的芯片上免费使用这个软件。MQX 的应用主要是面向智能电子系统。今天，用户在购买飞思卡尔半导体的 MCU 开发板的时候，将可以免费获得包括已经优化好的 MQX RTOS 和 CodeWorrios 的 IDE 开发工具。这不仅有助于降低研发和生产的成本，还加快了产品上市的时间，对用户来说是极大的福音。

μC/OS 的故事

　　μC/OS 也叫 MicroC/OS，它是在国内外具有广泛影响力的 RTOS 之一，这主要得益于作者 Jean Labrosse 的几本介绍 μC/OS 原理和使用的中文版图书在国内广为流传。与其他商业 RTOS 不同的是，μC/OS 内核的源代码是开源的，对于非商业客户（比如大学老师和学生）也是免费的。至今已有数十本以 μC/OS 命名的中文版图书出版，数百所学校院系和专业开设的嵌入式系统相关课程使用 μC/OS 作为嵌入式 OS 案例，数千篇研究 μC/OS 相关技术的论文发表。

　　μC/OS 的故事起始于 1989 年。那时，Jean Labrosse 先生加入了位于美国佛罗里达州劳德代尔堡市的 Dynalco 控制公司，并开始为大型工业往复式发动机设计全新的、基于微控制器的点火控制系统。由于有实时内核的使用经验，Jean 相信使用操作系统可以强力地推动该项目以及 Dynalco 公司其他在研项目的进展。对于该点火控制系统而言，进入市场的时间至关重要，并且，实时内核的使用能够帮助 Jean 实现既定目标。Jean 也知道，将来还要为这款产品增加一些新的功能，而使用可抢占式的操作系统将允许在不破坏系统响应特性的情况下进行这些升级。最初 Jean 考虑使用的内核是一个过去用过且很熟悉的内核。不过，该内核非常昂贵，而经费却不是很充足。备选的是一个过去没有用过的内核，其价格只有最初选择内核的 1/5。最终，考虑节省经费的因素，Jean 选择使用他不熟悉的那个操作系统。然而，他很快意识到他需要为这个看起来更便宜的操作系统付出更多的时间。在拿到内核后的两个月，Jean 不停地联系对方的技术支持人员，徒劳无益地做各种尝试，想知道为什么连一个最简单的应用程序都运行不起来。这个操作系统说是用 C 语言写的，却要求用汇编语言初始化所有的内核变量。后来发现，Jean 是最先购买这个操作系统的那批用户，在不知情的情况下充当了这个操作系统的试用版测试员。

实在是受够了。Jean 转而使用最初放弃的那个较昂贵的操作系统。眼看项目要延期，钱就不再是问题了。不到两天，简单的应用程序就运行起来了，这在之前那个便宜的操作系统上好像是不可能做到的事。内核相关的问题似乎解决了。然而，很快 Jean 发现自己又进入了另外一个僵局。有一天，一个工程师向他汇报这个新的操作系统好像有毛病（bug），从此，一系列的问题就开始了。Jean 很快把这个工程师发现的问题转发给软件厂商，暗想他们会对此感兴趣。但是，没有收到他们修正 bug 的保证，取而代之的是，Jean 接到通知说：90 天的担保期已过，除非支付给他们一笔维护费，否则，他们不会修正这个 bug。对 Jean 来说这种要求简直是不可理喻。按照软件厂商的要求支付了这笔维护费用。想不到的是，软件厂商竟然花 6 个月才去掉了这个 bug。最终，在拿到第二个操作系统的一年以后，才利用该操作系统完成了项目的点火控制系统。很明显，项目需要一个更好的解决方案。

经历两次失望之后，Jean 开始开发自己的内核。起初他想得很简单，认为一个内核真正需要做的事情就是保存和恢复 CPU 寄存器，写一个内核应当不是一件很有挑战性的事情。大约花了一年时间，果真写完了第一个操作系统 μC/OS。也正是由于有了新操作系统在手，开发多任务应用程序就如鱼得水了。该操作系统主要由一个 C 文件构成，一个应用中允许创建多达 64 个任务。每个任务有独一无二的优先级。每次调用任务调度器时，CPU 总是运行处于就绪态的优先级最高的任务。μC/OS 是可抢占内核，在任意时刻都可以发生任务调度。高效的任务调度实际上只是 μC/OS 提供的众多服务之一。此外，该操作系统还会提供任务间通信（通过消息队列和邮箱）及任务间同步（通过信号量）相关的服务。μC/OS 所有元素的设计都考虑了高可靠性和简便易用。

在 Jean Labrosse 的职业生涯中，他自始自终都很注重代码的一致性和文档说明。从 1984 年开始，他就使用规范的代码标准，μC/OS 代码的一致性可以很好地证明这一点。在 Dynalco 工作时，Jean 创造并推广了一套严格的代码编写规范，μC/OS 就是根据这套规范设计的。μC/OS 源代码的特点包括：大量的空行、字斟句酌的注释和统一的命名。μC/OS 内核还具有极好的可移植性，这也进一步证实了这种严谨的代码编写规范的优势所在。虽然 μC/OS 跟它的先驱者一样也有少量与处理器相关的函数，但是，这些函数代码与操作系统中的其他代码很清楚地分开了。工程师们能够非常简单地把 μC/OS 移植到一个新的 CPU 架构上。

　　为了把新软件介绍给其他人，Jean 写了一篇很长的文章，详细解释了 μC/OS 的内部工作原理。因为有太多内容要介绍，最终文章长达 70 页。Jean 把文章投给《C 语言用户日记》（C User's Journal），被拒了，原因有二：一是文章太长；二是文章主题不够新。该杂志已经出版了多篇关于内核的文章，而这只是又一篇关于实时内核的文章。但 Jean 坚信文章是独一无二的，他又把它投给《嵌入式系统编程》（Embedded Systems Programming）。该杂志编辑的答复和《C 语言用户日记》一样，《嵌入式系统编程》分两部分连载了经过删减的 Jean 的文章。发表的两部分文章反响强烈，工程师们非常高兴地看到，高质量内核的内部工作原理被揭露出来了，他们争相下载 μC/OS 的源代码。另一方面，内核厂商则对该文章的发表非常不安。实际上，那个廉价内核厂商尤其不安，竟声称 Jean 抄袭了他们的工作。试想一下，Jean 怎么可能基于一个不能运行的软件来开发 μC/OS 呢！

　　很快，令 RTOS 厂商更加不安的事情出现了。Jean 的文章被《嵌入式系统编程》杂志刊登后不久，《C 语言用户日记》的出版商 R&D 出版社主动联系 Jean，表示想出版一本关于 μC/OS 的图书。起初，这本书只是计划把 Jean 最早提交给《C 语言用户日记》的材料打印出来。如果采用这种思路，这本书也就 80 页左右。为了充分利用这次机会，Jean 计划写一本深入介绍 μC/OS 的书籍。经 R&D 出版社同意，在接下来的几个月，Jean 开始写作。到 1992 年的下半年，Jean Labrosse 的第一本书《μC/OS：The Real-Time Kernel》出版了（见图 2-4）。最开始，这本书的售出速度并不令人满意，但 R&D 出版社每个月都会在《C 语言用户日记》上给这本书做广告。与此同时，Jean Labrosse 渐渐被大家认可，成为一个内核专家。1993 年的春天，他接受邀请，参加了在乔治亚州亚特兰大市举办的嵌入式系统会议（ESC），为超过 70 位嵌入式爱好者讲述了操作系统的基本原理。在接下来的几年中，他一直参加 ESC 年会，每次都会给几百个工程师讲述 MC/OS 内核。逐渐大家对书的兴趣也提高了。过了最初缓慢发售阶段，《μC/OS：The Real-Time Kernel》最终销量超过 15 000 本。

图 2-4　《μC/OS：The Real-Time Kernel》和书后附的 1.1 版软件

由于《μC/OS：The Real-Time Kernel》写得很成功，在20世纪90年代，使用μC/OS的工程师越来越多。开发者很容易就可以把操作系统移植到新的硬件平台上，·开发无数基于μC/OS的应用。虽然有少数μC/OS用户只是在业余时间对μC/OS修修改改，但更多工程师真正把该操作系统用在了复杂的和要求苛刻的商业项目上。而来自μC/OS用户的评论和建议也帮助Jean不断完善着该操作系统。在最初几年内，他仅仅对μC/OS做过一些很微小的改动。然而，当R&D出版社要求写μC/OS的第二个版本时，他决定对操作系统和书做一次大的改进。升级后的操作系统就是μC/OS-II。

如果快速浏览μC/OS-II源文件，你可以发现该操作系统与μC/OS不同。在μC/OS中，所有与处理器无关的代码都包含在一个C文件中，而μC/OS-II把它分成多个文件，每个文件对应操作系统中的一种服务。μC/OS-II还提供了其前一版中没有的许多功能，包括栈检测功能、介入函数和安全的存储器动态分配法。为了将这个全新的操作系统的新功能交代清楚，书的页数几乎增加了一倍。正如新操作系统要有一个新的名字一样，这本新书也有一个新名字《MicroC/OS-II：The Real-Time Kernel》[⊖]。（在新的书名中，用"Micro"替代了"μ"，这是因为书名中的这个希腊字符给很多零售商带来了麻烦。）《MicroC/OS-II：The Real-Time Kernel》一书于1998年出版。在这本新书中配有μC/OS-II源代码。这一次，很快有数千名开发人员测试了这个新的内核，并反馈了很多宝贵意见。此外，对于那些不太熟悉内核的人来说，这本书全面并通俗易懂地讲述了操作系统的基本原理。很多大学教授开始意识到这本书对想学习内核的新手来说有着很大的吸引力，于是，他们开始围绕μC/OS-II设计整套教学课程。很快，学习过μC/OS-II内核的大学毕业生开始参加工作，并在他们的工作中继续使用μC/OS-II。

当很多学生因为他写的书和很容易拿到的源代码而开始学习μC/OS-II时，大量的工程师则是由于其可靠性而选择使用μC/OS-II。2000年7月，一款嵌入μC/OS-II的航空电子产品得到了DO-178B A级认证，这意味着这个操作系统的可靠性得到了权威认证。该认证受航空电子联合组织（FAA）认可，也只有那些被认为是足够安全、可用于航空器的软件才能得到该认证。直到今天，也只有很少几个操作系统成功地通过了该软件认证必须经历的苛刻测试。DO-178B认证只是μC/OS-II取得的众多认证书中的一个，其他的认证书包括美国食品和药品管理局的上市前通知书（pre-market notification，510（k））、医疗设备的上市前许可证（pre-market approval）和针对工业控制的IEC-61508。符合这些标准对μC/OS-II在工业领域中的应用是至

⊖　本书中文版《μC/OS-II：源代码公开的实时嵌入式操作系统》由清华大学邵贝贝教授翻译，中国电力出版社2001年出版。这在当时的中国图书市场应该是最早出版的嵌入式OS图书之一。

关重要的。不过，这些认证对其他行业的工程师也有重要意义，因为这些认证表明μC/OS-II 具有可靠性高、文档完备和可缩短产品上市时间等优点，这对任何设计都是很有益的。

　　一直到 20 世纪 90 年代末，Jean Labrosse 仍然全职在 Dynalco 公司工作，那时他仅用工作以外的时间做与 μC/OS-II 有关的工作，但这很难跟上操作系统的发展要求。Jean 认为回答每一个 μC/OS-II 用户的问题是他的责任，但流入邮箱的信件却源源不断。既然已经不能再把操作系统作为一个业余项目来做，Jean 决定创建自己的软件公司。1999 年秋，Jean Labrosse 的公司 Microμm 正式成立。Micrium 由两个词构成，即 "Micro"（意思为微处理器或微控制器）和 "ium"（意思为世界），因此，Microμm 的意思是（从软件的眼中看）微处理器世界。在成立 Micriμm 公司前不久，Jean 开始编写 μC/OS-II 一书的第 2 版，该书于 1999 年 11 月出版，并配有新版本的内核。该操作系统增加了两个主要的功能：事件标志组和互斥型信号量。书中详细描述的这些新功能深受 μC/OS-II 用户的欢迎。同样，这本书本身也非常受欢迎，《 MicroC/OS-II：The Real-Time Kernel 》的第 2 版很快就出现在众多嵌入式软件开发者的书架上。实际上，这本书是在嵌入式系统方面最畅销的一本书。

　　进入 2000 年以后，Micriμm 公司扩张了，一些工程师加入 Microμm 公司。他们不仅把 μC/OS-II 移植到一些新的硬件平台上，而且开发了大量的范例工程，写了很多应用笔记。2002 年，Jean 的一个老朋友 Christian Legare 加入 Micriμm 公司，并成为公司副总裁。他有着丰富的管理和技术经验，这进一步促进了公司的快速发展。自从 Christian 加入 Micriμm 公司后，公司就从一个只有一个产品的公司发展成一个有 15 个组合产品的公司。与此同时，为了满足 μC/OS-II 用户不断发展的需求，μC/OS-II 还增加了一些新的功能，包括给操作系统增加各种各样新的 API 函数，以及把内核支持的最大任务数从 64 个扩展到 255 个。作为公司的总裁，Jean 仍然专注于编写一流的内核代码，最近完成的是 μC/OS-III。经过无数小时小心翼翼地编程和测试才完成的 μC/OS-III 是一个鲁棒性很好的操作系统，虽然它的根基是 μC/OS-II，但却是一个全新的内核。根据用户的反馈和长时间的经验积累，μC/OS-III 增加了几个重要的功能。

　　编写新软件的时候，Jean Labrosse 对那些流行的、没有经过验证的技术的使用持高度谨慎的态度。虽然他喜欢跟踪高科技领域内的最新发展，但他认为，把关注点放在解决工程师的实际问题和提供一个可靠的、完整的内核，要比放在如何尽早跟上那些刚出现的发展趋势更加重要。这种哲学思想已经在 μC/OS 发展中获得了相当大的成功。到今天，Micriμm 公司已经成为一个高度知名的嵌入式软件提供商。工业界调查报告一致显示，该操作系统是嵌入式领域中最为流行的操作系统之一。Jean 的目标过去是、将来还会继续是为他在 Dynalco 公司时所面临的、现在数以百万计的嵌入式系统开发者还在继续面临的那一类问题提供有效的解决方案。

后记

我于 2016 年 2 月 24 日在纽伦堡嵌入式世界展与 Jean Labrosse（图 2-5 左 1）和 Christian Legare（图 2-5 左 3）见面和交流，Jean 介绍了他们最新的 μC/OS for Maker 计划，该计划允许年销售额少于 10 万美元或者投资额少于 100 万美元的商业公司可以免费使用包括 μC/OS-III Kernel、TCP/IP、USB device 和 Host，以及 Modbus 和文件在内的系统软件，据悉已经有几家中国企业开始签约该计划，祝愿他们的创业项目取得成功！

图 2-5　2016 年纽伦堡嵌入式世界展

风河——嵌入式操作系统的常青树

过去 30 年间，风河的 VxWorks 在嵌入式操作系统领域一直处于领先地位，在航空航天、通信、工业控制等行业有着广泛的应用，风河在业内被称为嵌入式操作系统的常青树。

风河公司（Wind River System）是一家专门从事嵌入式操作系统、软件开发工具、解决方案平台和服务的软件公司，由 Jerry Fiddle 和 David Wilner 于 1981 年在美国加州创立。VxWorks 是风河公司推出的实时多任务操作系统。

VxWorks 的历史

VxWorks 最初的版本并不是一个全新的产品，而是在 VRTS 内核上增加了一些功能之后的一个产品。VRTX 原本是 Ready System 公司的产品，它缺少一个简单的实时操作系统的文件系统模块和集成开发环境。VxWorks 的创建帮助 VRTX 内核形成了一个完整的嵌入式操作系统及开发环境。风河的创始人 David Wilner 认为 VxWorks 的名称"VRTX Works"是一个双关语。之前，风河已经和 Ready System 公司达成协议，风河拥有销售 VRTX 的授权。但到了 1987 年，风河预感到 VRTX 的销售合同可能会终止，于是转去开发了自己的 Wind 内核。这个 Wind 内核是由当时只有 17 岁的加州大学伯克利分校的学生 John Fogelin 编写的，目标是替换 VxWorks 中的 VRTX。20 世纪 80 年代初的各种 RTOS 是用汇编语言书写的，而 Wind 内核是用 C 代码书写的，因为 Wilner 坚持认为微处理器性能会按照摩尔定律发展，C 语言在性能上不会输给汇编语言。事实证明这个决策是正确的，C 语言带给 Wind 内核很好的可移植性、标准的 C 库和兼容的 API。1989 年，风河正式发布了自己的嵌入式 OS-VxWorks。

风河产品的特点

现在风河产品包含两个嵌入式 OS 平台：Linux 和 VxWorks；基于 Eclips 支持这两个平台的开发工具 Workbench、On-Chip Debugging 工具产品（即 JTAG 仿真器，该工具在 2015 年年初已经停止开发和销售了）、测试管理工具和工程服务。

VxWorks 是由支持多核、32/64 位嵌入式处理器、内存包含和内存管理的 VxWorks 5.0 和 VxWorks 6.0、Workbench 开发工具（包括多种 C/C++ 编译器和调试器）、连接组件（USB、IPv4/v6、多种文件系统等）、先进的网络协议和图像多媒体等模块组成。除了通用平台外，VxWorks 还包括支持工业、网络、医疗和消费电子等的特定平台产品。风河网络设备平台是其中最受欢迎的产品之一。如图 2-6 所示。

1995 年，VxWorks 5.0 发布，风河推出一套称为 Tornado 的嵌入式 OS 开发环境，如图 2-7 所示。在多数用户眼里 Tornado 就是 VxWorks，因为工程师每天的开发工作都是在 Tornado 上完成的（就像今天 MCU 开发中使用的 Keil 或者 IAR EW 开发工具一样），多数用户使用以太网作为连接开发主机和目标机（比如 PowerPC、MIPS、ARM 和 x86）的通信方式，这非常方便且高效，类似今天的嵌入式 Linux 开发方式，当时 Tornado 是嵌入式 OS 领域最有影响力的开发环境。2004 年，支持内存保护机制 VxWorks 6.0 发布之后，Workbench 逐渐代替 Tornada，成为可以支持

WindRiver Linux、VxWorks 和 On-Chip Debugging 的开发环境。

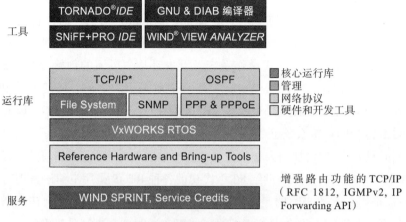

图 2-6　风河网络设备平台

图 2-7　风河 Tornado 开发环境和 VxWorks

VxWorks 的应用

风河公司的 VxWorks 以其高可靠性和优异的实时性被广泛应用在通信、军事、航空航天、工业控制等领域，比如在美国的 F-16、FA-18 战斗机、B-2 隐形轰炸机和爱国者导弹上都使用着 VxWorks，最为著名的是 1997 年 4 月在火星表面登陆的火星探测器、2008 年 5 月登陆的凤凰号，以及 2012 年 8 月登陆火星的好奇号火星车，如图 2-8 所示。

图 2-8　2012 年 8 月登陆火星的好奇号

风河的重要并购活动

在嵌入式软件行业，风河是一家历史悠久、产品线完整、资源充分的公司。风河公司在 2009 年被 Intel 收购之前已经在美国纳斯达克独立上市。根据风河的财报，2008 年财年风河公司的销售额已经达到 3.286 亿美元，比 2007 年增加了 15%。风河公司之所以能够在竞争激烈的嵌入式软件市场脱颖而出，除了其卓越的技术、产品和服务外，并购也起到了重要的作用。根据风河公司的官方资料，在 2000 年 ~ 2008 年期间，风河共进行了 10 次并购活动。笔者观察到，其中技术和产品互补型的收购占大多数，比如 2000 年 3 月收购 EST 公司。EST（Embedded Support Tools）是美国马萨诸塞州的一家嵌入式开发工具公司，以提供 Vision Probe/ICE JTAG 仿真器和 PowerPC 开发板而著名，支持 VxWorks 和 Tornado 开发环境。此次收购让风河增加了硬件的低层开发能力和新的产品线，EST 产品线目前已经整合到风河四大产品线之一的 On-Chip Debugger 产品线之中。2008 年 10 月，风河收购 MIZI Research 是为了在嵌入式 Linux 智能手机 OS 上积累技术并提升在亚洲市场的服务能力。MIZI 公司成立于 1999 年，是韩国一家专注于移动应用领域的嵌入式 Linux 企业，在智能手机、车载汽车信息系统和视频电话等方面有超过 20 个成功应用案例。而 2000 年风河收购美国 ISI（Integrated System）公司却不是单纯技术和产品的互补了，市场因素才应该是这次并购的更重要原因。ISI 也是一家老牌的嵌入式 OS 企业，它们的嵌入式 OS-pSOS 在行业中有着很高的知名度，市场占有率很大。风河的 VxWorks 在市场上与 pSOS 竞争非常激烈，这次收购帮助风河成为嵌入式 OS 名副其实的嵌入式软件巨头。对于这次收购的目的，当时有媒体直言不讳地提出质疑，质疑风河未来很有可能因为产品政策调整的原因，而让 ISI 的 pSOS 操作系统半途而废。事实上，在收购 ISI 公司 5 个月之后的芝加哥嵌入式系统会议上，风河的董事长 Jerry Fiddler 就上述质疑果真给出了明确表示："在（收购）那一天结束的时候，你拥有的平台就只能是一个，否则你无法正常运行公司。"就这样，曾经声名显赫的 pSOS 从此消失不见了。

结语

2009 年，Intel 收购了风河，这让风河再一次走到了风口浪尖上。现在，风河是 Intel 全资拥有的子公司，这极大地改变了市场的结构。虽然这两家公司都宣布，"风河公司将继续开发支持多种硬件体系的创新商业级软件平台，以满足众多嵌入式系统用户和移动用户的需求。"然而，对这一点不少人心存疑虑。很多人担心风河的嵌入式 OS 针对 ARM、MIPS 或者 Power PC 等非 Intel 芯片，将来可能会被降低为二级版本。但是几年过去了，回头再看，这些曾经的顾虑显然都是多余的。收购风河给 Intel 在嵌入式市场带来了一些有利的资源，比如获得了一支极富经验的嵌入式 OS 研发和服务团队。虽然其他大的利好目前还不很明显，但风河在嵌入式 OS 道路上将继续稳定发展，这一点已毋庸置疑。

风河对于市场的把握有自己的独到之处，每次进入市场都是在最恰当的时间点。风河公司虽然进入开源的 Linux 市场较晚，但发展迅猛并最终击败竞争对手成为市场老大。在物联网操作系统领域，风河也不是物联网市场的领路者，在微软和 ARM 推出物联网操作系统产品之后，风河才开始逐渐调整自己的产品策略。2015 年 10 月，风河发布了自己的物联网操作系统软件——Wind River Rocket，与 ARM mbed 一样，Wind River Rocket 是一个免费的、支持 MCU 的实时操作系统，Wind River Rocket 包括风河 Helix App Cloud，形成了一整套解决方案。我们期待，作为嵌入式操作系统的常青树的风河公司，在新一波物联网大潮中能够再放异彩，续写辉煌。

嵌入式操作系统的红花绿叶

在众多嵌入式操作系统公司中有人尽皆知的著名企业，比如微软和风河，而更多的则是映衬在这些"大红花"周围的"绿叶公司"。其中许多都是小公司，甚至只是个人，他们大多都辛勤地默默耕耘着，为嵌入式操作系统的发展奉献自己的才能和智慧。

20 世纪 70 年代末，嵌入式操作系统商业产品在美国和加拿大等国家出现，20 世纪 90 年代末嵌入式 OS 的数量呈现井喷式增加，最鼎盛的时候有数百种之多，即使经过 30 多年的发展和淘汰，现在依然有数十种之多。

最早的 RTOS 公司不在硅谷

广为人知的嵌入式实时多任务操作系统公司比如风河（VxWorks）、ISI（pSOS）和 Ready System（VRTX）都是从硅谷起家的。2015 年 5 月底，我在纽约见到一位嵌入式系统的老前辈 Bernard Mushinsky，如图 2-9 所示。通过他我才了解到，美国最早的 RTOS 公司不在硅谷。

图 2-9　作者与 Bernard Mushinsky 2015 年在纽约的合影

Bernard 创建的公司 Industrial Programming Inc（IPI）成立于 1969 年，位于美国纽约。1976 年开发出世界上第一个来自第三方独立软件公司的 RTOS，产品是 MTOS-68 和 MTOS-80。第二代产品是在 1979 年和 1981 年先后发布的 MTOS-68K 和 MTOS-86。Bernard 说，这些产品至今在某些设备中仍然还在使用。20 世纪 80 年代中期之后的 10 年，MTOS 升级支持 Intel 32 位的处理器，包括 386/860。MTOS 应用覆盖计算机外设、通信和工业控制等许多领域，有 1000 多个客户使用了 MTOS 产品，这在当时可谓是一件很了不起的事情。

即使在今天来看，MTOS 的技术还是有独到之处的。第一代 MTOS 产品率先实现了同构多处理器的多任务、内存池的 I/O 驱动、邮箱中的事件标准和可协调（异步）的中断机制。

这里详细讨论一下 MTOS 处理器的技术。MTOS 支持的是对称多处理架构（Symmetrical），没有主从（Master/Slave）之分，MTOS 的任务不需要知道它（该任务）运行在哪个 CPU 上，开发者看到是一个虚拟的单 CPU。30 年前，半导体技术没有今天这样先进，还没有多核 CPU。多 CPU 系统一般是一块单板计算机上有多个 CPU，或者多块单板计算机通过总线构成一个多 CPU 的系统，典型的是 Motorola 公司的 VME 总线计算机系统。在外设支持方面，MTOS 可以做到支持另外一个 CPU 板上的 I/O 设备，而且可以支持最多 16 个 CPU。MTOS 的任务可定义为本地任务（运行在一个 CPU 上）和全局任务（运行在所有的 CPU 上），MTOS 还有一个 Invariant Execution 技术，它支持应用程序选择以同样的方式在一个 CPU 上或多个 CPU 上执行。MTOS 多处理器技术与今天 Linux 对称多处理器（SMP）思想非常接近，可见其技术的先进性。

2015 年 5 月我与 Bernard 是第一次见面，当他了解到我的经历，以及我与 Jim Ready 在 20 世纪 90 年代初就已经相识，并在之后 15 年间一起工作时，我们彼此之间的距离就拉近了许多。Bernard 对 Jim 和他的 VRTX 非常尊敬，一再真诚地说 VRTX 市场做得好，非常成功，前一年硅谷的嵌入式系统大会上他还与 Jim 见面并进行交流。当听说我离开纽约后将到硅谷见到 Jim 时，他让我带去他的问候。

当我表示希望更多地了解 MTOS 技术时，Bernard 非常高兴，他写了邮件向我推荐他们早期出版的一本图书《An Implementation Guide to Real-Time Programming（Yourdon Press computing series）》。Bernard 还给了这本书在美国亚马逊网站上的链接，告诉我能买到旧书，如果不方便他可以帮我购买。我已经购买了一本，可惜的是邮寄的时间太久，没能在离开美国的时候带走，直到 2015 年 9 月下旬我才收到这本书。

Bernard 已经年逾古稀，依然坚持工作，他当时在 HCC 工作，和夫人长期居住在纽约。HCC 公司成立于 2000 年，由戴夫·休斯创立，总部在波兰的布达佩斯。HCC 以提供世界上第一个经过认证的、便携式医疗应用的嵌入式 DICOM 协议栈而著名，主要产品是安全的文件系统软件和 USB 协议栈。临别前，我和 Bernard 约好，下次我再来纽约我们去一家中餐馆品尝地道的中国菜。遗憾的是，2015 年 8 月中，也就是我回到北京两个月后，传来了 Bernard 去世的消息。我们痛失了一位优秀的老前辈，我和他的中餐之约再也无法实现了。

嵌入式 OS 的前辈——SMX

Micro digital 公司创立于 1997 年，其产品 SMX（simple multitasking executive）是一个嵌入式 OS，也是一个 RTOS。公司最初只是在嵌入式系统领域做工程应用和服务。SMX 开发始于 1987 年，1989 年第一版 SMX 发布，之后近 20 年，SMX 逐渐丰富和完善，形成了包括内核、文件、网络、图形、USB 和 WiFi 模块在内的一个比较完整的嵌入式 OS。

Micro digital 的创始人 Ralph Moore 是这个行业的前辈，他早期从事大型计算机的研究，后来自学编程成为微处理器的程序员，经过多年研究成功地开发出 SMX。之后 Ralph 转入公司业务开发和销售，最近几年他潜心于 v4 版本的 SMX 多任务内核的设计和开发，最新版本的 SMX 内核已经在 2014 年 1 月正式发布。

我在 2000 年 1 月曾经访问过 Micro digital，它位于美国南加州 Costa Mesa，距离著名的 Orange Country（橘郡）不远，旁边就是 UC Irvine 大学。我去的时候，见到了 Ralph 和他的儿子 David，还有一个行政助理 Betty。与 Ralph 的见面促成了我们之后的合作。昆明一家公司购买了 SMX RTOS，运行在工业 PC 上，用于生产线自动化控制系统。除了这个客户之外，SMX 这个产品没有找到更多机会在国内推广，但是 SMX 代理的 GUI 模块——PEG，我们在国内找到了一些用户。PEG 既可以支持 SMX，也可以独立运行，甚至可以在其他的 RTOS 上运行。我们把 PEG 移植到 VRTX 和 PPC823 平台上，还开发了中文字库，这样市场就容易推广了。

SMX 有 20 多年的历史，上百个成功应用，最新版本 SMX 4.2 在内核性能提高、减少存储器使用、提高安全和可靠性、增加新的特性等方面有了很大的改变。SMX 不是很有名气的 RTOS，既无法与功能完整的 QNX 和微软 Windows CE 相比，也无法与小巧灵活的 μC/OS 并论。SMX 介于二者之间，既保持着嵌入式 OS 的实时性，又尽可能地放入更多的功能，以满足高性能嵌入式系统的需求。最难能可贵的是，SMX 团队在嵌入式 OS 上坚持不懈的精神。

埋头苦干的 ThreadX

ThreadX 创始人 Edward L. Lamie 博士曾经是美国加州大学斯坦尼斯分校计算机科学系教授，从事计算机科学的教学和科研工作多年，有多本专著出版。其中《Real-Time Embedded Multithreading: Using ThreadX and ARM》已经被翻译成多种文字出版。Lamie 的其他著作还包括《Pascal Programming》和《PL/1 Programming：a Structured，Disciplined Approach》。

讲到 ThreadX 和 Lamie 博士，还有一段小故事。据业界人士介绍，Lamie 也是 Nucleus RTOS（Accelerated Technology 公司）的创始人。Nucleus 从 1.0 版本发展到 1.3 版本后被 Mentor 收购，Mentor 将 Nucleus 的版本修改为 1.11 后继续发展，而 Lamie 另立公司 Express Logic，重新开发了一个 ThreadX，最初版本是 3.0，现在已经发展到了 5.X。ThreadX 和 Nucleus 虽然大体结构及大部分机制相似，但是 Lamie 博士还是做了很多变化。据最新的报道，ThreadX 已经嵌入超过 15 亿个设备中，其中包括大量的消费电子产品，比如 HP 打印机、多种 3G 手机芯片，以及近年来日趋增加的物联网设备。

ThreadX 是提供源代码、一次性授权的嵌入式 OS，与小型 RTOS 一样，ThreadX 在技术上并无特别的新意。除了内核以外，ThreadX 可以提供基本的嵌入式 OS 的中间件，包括 FILEX、GUIX、NETX、USBX 等，提供两种内核开发工具：

TraceX 和 StackX，其他工具则要借助第三方，比如 IAR 和 ARM KEIL 了。Express Logical 在市场上非常低调，如果注意一下 ThreadX 的公司网站和宣传资料可以发现，他们总是强调有多少设备使用了 ThreadX，2007 年的数字是 4.5 亿，到现在已经是 15 亿了，这与学者出身的 Lamie 博士严谨务实的作风不无关系。Express Logical 位于加州 San Diego，这里汇集了美国无线通信和医疗领域的高科技公司，著名的高通（Qualcom）公司总部就在 San Diego，德州仪器、三星、Intel、摩托罗拉、松下等全球主流的高科技企业均在此地设有专门的无线通信研发机构，这使得 ThreadX 在无线通信领域有大量的应用。我在参观美国 CES2014 展览的时候，看到一款高通公司开发的智能手表 Toq，据现场的人员介绍，它就是使用了 ThreadX 嵌入式 OS，如图 2-10 所示。

图 2-10　高通的智能手表 Toq

开源的嵌入式操作系统

今天开源软件正大行其道，从服务器、云计算、桌面到手机和嵌入式设备，到处都可以见到开源软件和开源的操作系统。本章介绍对嵌入式系统发展具有重要影响的几种开源的操作系统。

开源软件与嵌入式操作系统

Linux 支持多种微处理器、总线架构和设备，半导体公司 SoC 芯片的驱动程序、应用相关的中间件、工具和应用程序都是先为 Linux 开发，后来才移植到其他 OS 平台。这些特性都非常适合于嵌入式系统应用。

在讨论开源的嵌入式操作系统（简称嵌入式 OS）之前，我们先把开源软件搞清楚。"开源软件"目前并没有明确定义，也没有标准许可证。许多公司采用开放源代码一词，大概有这样两种情况：第一，开源软件的许可条款是一个组合条款，并不都是 GPL。比如 Android 里面就有多种许可证（GPL、Apache 和 BSD）。我们知道 Linux 内核采用 GPL，用户所做的任何修改都必须开源给社区。Android 的许可可以让用户为自己的应用制作专用软件（遵循 Apache 和 BSD 许可）。第二，一些商业软件虽然也称自己是开源软件，其实它们只是开放源代码给用户或者大众，让大家免费评估和试用。如果用户需要真正将其使用在商业项目上，并需要技术服务的时候，收费就会随之而来。这里讲述的是第一种开源软件。

Linux

Linus Torvalds 在 1991 年发表的 Linux 开放操作系统，是由在互联网上的志愿者们开发的，它吸引了许许多多忠实的追随者。自 1999 年稳定的 2.2 版本发布以来，Linux 不仅早已经在服务器和台式机上取得了巨大的成功，也正在嵌入式系统中大放异彩。许多人认为，Linux 之所以获得嵌入式市场的广泛认可，关键是得益于 Linux 极高的质量和极强的生命力。当然，能够给 Linux 开发人员提供充分的灵活性和开放源码的选择，不收取运行时的许可使用费也是开发者选择 Linux 的极好理由。与商业软件授权方式不同的是，开发者可以自由地修改 Linux，更能最大地满足他们的应用需要。在技术上，因为基于 UNIX 技术，Linux 提供广泛的功能强大的操作系统功能，包括内存保护、进程和线程，以及丰富的网络协议。Linux 与 POSIX 标准兼容，从而提高了应用的可移植性。Linux 支持多种微处理器、总线架构和设备，通常情况下，芯片公司的驱动程序、应用相关的中间件、工具和应用程序都是先为 Linux 开发，后来才移植到其他 OS 平台的。这些特性都非常适合于嵌入式系统应用。

MontaVista Linux

谈到嵌入式 Linux，MontaVista 是一定要提到的，它对于 Linux 在嵌入式系统商业应用起到了重要的作用。MontaVista 创始人和首席执行官正是第 2 章提到的

Jim Ready，他是公认的商业操作系统的先驱，有超过 25 年在嵌入式软件行业的丰富经验。当他还在 Ready System 的时候，就已经开始关注 Linux 的发展，1993 年他曾下载过 0.98 版本 Linux 并尝试运行起来。他预见到 Linux 必将会成为未来影响嵌入式市场的一个重要因素，并着手准备进入市场。1999 年在 Alloy 创业投资公司的支持下，Jim 建立了一个聚集着嵌入式 Linux 软件工程师的公司，目标是开发一个嵌入式 Linux 软件平台，也就是 HardHat Linux。该公司戴帽子的企鹅的宣传画如图 3-1 所示。2001 年，Hard Hat Linux 2.0 版本发布之后，在 Red Hat（红帽）公司一再要求下，也为了避免产品名字的雷同，Jim 将产品更名为 MontaVista Linux。之后陆续发布了 2.1/3.0/3.1/4.0 和后来的 5.0 版本。从技术上看，MontaVista Linux 不只是一个通用的 Linux 发行版，它更是为嵌入式系统所需的可靠性和实时性（通过对 2.4 内核加入实时补丁）而精心设计的，支持高端嵌入式系统使用的处理器架构 x86、ARM、PowerPC 和 MIPS，以及一系列的驱动程序和板级支持包。它有一整套的开发工具、闪存和固态存储文件系统，还有很容易监视系统完整性和性能的各种工具。

图 3-1　HardHat Linux 戴帽子企鹅的宣传画

　　MontaVista 创建以后的 10 年间，借助开源软件的东风，公司迅速发展，并成功地将其 MontaVista Linux 应用在了通信基础设备、智能手机、数字电视机和机顶盒等各种嵌入式系统中。国际顶级的设备制造商纷纷采用它的技术和产品，比如 NEC、Motorola 和三星电子等。MontaVista Linux 的出现对于传统的商业 RTOS 是很大的冲击，客户逐渐认识到开源软件的价值，纷纷转向开源，而在开源软件中，遵循开源规则的 MontaVista 肯定是最好的选择。虽然期间也曾经出现过几个竞争对手，比如 1995 年在匹斯堡成立的 timesys，虽然也有着不错的产品，但是毕竟它远离硅谷又不熟悉嵌入式软件运作模式，所以并没有对 MontaVista 形成威胁。真正的威胁还是来自传统的 RTOS 巨头，比如风河。当这些巨头认识到开源软件潮流已经到来的时候，市场的竞争才会真正到来。可惜的是，虽然经历了数轮的风险投资，

MontaVista 并没有能够实现盈利预期，再经过 2008 年金融危机的冲击，2009 年 MontaVista 被半导体公司 Cavium 收购。值得庆幸的是，MontaVista 被保留了下来。

RedHad 的 eCos

eCos 全称是 Embedded Configurable Operating System，它诞生于 1997 年，可以说是嵌入式领域的一个后来者。相对其他的系统来说，它非常年轻，设计理念上也比较新颖。eCos 绝大多数代码使用 C++ 完成。eCos 最早是 Cygnus 公司（该公司成立于 1989 年，大家一定知道 Cygwin 吧，就是他们开发的）开发的，1999 年被 RedHat 收购。2002 年，RedHat 因为财务上的原因又放弃了 eCos 项目，并解雇了 eCos 的开发人员。2004 年，在 eCos 开发者的强烈呼吁下，RedHat 同意把 eCos 版权转给开源软件基金会。之后，eCos 主要开发人员组建了一个新的 eCosCentric 公司，继续进行 eCos 的开发和技术支持。eCos 的命运可谓一波三折，令人唏嘘。

eCos 最大的特点是模块化，内核可配置。如果说嵌入式 Linux 太庞大了，那么 eCos 使用起来则会更加得心应手。它是一个针对 16/32/64 位处理器的可移植开放源代码的嵌入式 RTOS。和 Linux 不同，它是由专门设计嵌入式系统的工程师设计的。eCos 提供的 Linux 兼容的 API 能让开发人员轻松地将 Linux 应用移植到 eCos。eCos 的核心具备一般 OS 功能，如驱动和内存管理、异常和中断处理、线程的支持，还具备 RTOS 的特点，如可抢占、最小中断延迟、线程同步等。eCos 支持大量外设、通信协议和中间件，比如以太网、USB、IPv4/IPv6、SNMP、HTTP 等。

eCos 的专利受 eCos 许可证所保护，这是一个 GPL 许可证的修改版，准许开发者在其上开发的应用程序（即 eCos 以外自行撰写的部分）可以不用跟着 GPL 一起发布。应用程序开发者可免费取得其完整的源码，并针对其作任意的修改，并在其上开发自己的应用程序并发布。唯一的限制只是若有涉及修改 eCos 代码本身，则需将修改的源码汇报给 eCos 开发小组。当开发者将其作为产品时，也不需支付版税。

许多公司都在使用 eCos，并先后成功地推出了使用 eCos 的嵌入式产品，比如 Brother 网络彩色激光打印机、DelphiCommuiport 车载信息处理系统、IomegaHipZip 数字音频播放器、Ikendi 指纹识别系统、3Glab 移动电话、GPS 卫星地面设备等。

Android

Android 是谷歌公司开发的针对高端智能手机的一个操作系统。其实 Android 不仅仅是一个 OS，也是一个软件平台，可以应用在更加广泛的设备中。在实际应用中，Android 是一个在 Linux 上的应用架构，优势是能够帮助开发者快速地布置应用软件。Android 成功的关键是它的授权方式，它是一个开源软件，主要的源代码的授权方式是 Apache。该授权允许使用者在 Android 源代码上增加自己的知识产权，而不一定要公开源代码。

　　直到今天，Android 的开发主要还是集中在移动终端上，这是谷歌的主要目标市场。相关软件 IP 和开发工具也都是针对这个市场设计和配置的，在市场上 Android 已经成为智能手机市场占有率最大的 OS。在其他的市场上 Android 也潜力巨大。一般来说，任何有复杂的软件需求的地方，一个封装好的有连接和用户界面的设备，比如车载信息系统（IVT）、智能电视等，Android 都会有用武之地。消费电子、通信、汽车电子、医疗仪器和智能家居应用也都是 Android 潜在的应用目标。但是 Android 要从移动终端应用真正走入更广阔的市场，确实是个很大的挑战。目前我们已经看到在平板电脑和智能电视上 Android 有了不错的表现，基于 Android 的照相机、智能手表和电视盒也开始出现，而更多的应用正在紧锣密鼓的开发中，如图 3-2 所示。

图 3-2　各种基于 Android 非手机产品

结语

　　除了上面介绍的 Linux、MontaVista、eCos、Android 这些开源 OS 已经在嵌入式系统中大量使用外，还有应用在军事工业和航空航天上的 RTEM，以及来自日本基于 ITRON 技术规范的 Toppers，二者都基于 GPL 许可证。Toppers 还要求如果应用已经嵌入设备里，需要报告给 Toppers 协会。此外，目前我们还可以看到的商业嵌入式 Linux 还有 Windriver Linux、Enea Linux 等产品。开源嵌入式 OS 有一些开源社区和组织，他们对于开源软件在嵌入式系统的发展和应用起着至关重要的作用，目前比较活跃的有 Linaro。GENIVI 等。前者是由 ARM、飞思卡尔、三星等公司合资成立的，是致力于为 ARM 架构开发开源软件的非盈利性组织。GENIVI 联盟在全球已经拥有 170 家成员，它通过提出一个基于开源 Linux 平台，希望改变车载信息娱乐软件的开发和使用方式。关于 GENIVI 我们在后面有关汽车电子的嵌入式操作系统章节中还会介绍。

嵌入式系统开源软件的思考

本节是我代表嵌入式系统联谊会参加"2009 年开源中国、开源世界"高峰论坛圆桌会议时的发言。文章回顾了嵌入式系统发展中开源软件的作用和发展趋势，指出了今天发展迅猛的移动互联网是开源软件的重要机缘，嵌入式系统对开源软件多样性需求，社区文化与嵌入式系统的差异，以及开发软件发展的局限性。

回顾过去 30 年间，嵌入式系统在国内各行各业蓬勃发展，其中有两项重要技术对嵌入式系统影响最大：一是 ARM；二是开源软件，尤其是 Linux 和 Linux 相关的开源软件。对于 ARM，今天业内热议的 ARM 上网本现在看只是 ARM 进军市场的一个桥头堡，前进一步 ARM 即可大举占领利润和产量丰厚的 PC 市场，退一步也可以保住自己的移动终端和已经牢牢把握的嵌入式市场。ARM 要想成功必然要仰仗开源软件，指望微软是不行的，微软有太多历史的包袱和既得利益，它在 Windows 7/XP 是否支持 ARM 架构这件事情上一直摇摆不定。与此同时 Linux 在经历了漫长和痛苦的桌面市场的博弈之后，发现了移动计算这片蓝海，从开始的智能手机、MID，到现在的上网本（Netbook），还有未来的智能本（一种称为 Smartbook，尺寸更小、更轻便的上网本）。开源软件也在慢慢向嵌入式系统靠拢。在国内，嵌入式系统行业已经形成了一个 ARM+Linux 的模式。

嵌入式系统的开源软件之势不减

有两件事情更加说明了嵌入式系统开源软件之势不减。第一件事是 MIPS 定制 Android 平台。谷歌的 Android 在手机上获得各个方面的广泛认可，HTC、摩托罗拉、三星和中国的联想等多款手机已经面世，中国移动也高调支持 Android，更多的手机正在开发中。作为开源平台，Android 不仅可以在手机上使用，日本公司还把它移植到 DTV、数码相框、PMP 等消费电子产品上。但是以谷歌一家之力无论如何也无法满足每个特定的嵌入式应用的个性化需求，于是以 MIPS 为主导的 OESF（开放的嵌入式软件基金会）就应运而生，其目标是致力于推动 Android 平台在非手机领域的发展。看来这是一个众望所归的好事情，也说明嵌入式系统行业对于有影响力的开源平台的迫切需求。第二件事情是传统的嵌入式软件公司 Mentor Graphic 收购了 Embedded Alley。Embedded Alley 是一家以前 MontaVista（著名的嵌入式 Linux 公司）雇员为核心的嵌入式 Linux 服务商。Mentor 明确表示，收购的目的就是为了具有 Android 平台提供服务的能力，但我想背后原因有两个，一是因为 Embedded Alley 是 OESF 联盟中的重要合作伙伴，已经成功地为 RMI 的 MIPS 芯片提供了 Android 服务，继承了美国东部企业的务实特色，是一家实干的服务商。

二是因为 Mentor 传统的私有 RTOS- Nucleus 是目前手机基带芯片的主要 OS，但是在增长快速的智能手机上，Nucleus 毫无建树，借助 Android 或许可以帮助 Mentor 重返手机 OS 的市场。嵌入式系统无论是芯片、软件和产品应用都在逐渐走向开源，开源之势汹涌澎湃不可阻挡。

移动互联是开源软件重要机遇

移动互联是开源软件在嵌入式系统发展的重要机遇，这一点不仅嵌入式行业看到了，IT 产业也看到了。原 ARM 中国公司总裁谭军博士近期指出，开源软件是下一代差异化计算平台的理想选择，芯片之争、操作系统之争的实质是看谁的生态环境建得好，开源软件在移动互联网有着无比丰富的生态环境。Linux 基金会执行总监 Jim Zemlin 先生在北京 2009 开源世界峰会上发言时指出，PC 经济正在发生变化，而 Linux 是未来把握利润的"车票"。Jim 解释这个原因是，以前单一的 PC 计算正在向以智能手机、MID、上网本和未来的各类云终端发展，而 Linux 是唯一开放的可嵌入其中的平台。这里再举一个例子，目前已经交由 Linux 基金会维护的英特尔 Moblin 社区非常活跃，它是专门针对 MID 的操作系统，最新推出的 2.0 版本有下面的特点和变化：第一，电源管理部分针对 MID 和 Notebook 做了优化，使电池续航能力得到延长；网络功能作了进一步扩展，针对 MID、Notebook 和车载移动设备所需求的网络连通性能进行了扩展，以求达到能够支持最新的 3G/4G 技术。第二，应用程序框架重新设计。Moblin 2.0 核心模块放弃了前一版本所使用的 Hildon 应用程序框架，主屏幕设计和应用程序图形界面设计有了更大的灵活性，可以用 Flash AIR 平台为基础设计用户界面，还可以直接以 HTML 文件作为操作系统主屏幕或者应用程序图形界面，还可以采用 GTK/Clutter 这个支持 2D/3D 动画的 UI 库来设计应用程序的图形界面。第三，2.0 版本开发工具更加便利。创建 MID 和 Notebook 等多种平台上的 Moblin 影像的工具 MIC 能够在 USB 驱动器、光盘等设备中创建一个带有平台特定的、完整的目标文件系统的影像，Moblin 2.0 的架构如图 3-3 所示。

作为一家芯片公司的 Intel，花了这样大的力量和金钱投资一个开放软件平台上，为了什么呢？就是为了掌握在未来移动互联网世界里面更多话语权，因为 Wintel 架构将不是这个世界上唯一的计算平台了。

注释

> 2009 年 4 月，Intel 将 Moblin 操作系统移交至 Linux 基金会，之后与 Nokia 维护的另外一个开源移动 Linux 操作系统 Maemo 合并，命名为 MeeGo。2011 年，Linux 基金会宣传停止 MeeGo 项目，重新开始一个称为 Tizen 的 Linux 移动操作系统项目。后来，三星公司把 Tizen 应用到三星智能手机、手表和

电视上，Tizen 项目也主要由三星负责维护。MeeGo 项目后来由一家芬兰的创业公司 Julla 继续开发维护，目前正在进行商业运作。Julla 的创始人是来自 Nokia 前 Maemo 团队的员工。

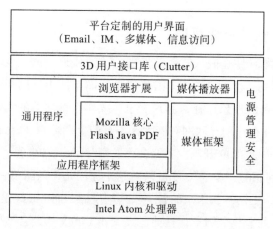

图 3-3　Moblin 2.0 架构

中国嵌入式系统企业应融入开源文化

国际性的嵌入式系统企业对于开源的重视和贡献越来越大，比如，飞思卡尔半导体就把嵌入式 Linux 作为芯片基本 OS 重点支持和研发，在北京也成立专门的研发团队。包括飞思卡尔、MIPS、瑞萨、博通、ADI 和英特尔这些嵌入式半导体公司，以及 Montavista 软件、思科通信设备公司对于 Linux 内核的贡献巨大。如图 3-4 所示是公司对于改进内核的贡献，图 3-5 是个人对于改进内核的贡献。这让我联想到国内的情况，一方面以嵌入式 Linux 为龙头的嵌入式教育和培训热火朝天，学员热情很高，说明企业有需求。另一方面，放眼国内，专业的嵌入式 Linux 公司越来越少，早在 2000 年初还有几家，如灵思、蓝点，现在除了中科红旗⊖还有定制性的嵌入式 Linux 产品服务外，几乎没有一家专业的嵌入式 Linux 软件公司。

再有，国内大型的嵌入式设备商都有相当数量的 Linux 研发团队，但是纵观国际开源项目，很少看到他们的身影，甚至连华人个体的数量也很少。来自 Linux 社区的信息显示，从 2.6.13 版本开始华人个体参与到 Kernel 开发中的人数逐渐增加，参与的华人从 2.6.13 版本的 10 人增加到 2.6.27 版本的 63 人。华人贡献的 patch，从 2.6.13 版本的 108 个增加到 2.6.28 版本的 650 个。但是总的来看，华人对 Kernel 的贡献所占比重还比较小，只有 6% ~ 8%，这里外企华人的贡献占了多数，本土

⊖　中科红旗也已经于 2014 年 6 月宣布破产清算。

企业的比重比较小。这不禁让人们联想起若干年前，国际 Linux 社区对于国内某些 Linux 公司只有索取没有奉献的开源之路的指责，如果中国大型企业不能像欧美日企业那样追随 Linux 开源文化的精神，我们的嵌入式系统开源之路将会非常漫长。

Company Name	# of Changes	% of Total
None	11,594	13.9%
Unknown	10,803	12.9%
Red Hat	9,351	11.2%
Novell	7,385	8.9%
IBM	6,952	8.3%
Intel	3,388	4.1%
Linux Foundation	2,160	2.6%
Consultant	2,055	2.5%
SGI	1,649	2.0%
MIPS Technologies	1,341	1.6%
Oracle	1,122	1.3%
MontaVista	1,010	1.2%
Google	965	1.1%
Linutronix	817	1.0%
HP	765	0.9%
NetApp	764	0.9%
SWsoft	762	0.9%
Renesas Technology	759	0.9%
Freescale	730	0.9%
Astaro	715	0.9%
Academia	656	0.8%
Cisco	442	0.5%
Simtec	437	0.5%
Linux Networx	434	0.5%
QLogic	398	0.5%
Fujitsu	389	0.5%
Broadcom	385	0.5%
Analog Devices	358	0.4%
Mandriva	329	0.4%
Mellanox	294	0.4%
Snapgear	285	0.3%

图 3-4 公司对于改进内核的贡献（来自 Linux 基金会网站）

Name	# of Changes	% of Total Changes
Al Viro	1571	1.9%
David S. Miller	1520	1.8%
Adrian Bunk	1441	1.7%
Ralf Baechle	1346	1.6%
Andrew Morton	1222	1.5%
Andi Kleen	993	1.2%
Takashi Iwai	963	1.2%
Tejun Heo	938	1.1%
Russell King	926	1.1%
Stephen Hemminger	920	1.1%
Thomas Gleixner	754	0.9%
Patrick McHardy	740	0.9%
Ingo Molnar	735	0.9%
Trond Myklebust	664	0.8%
Neil Brown	646	0.8%
Randy Dunlap	645	0.8%
Jean Delvare	617	0.7%
Jeff Garzik	615	0.7%
Christoph Hellwig	615	0.7%
David Brownell	588	0.7%
Paul Mundt	581	0.7%
Alan Cox	571	0.7%
Jeff Dike	558	0.7%
Herbert Xu	538	0.6%
David Woodhouse	503	0.6%
Greg Kroah-Hartman	496	0.6%
Linus Torvalds	495	0.6%
Dmitry Torokhov	494	0.6%
Alan Stern	478	0.6%
Ben Dooks	477	0.6%

图 3-5 个人对于改进内核的贡献（来自 Linux 基金会网站）

理解嵌入式系统对开源软件多样性需求

嵌入式系统多学科交叉的特点，决定了嵌入式系统对于嵌入式软件的认识和使用上的多元化现象。比如，计算机专业的人员偏于喜好开源的嵌入式 Linux OS；电子和自动化专业更加偏于 RTOS，如 μC/OS-II（开源，商业使用收费模式）和 VxWorks（传统的商业嵌入式操作系统）。开源技术和思想对于嵌入式系统中非计算机科学学科的集成电路设计中的 SoC 技术已经产生重要影响。目前多数嵌入式系统半导体公司使用 Linux 作为基础的 OS。另外，嵌入式系统是应用差异性很大的系统，比如通信行业的手机、智能手机、移动终端（智能本）、上网本、交换机、移动基站和交换机和电信服务器等不同的产品，它们虽然是同一个行业，但是它们各自的体系结构、需求和应用都不一样。更不要说不同的行业，比如消费电子、工业控制和航空航天产品之间的差异就更大了。嵌入式系统的计算平台的体系结构也比桌面和服务器更复杂，种类更多（比如 ARM、PPC、MIPS、x86 和许多 8/16 位 MCU），这个特点决定了开源软件在嵌入式系统中一定是百花齐放的。今天各种开源软件，比如 Ecos、RTEMS、TinyOS 和 RTLinux，以及 RTAI 等面向实时性、通用性 Linux 里面平台也很多，面向移动互联网的 Moblin、Android 和 Ubuntu，像嵌入式系统的 μC/Linux，Debian，还有商用公司 Montavista、Timesys、Windriver Linux 的开源版本都在嵌入式系统中有自己的地位和应用。

注释

> FreeRTOS 是近年在嵌入式系统很流行的一个开源软件，它采用修改后的 GPL 授权方式，得到了嵌入式系统芯片公司和开发者的青睐，在物联网系统中应用广泛。FreeRTOS 详细信息可参见本书相关章节。

正视开源软件在嵌入式系统中的局限性

虽然开源之风在嵌入式系统中越来越盛行，但是部分嵌入式软件平台对于开源软件仍持谨慎态度。部分企业经过实践体会到使用免费开源软件未必能够帮助企业节省成本，购买验证后的商业软件和知识产权却可以帮助企业做大做强。实际上应该纠正这种使用 Linux 就意味省钱的想法，免费开源软件并不一定比商业软件节省开发和运行成本。一般来讲，成熟的嵌入式软件需要经过至少 5 年的开发和验证时间，而且需要有一个开发和支持团队，这样的模式对于嵌入式软件平台的尤为重要，因此目前包括航空航天、工业控制系统、交通系统、汽车电子、医疗电子（除信息娱乐部分外）采用 Linux 和其他开源软件都比较少。开源软件在嵌入式系统的应用还应该注意避免走习惯性的单一化模式的思路，应该以应用为导向，以平台为依托，结合自身研发和维护团队的技术特点，联合芯片、合作伙伴和开源社区共同完成一个项目。

总结一下，嵌入式系统的多样性和广泛性决定了开源软件在其中巨大的生存和发展空间，开源软件的开放性、灵活性、低成本开发和维护模式可以帮助嵌入式产品解决产品正在面临的市场挑战和创新需求。开源技术和思想对于嵌入式系统中各个学科都将产生积极影响。

构建你自己的 Linux

今天 Linux 越来越成熟，应用越来越多，但是自己构造，还是购买商业版本依然困扰开发者，这篇写在 2007 年的文章很好地回答了产业界长期的困惑——开源软件为何要付费，商业的嵌入式 Linux 的价值何在。

20 世纪 80 年代初，商用实时操作系统（RTOS）提供商的出现，让人们开始了一场旷日持久的争论。争论的焦点是：到底应该购买商业的实时操作系统还是自己构建实时操作系统呢？经常为嵌入式设备开发软件的工程师们也卷入了这样的争论之中。如今，对于很多嵌入式设备来讲，Linux 已经成为了更受欢迎的操作系统。但在这个崭新的 Linux 世界，有关购买还是自建的争论是不是依然存在呢？

要回答这个问题，必须理解以下两点：

1）让开发者选择 Linux 作为嵌入式操作系统，而不是其他传统实时操作系统的压力。

2）Linux 与其他 RTOS 的一些细微差别，其开源和软件开发过程，深远地影响了实时操作系统开发和购买之间的平衡。

设备中的软件内容爆炸

在嵌入式系统世界中，以下两个方面的快速扩张是让开发者转向 Linux 的基础：

1）新的复杂的产品种类增多。

2）嵌入式设备本身系统软件需求的增加。

请试想一下，一个曾经只需要微控制器和小型控制程序（固件）的玩具制造厂，需要开发系列新产品，这些产品要基于完全开源环境，而且是多线程程序，有 TCP/IP 连接、蓝牙无线通信等。结果，这家跨国消费电子公司突然发现将不得不为自己的产品开发决定采用有上百万行的操作系统软件，因为现在每个产品都要求有多线程程序以及网络连接。内部成本的增加以及产品设计开发复杂度的提高，都使得贯穿整个产品的软件产生了风险。

可以这样概括现在的系统软件市场情形：

1）产品对复杂系统软件的需求日益增加，包括网络连接，使用最具竞争力的高端微处理器技术，支持快速扩展和极度复杂的 I/O 技术。

2）很多不同的产品小组和团队都对这类系统软件有旺盛的需求，连以前根本没有任何计算内容的产品也不例外。外围激烈的竞争形势根本不能忍受高成本的系统软件；现金预算约束也不支持以前维持的内部开发团队；一个公司的工程资源必须集中在能增值的技术上才能保持自己的竞争力。

3）现在的商业软件的版税部分成本是巨大的，严重地影响了公司的利润。

4）选择一个公共的策略性系统软件平台将使公司避免陷入多种解决方案中而难以决策的窘境，而且这些解决方案都是高成本架构的，没有一个方案具有完全的杠杆平衡力量。以往的工程经验显示，统一的平台可以降低成本并且加快产品开发周期。

这些因素结合起来就使得基于 Linux 的操作系统成为一个卓越的解决方案，以此来解决设备制造者面临的越来越多的软件内容危机。这一点有数以千万计的电子设备（如移动电话、机顶盒、高清晰电视等）采用了 Linux 为操作系统的实例为证。

具有讽刺意味的是，今天虽然很多公司依然要面对制造多功能高质量软件集成产品和强大的时间表压力，自己开发产品系统软件的诱惑依然存在。时至今日，30多年前在 RTOS 领域里，我们听到的争论依然存在，只不过，现在争论的焦点变成了 Linux。

显性成本

在嵌入式 Linux 和 Linux 发行版中有很多过程和成本的支出，从下边 7 个方面的叙述中可见一斑：

1）嵌入式 Linux 或 Linux 发行版由超出 3000 万行源代码构成。

2）源代码一般包含 19 种或者更多的、不同步更新的、没有集成到主代码库里面的软件代码。

3）源代码常常每天改变。

4）很多大公司使用广泛的嵌入式处理架构，需要 24 个微处理器架构，并且其变量还有多于 100 个硬件平台的支持。

5）必须支持多种主计算环境（如 Windows、Linux、Solaris，以及这些计算环境的各种版本等）。

6）构建、测试、发布一个最初发行版最起码需要 30 个开发人员（还不包括需要进行的维护、微小的改进或支持上的人力和时间成本），整个成本加起来很容易达到数百万美元。

7）正在进行的维护、增加的微小改进、支持，构造一个开发的环境同样是笔不小的开支。

隐性成本

对于一个成功软件开发的过程来说，很多工作是隐性的或经常被忽略的，包括以下几项：

1）开发一个可以全面测试和质量保证（QA）能力系统：测试套件是为操作系统本身开发的，支持大量的 I/O 设备，特别是为 SoC 设备定制的。一个典型的移动设备 SoC 内部有 20 ～ 30 个复杂的 I/O 设备，它们都需要测试。支持每一个架构参考板的物理底层，同样需要开发和布置。

2）创建一个有效构建计算环境，以便尽可能快地更改构建（以小时计，而不是天），否则构建过程本身在整个项目开发流中会成为一个瓶颈。

3）开发工具：交叉调试、内存泄漏检测工具、性能调整工具、内核识别的调试等。一般情况下，项目资金很少分配到工具的开发上，因为大部分钱必须投在内核本身的开发上。

4）发布培训课程和课程材料：Linux 系统极其庞大而且功能繁多，开发人员需要在其编程模板、设备驱动架构和开发工具上训练，以便快速出成果。

这些隐性努力的成本加上前边讨论过的显性开发成本，对于正确构建和支持一个嵌入式 Linux 系统都是必需的。

开发过程，新的复杂度和成本

传统的内部开发过程，整个软件开发要很严格地遵守从头到尾的开发步骤。与此不同，Linux 开发过程始于大量没有定制的过程，这就是开源开发进程。一个公司可能对一项特别的开源项目有重大贡献，但绝不可能控制整个进程；公司能做的仅仅是影响和参与。比如，Linux 更新版本的速度可以不同。从微小 bug 的解决、适度新特性改进，到整个底层系统的改变，引进新功能、不稳定以及新的 bug 都可以影响 Linux 版本改变的频率。

为这些改变所做的整个支出大到让人沮丧的。让我们跟踪一个独立 Linux CPU 架构活动，以 MIPS 为例来说明这种情况：为保证跟踪每天发生的改变，开发人员需要监视 11 种不同的异步开源项目的 Email 通信，包括：kernel.org——Linux 内核的核心、gcc，以及 glibc projects（核心的工具链和库），还有至少 9 种其他的能组成可用 Linux 开发环境的因素。kernel.org 本身每天可能有近 5000 条信息，其中 1000

多条需要反复评估，因为它们可能会应用到你们的 Linux 源代码部分。如果忽视了这些信息，认为自己现在的系统运行正常，这将后患无穷。比如，一个最新的 13 行代码的安全补丁能起到保护你的嵌入式 Linux 的作用，如果你忽略了这 13 行代码，那么补丁可能要用多于 80 万行的代码来补救。这是一个典型例子，你是现在付账还是以后付，当然后付的费用更多了。

所以，需要开发新的进程来适应开源进程的动态化开发过程，这个进程可能会与任何公司内部开发进程相交叉。将自己的内部软件开发进程和外部开源进程相结合是十分必要的。这种结合的实现方式可以作为企业竞争的优势，但是必须以知识财富的形式小心保护。

自己构建 Linux 项目很少考虑这种开源开发进程的成本。如果没有正确的 Linux/ 开源意识的引导，开发进度表和产品质量都将遭受不可知的风险或彻底的失败。这些新开发进程成本应该和前边提到的显性及隐性成本一起包括在付出之中。

综观总成本

考虑以上所有的因素，可以认为：要开发一个商业可用嵌入式 Linux 发行版本，时间上和财力上的投资是不菲的，而通常企业在这两项上的投入又常常是非常有限的。

为整个开发进程设计一个成本模型是很重要的，成本要包括工具，对小、中、大型 Linux 的支持维护等。即使最简单的 Linux 系统开发，开发成本也动辄以百万美元计。系统越高级，成本也就越高。如果说数年前人们只是倾向于购买而不是自建 RTOS，那么如今人们肯定更加愿意购买一个有更多功能、更加复杂的基于 Linux 的嵌入式操作环境了。

从 Montavista 看嵌入式 Linux 的发展

Linux 作为开源的操作系统正在 IT 产业的方方面面发挥着举足轻重的作用，Linux 是服务器的重要的操作系统。Linux 是嵌入式系统关键部件，它已经嵌入电信交换设备、路由器、接入设备、网络存储设备和移动终端里，涵盖通信网络的各个层面。IT 业界可能非常熟悉的是 SUSE、RedHat、中标麒麟 Linux 操作系统以及在桌面系统中使用的 Fedora、Debian 和 Ubuntu。而嵌入式 Linux 对许多人来讲还很陌生，这是因为嵌入式设备是以一个整体的形态展现在使用者面前的，所以操作系统虽然是非常重要的部件，但是不容易让大众所认识，比如我们日常看到的游戏机、GPS、电视和机顶盒等电子消费产品，其实它们里面都有一个操作系统在运行，行业内称为 RTOS（实时多任务操作系统）或者 EOS（嵌入式操作系统）。正如服务器和桌面系统一样，嵌入式系统设计者可以选择商业嵌入式 Linux 软件或者使用开源的 Linux 软件自己开发，也可以委托第三方开发。商业的 Linux 软件市场中与 RedHat 齐名的是 Montavista 软件公司。

Montavista Linux 已经拥有超过 2000 多用户和数以千万计的产品在市场上销售，它们覆盖从智能手机、高清电视、机器人、无线网络设备到 3G/4G 电信服务器等各种嵌入式应用。Motorola 使用了 Montavista Linux 的智能手机"明"（型号是 A760/E680 等）在中国的巨大成功，使得 Montavista 和它的 Linux 产品蜚声国内。

MontaVista Linux 演进的历史

1999 年，在美国硅谷的 Sunnyvale 小城，一个普通的办公室里面又多了一群不太年轻的创业者，这就是 Montavista 创始人 Jim Ready 和他的创业团队。20 世纪 80 年代初，Jim 也就是在同样的地方开始他第一家嵌入式操作系统公司的创业生涯。Jim 创办的 Ready System 公司的 VRTX 是世界上第一个商业的 RTOS，广泛应用于通信、控制和航空航天系统，是嵌入式操作系统的标志性和创造性产品，VRTX 的思想为行业的后来者所追随和发展。经过数年观察和思考，Jim 认识到 Linux 可以支持更广泛和更新的硬件、更多的 I/O 设备、更多和更加标准的应用，它可能是未来嵌入式操作系统的最适合的选择，Jim 决定创办一家专业的嵌入式 Linux 公司，公司的定位是一个 100% 的 Linux 公司，它的嵌入式 Linux 产品可以替代传统的 RTOS。

图 3-6 很清楚地展现出了 MontaVista Linux 产品发展的历程。

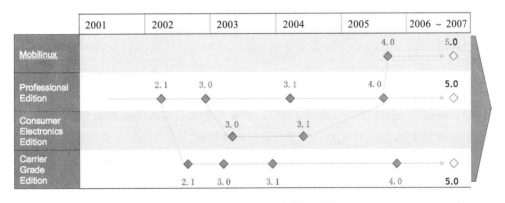

图 3-6　MontaVista 的发展历程

HardHat Linux

2002 年以前，MontaVista 的 Linux 产品名叫 HardHat Linux（这个名字也最早在开源社区和大学里面流传），HardHat 名字的由来也许是为了要区别于市场的名气已经非常大的 RedHat，表示 MontaVista 的 Linux 是一个实时和嵌入式的 Linux，如图 3-7 所示的著名的 HardHad 和 MontaVista Linux 的 LOGO，企鹅头顶的工人帽表示是硬帽子。因为公司创建初期正值网络经济的热潮，MontaVista 最初的商业模式和其他的开源软件一样，是一个免费的软件，但服务和升级需要收费。2002 年以后，从 MontaVista Linux 2.0 开始就改为 Linux 行业里面广泛采用的订阅模式，即付费获得产品，在订阅期内得到支持、升级和补丁。

图 3-7　著名的 HardHad 和 MontaVista Linux 的 LOGO

MontaVista Linux 的 3 个版本

MontaVista Linux 有 3 个版本：

❑ Professional edition，称为专业版本（简称 Pro），主要是针对各种通用的嵌入式应用，它也是 MontaVista Linux 的核心产品，其他的版本也是由这个版本发展出来的。

❑ Carried grade edition（简称 CGE），也称为电信等级 Linux 版本，此版本是在专业版本的基础上增加了加固内核、事故处理、动态加载等高可能性的特点，符合 OSDL 电信 Linux 规范（也称为 CGL 规范，来自 www.osdl.org，这个机构最近和 Linux 基金会合并），CGE 支持先进的 ATCA 计算平台等硬件技术。

❑ Mobilinux 是 MontaVista 重要的旗舰产品之一，2003 年 MontaVista 在专业版本上开发了一个称为消费电子（consumer electronic edition，CEE）的版本，CEE 由于 Motorola 基于 Linux 操作系统的智能手机而闻名海外。2005 年

底，CEE 再作重新开发并变名为 Mobilinux，专门针对手机市场。比起以前的版本，Mobilinux 增加了可以大大降低手持设备能源消耗的动态电源管理、Linux 系统快速启动、尺寸优化技术和各种测量和分析工具。

在 2001 年以后的 6 年时间中，MontaVista Linux 有两个重要的发展阶段：第一，内核的进化，4.0 版本以前 MontaVista Linux 一直使用 2.4 版本的开源内核，如 3.1 版本使用的是 2.4.20，4.0 版本之后，MontaVista Linux 使用了目前流行的 2.6 版本的内核技术。第二，工具的进化，HardHat Linux 的工具是传统 Linux 命令行，3.0 版本以后 MontaVista Linux 增加了集成的开发环境（IDE），使用的是 KDE，3.1 版本之后升级成 Eclipse，这是目前功能最完善的集成开发环境。

MontaVista Linux 实时性

MontaVista 一直坚持在开放和兼容社区内核发展的前提下，发展和开发 Linux 的实时性技术，并把它应用在 MontaVista Linux 产品里面。比如 MontaVista Linux 2.1 版本已经实现了 Preemptible kernel 和 Realtime scheduler，从而根本改变了传统 Linux 进程和线程不能被抢占，而且还是按照优先级调度的历史。发布 3.1 版本的时候，MontaVista 把当时还在开发中的 2.6 内核当中的 0(1) 调度器和高分辨率定时器移植到 2.4 内核的 MontaVista Linux 3.1 的 3 个版本中，让使用 Linux 进行嵌入式软件开发的用户最早使用到最先进的 Linux 实时性技术，同时为今后升级到 2.6 内核做好了完全兼容的准备。2005 年，MontaVista 在开发 2.6 内核的 4.0 版本的初期，在开源社区创建了一个实时 Linux 项目，通过和社区协作开发 MontaVista Linux，MontaVista 在 4.0 产品里实现了 Linux 2.6 内核的 RT-Path 技术。MontaVista 的技术专家来自传统的嵌入式领域，对实时技术和要求非常了解，MontaVista 坚信基于开源 Linux 的实时性可以满足嵌入式系统的实时性需求，过去的实践也不断地证明了这一点。

MontaVista Linux professional 5.0

MontaVista Linux professional 5.0（简称 Pro 5.0）是 5.0 家族的第一个产品，2007 年 2 月开始有了 Beta 版本，4 月陆续发布一部分嵌入式处理器参考平台的支持版本。Pro 5.0 的发表标志着包含最新的 Linux 技术的新一代嵌入式软件平台的到来。Pro 5.0 在目前 Pro 4.0 的基础上融合了先进 Linux 内核、应用和工具技术开发而成的。下面从 4 个方面分析一下 Pro 5.0。

1. DevRocket 5

DevRocet 5 是基于 Eclipse 的一个完整的嵌入式集成开发环境，它使用了最新的 CDT 扩展和管理技术，并有更加便捷的编辑 - 编译 - 远程调试的过程，更多的可插入的工具链。DevRocket 5 还可以支持在没有目标硬件的情况下的虚拟开发环境。简单来讲，你可以把 DevRocket 理解为一个 Eclipe 框架下由一系列插件组成的软件工具，这个工具包括 C/C++ 开发和远程调试（内核和用户态），应用和系统的跟踪，系统性能的分析，远程系统的管理，系统平台映像的管理，基于 CVS 的软件版本管理。区别于前面的版本，DevRocket 5 以插件的形式增加了 4 个工具：检测内存泄漏工具；性能统计和分析工具；可以观测到整个系统内核和应用的存储器使用的工具；可视化的内核和用户态应用的跟踪工具。即通过 Eclipe 读取 LLTng 的 trace 文件图形化显示，区别于过去的 DevRocket。新的版本可以让用户使用其他公司或者开源的 Eclipe 框架，把 MontaVista 的工具以插件形式安装上去，让用户可以体会到使用最新技术的快乐。原理上讲，在获得有效的授权之后，DevRocket 5 可以支持以前的 4.0 甚至 3.1 版本的 MontaVista Linux 的各个版本的产品。

2. 全新的内核和应用

Pro 5.0 使用稳定和全新的 2.6.18 内核，LSB3.0 兼容，安全特性，IPV6 认证，内核和用户态的实时技术，包括支持 Priority Queuing、Priority Inheritance、Robust Mutexs 和新的 HR Ktimers。I/O 和网络方面支持更多设备驱动，如 SDIO、USB OTG、Bluetooth（计划在 Mobilinux 5.0 里面）、802.11g WiFi，支持 ARM Jazelle（ARM 发布的 Java 硬件加速虚拟机优化技术，目的是为了提高 Java 应用的启动运行及反应速度）。Pro 5.0 还包含了 MontaVista 以前在 CEE3.1 和 Mobilinux 4 里面使用的 XIP 技术，这是一个可以提高 Linux 系统引导速度的技术，也就是说 Pro 5.0 可以适合除手机外的所有消费电子的应用。

3. 减少尺寸的技术

在 5.0 版本里，MontaVista 大大改进了尺寸优化技术，使用了先进的 Linux Tiny，并可以支持 NPTL、ARM EABI 的 µClibc，配合 ARM Thumb mode 使用 µClibC 后，应用尺寸可以减少近 50%。这还只是应用部分，如果考虑到文件系统的优化，那就有可能减少 70% ~ 80% 的尺寸。简单来讲，一个标准的 Linux 有大约 14M，经过 5.0 版本（或者使用 Mobilinux 4.1，它已经包含 µClibc）完全优化后，可以到减至 3M 左右。

4. 完善的质量保证体系

目前 Pro 5.0 内核是在 2.6.18 baseline 上加了有大约 1500 个 Patch（这个数量还在因为新的硬件的支持而不断增加），其中近 30% ~ 40% 的 Patch 是有连带关系的，即如果你修改了一个 Patch 可能其他 Patch 也要修改。再细化一下，整个 Pro 5.0 的代码是由 2.6.18 内核代码、非主流内核代码（如 ARM 和 MIPS 分支代码）、RT patches、2.6.19 对 2.6.18 的 bug 修正后向后移植（Backport）、MontaVista 内部自身开发和修正的软件模块（一般每次发行要修改超过 1000 个 bug）5 个部分组成，然后每个 build 都要经过 35 000 个自动测试，很难想象这样一个巨大的软件工程竟然是靠几个 Linux 工程师就完成了。Pro 5.0 这个大工程是在完善的质量保证体系下，集合了过去两年开发 2.6 内核和 5 年以上 2.4 内核的经验的结晶，更重要的是经过以千万计的、基于 MontaVista Linux 产品的验证，让 Pro5.0 产品有一个极好的质量基础。

嵌入式 Linux 技术的发展趋势

回顾了 MontaVista Linux 发展历程和分析了 Pro 5.0 的一些技术特点后，再综合目前市场上商业和开源的嵌入式 Linux 的现状，我们不难看出未来嵌入式 Linux 技术走向的轨迹。

1. Linux 工具将大行其道

开源的 Eclipes 框架已经成为事实上的企业软件和嵌入式软件开发标准，不仅得到了软件和系统厂商的推崇，而且也得到了设备厂商的支持和参与。最近 Motorola 宣布加入 Eclipes 基金会，参与一个设备软件开发平台（DSDP）项目，开发一个针对移动 Linux 的工具 TmL，这也是 Linux 大行其道的一个很好的例证。基于 Eclipes 框架的嵌入式开发工具将是未来嵌入式 Linux 甚至其他嵌入式操作系统的主流和标准的开发平台，嵌入式 Linux 的工具目前和未来将主要针对 Linux 命令行工具进行改进和提升，开发新分析工具、配置工具、性能测试工具和调试工具。比如上面提到的 MontaVista Devrocket5，支持和配合 BDI2000 的 Linuxscope、Workbench 和 Timestorm。

另外，一个重要的促使 Eclipe 的 Linux 工具大行其道的非技术原因是，嵌入式软件比较其他行业的软件需要更好的工具去开发、调试和测试，而 Eclipe 的授权方式更加适合商业公司开发的工具以商业版税的方式进行销售和支持。

2. 嵌入式 Linux 软件平台走向应用

如同商业 Linux 服务器软件公司一样，嵌入式软件公司也已经意识到它们应该更多地在 Linux 内核上进行应用软件的开发，并在集成和测试上多下功夫，以满足用户对使用嵌入式 Linux 的产品尽快上市的要求。因此，对比微软 Windows

Mobile，嵌入式 Linux 具有竞争性优势，Linux 软件中间件将越来越显现出不同公司产品的差异和价值。

MontaVista 从 4.0 产品开始就已经有了一个非常清晰的中间层，即为应用软件提供接口，如图 3-8 所示。这个中间层包括了 GTK/X11 图形库，200 多个用户态的应用模块，IPV6 和 IPsec/IKE，Web services networking utilities，WiFi 的网络协议。在 MontaVista 面向应用的电信 CGE 和手机版本 Mobilinux 中已经涉及了应用的部分，比如 Mobilinux 4.0 里面的动态电源管理就增加了支持和方便应用的策略管理，DirectFB 适合快速图形应用的图形库和上文提到的小尺寸应用库 μClibC，Pro 5.0 以及 Mobilinux 5.0 都将增加对 WiFi 安全和管理的支持，Mobilinux 5.0 还计划支持完整的蓝牙协议和应用。虽然这些模块底层的驱动在内核中，但是已经有相当多的模块在应用层了。

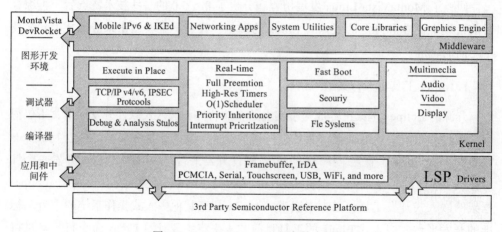

图 3-8　MontaVista Linux 中的中间层

当然，无论是 Pro、Mobilinux，还是 CGE，都还不能称为一个完整的 Linux 应用平台，虽然可以说它们比起 SUSE 和 RedHat 已经更接近普通的嵌入式和电信的嵌入式 Linux 应用，但是距离消费电子如手机应用，还有相当大的距离。目前，商业公司、开源社区和行业组织都一直在做更多的努力，比如 Trolltech、Access 和 LiPs。今天在智能手机中占据领导地位的 Android 操作系统将是一个更加完整的、基于 Linux 的应用软件。

Android 最初由 Andy Rubin 开发，起初主要支持手机。2005 年，它被 Google 收购并注资，组建开放手机联盟，经过开发和改进，逐渐扩展到平板电脑及其他领域上。Android 是开源系统，直到 2009 年才对外发布 Android 1.5，代号 Cupcake（纸杯蛋糕）。Android 发展到 2011 年，历经 6 年，发展了近 10 个版本。

3. 嵌入式 Linux 向着靠近标准和开放的方向迈进

更多的信息表明，嵌入式 Linux 正在向一个标准的方向迈进，尤其是内核方面，比如 Pro、CGE、Mobilinux 4.0 使用标准 2.6 内核的 RT-patch，实现了 Linux 宿主机的实时性要求，Pro 5.0 支持 LSB 3.0。在电信方面 Linux 有 OSDL CGL 标准，消费电子有 CELF 以及最近的 LiMo，一个由 Motorola 创建的手机 Linux 标准平台的组织创建的标准。MontaVista 作为 OSDL 的创始成员，一直致力于跟踪和遵循 CGL 的规范，其产品也是唯一通过 CGL 认证的产品。在 2007 年的 3GSM 会议上，MontaVista 也和 LiMo 保持密切的接触。更加重要的是嵌入式 Linux 开发不能也很难独立于 Linux 开源社区，只有积极参与社区项目，维护社区项目，创建好的适合嵌入式 Linux 社区项目才是正确的途径。比如 MontaVista 开发的 Preemptable Kernel 和 Real-Time Schedule（Rober love）后来被移植和合并到 2.6 的 (0)1 Schedule 和 Preemptable Kernel，成为 2.6 内核的标准。新的高分辨率的定时器（HRT）即 Ktime 项目，是由 MontaVista 维护的，也已经被 2.6.18 内核接受了，HRT 将在 Pro 5.0 以后的各个产品里面包含并支持各种嵌入式处理器的硬件平台。

结语

Linux 和嵌入式 Linux 软件在过去 10 多年中越来越普遍地被 IT 行业、半导体公司、嵌入式系统所认可，它已经成为一个可以替代微软的 Windows 和众多传统的 RTOS 的重要的操作系统。Linux 内核和基本组件以及工具已经是成熟的软件，面向行业、应用和设备的嵌入式 Linux 工具软件和嵌入式 Linux 操作系统平台是未来发展的必然趋势。跟踪 Linux 社区的发展、符合标准、遵循开放是大势所趋、人心所向，嵌入式 Linux 也不例外。

Linux 和 Android：谁更适合你

我们前面深入讨论过 Linux，现在越来越多的人在使用 Android，Android 的应用已经不仅仅出现在智能终端和电视上，它还扩大到整个嵌入式系统上了，Android 方兴未艾。现在是否可以说传统的嵌入式 Linux 要退出市场了呢？本节给出了一个清晰的分析和结论。

如果你的下一个应用是部署在一个 32 位或 64 位处理器和 TCP/IP 网络的设备上，那么现在正是好时机，因为你一定已经在考虑选择 Linux 或者 Android 作为你的嵌入式操作系统。与原有实时操作系统和嵌入式内核相比较，无论是 Android 还是 Linux 都是成熟的企业 / 桌面 / 移动级操作系统。即使在专门的嵌入式和移动应用环境中，它们也都能运行现成的中间件和应用程序。虽然 Android 使用的是 Linux 内核，但是这两个开源的操作系统从软件栈的底层到顶层的开发、集成和托管方式都不一样，而这些不同将决定如何以及在何处找到最好的部署方案。

本节整理出选择 Android（小绿机器人，见图 3-9）或 Linux（矮胖企鹅见图 3-10）时要考虑的决定因素。特别关注：为何在不同的使用场景下需要不同的开发方法？为何要选择使用这个操作系统而不是另外一个？为何有些应用程序只需使用一个操作系统，而有时候却同时需要这两个操作系统？

图 3-9　小绿机器人（Android 标识）　　图 3-10　矮胖企鹅（Linux 标识）

开放还是封闭

绝大多数传统的嵌入式系统都是非常封闭的实体。即使选中的实时操作系统支持标准的 API（典型的如 POSIX 线程和 BSDlite 网络的子集），但为这些嵌入式平台精心定制或托管在这些平台上的应用程序也都是高度定制的。相比之下，那些部署在智能手机、平板电脑和其他越来越多的现代智能设备上的软件已经更像桌面和服务器系统软件了。由于有了越来越多的现代智能设备，原始设备制造商（OEM）、运营商和终端用户已经可以在设备的整个使用过程中安装新应用程序包了。固件和系统软件也能在不依靠特殊的工作软件或工厂式翻修（RAN）程序的情况下完成升级。现在广泛流行的升级方式是 OTA（空中下载技术）。

在创造一个智能手机操作系统时，谷歌将 Android 定位为一个开放的、现场可升级的应用程序平台，这个移动操作系统的核心思想是随时能够运行应用程序包。因此，为了创建、销售和部署打包应用程序，围绕着 Android 平台生态环境的优化首先是通过 Google Play 应用商店进行的。

嵌入式 Linux 系统也存在与 Android 应用程序平台同样的情况，但从实践的角度来看，它更适合一次性部署在封闭应用中。确实如此，Linux 上的编程存在着更多被认可的编程方法，比如 C、C++、Java、Ruby、Python 和 Lua 等，但却不存在一个为构建、发布和安装应用程序的单一模型，也不存在一个跟 Android 一样的、支持互操作性的硬件抽象模型。相反，Linux 存在着多种特定的方法（如包管理、apt-get 等）和工作在不同内核体系架构树（Kernel Tree）中的最佳实践。

由于这些实际的原因，Linux 更适合于封闭或半封闭的嵌入式应用程序。如果不需要广泛的互操作性，也不用考虑是否会破坏 API 和打包应用程序，原始设备制造商就可以从约束中解脱；这还能让他们从为设备的硬件和软件需求专门做定制和适配 Linux 的工作中解脱。若当一个生态系统围绕一个设备发生演变（比如发生在 Raspberry Pi 和 Python 上的故事），Linux 也总能打破封闭的策略，就好像使用了 Dalvik 虚拟机一样，支持 Java 编程语言的 Android 更受到开发者欢迎。

有一点需要注意，不要把开放和封闭的问题与开源和不开源的问题混淆。Linux 内核和 GNU/Linux 操作系统远比 Android 更开源。维护和升级 Linux 的社区是真正的精英管理的社区，它对各种来源的资源都开放。相比之下，Android 是 Google 和它的顶级合作伙伴 OHA 可以发号施令和掌控平台发展路线图的私人俱乐部，它受到外界组织的影响最小。

你是想省点钱吗

与开放还是封闭有关的问题是资源丰富与否的问题。有一个极端资源不足的例子是只有一个网络接口的大块头的通信设备，而一个资源极度丰富的设计则需要一个显示器、键盘、定点设备或触摸屏、一个可靠的内存和存储器等部件。世界上最真实的设计则介于这两者之间。

鉴于 Android 在智能手机上积累的成功经验，Android 适用于拥有丰富接口的消费电子类应用程序。在智能手机之外，Android 协议栈支持手持和平板类型的配置，而且它正越来越多地被部署在 DTV（数字电视）、机顶盒、IVI（车载信息娱乐）系统和其他用户界面密集型系统上。因此，没有很多令人信服的理由说服人们在无显示外设的系统上使用 Android 系统。

相反，Linux 能够支持的硬件配置和外围设备范围非常广泛而且丰富，它还可以根据需要被裁剪为一个只拥有内存和 Flash 存储器的极度精简的系统。若没有几百 MB 甚至 GB 的 DRAM 或更多的 Flash 空间（对于操作系统和应用程序），就无法将 Android 部署在这样的系统之上的，但你可能只需要几十 MB 的存储空间就能部署一个简约型嵌入式 Linux 系统（天啊，我从未想到过我会认为 Linux 是那么的小！）。在为精简硬件配置挑选系统时，另一个不投票给 Android 的原因是：Android 是 CPU/GPU 密集型的系统。

所以，如果你的设计是想通过部署一个低端 CPU，不使用 GPU，并且使用最小内存和存储器来达到降低成本的目的，那么 Linux 是一个最合适的选择。如果你有很多钱拿来"烧"——这些年，芯片的价格只要几美元了，但显示器和输入硬件则很可能需要数百和数千美元，那么这时候 Android 会更适合你。

本地显示还是远程显示

在考虑选择 Android 和 Linux 时，你的设备需要一个本地的还是远程的显示器是另一个决定因素。若你的设备需要一个近距离的、有人机交互的显示，那么拥有一个集成用户接口（UI）的 Android 是一个不错的选择。但如果用户主要是想在远程通过专用的智能手机和平板电脑浏览器或者应用程序（APP）来与设备交互，那么可以通过支持使用嵌入式 Linux 来托管 Apache 服务，或几个小 Web 服务器和服务器端的编程范例（PHP、Python 等），以达到省掉 Android 系统的开销的目的。

当然，你可以根据需要同时配置 Android 和 Linux 来支持本地显示、网络接口或移动应用程序。这两个操作系统都支持丰富的用户接口，而且都很容易被部署为 Web 服务器。但现成的 Android 应用程序只能运行和显示在一个 Android 原生显示设备上，而使用 GTK+ 或 Qt 创建的 Linux 原生应用则既支持一个本地显示器，也支持一个可用的远程服务器。

选择 Java 或 C/C++，还是 LAMP

Android 或 Linux，哪个是你熟悉的编程语言和框架呢？如果你的团队已经在一些其他环境中创建了 Java 应用程序，那么你很可能会希望可以利用这个专业知识去创造其他设备上的应用程序，Android 就是合适的选择。但如果你的开发人员更熟悉 C/C++、Lua、GTK+ 和 QT 类似的 UI 框架及无数的其他编程范式，那么强烈建议你选择 Linux 或 LAMP（Linux+Apache/https+MySQL+PHP/Perl/Python）。

这个论点并非一成不变的，你也可以使用 Android/Linux 本地编程接口来创建你的嵌入式应用程序，但你可能会打破 Android 应用程序的互操作性和封装，并且不再拥有一个开放环境。还请记住，在选择某种语言和框架的同时往往还要考虑是本地显示还是远程显示。另外，也许更革命性的思想是当今开发人员能通晓多种编程语言，这样无论在 Android 还是在 Linux 上使用 Java、C++ 或 Web 编程语言都会感到同样舒适。

考虑许可证问题

一系列非技术性，然而很复杂的许可证体制，它们围绕着 Linux 和 Android，以及为这两个操作系统而编写的应用程序和扩展系统而展开。许多原生设备制造商之所以采用 Android 是因为这个移动操作系统采用自由许可条款：实际上 Apache

2.0 对于 Android 中间件及其应用程序的组件只是在底层 Linux 级别采用了通用公共许可证（GNU GPL），这个部分对原生设备制造商有披露代码的要求。Android 中的顶级 Apache 许可证注明 "OEM friendly"，除了内核部分，Android 的协议栈使用了 Apache 和其他 OSS 许可证（见表 3-1），这些许可证都不需要设备制造商披露修改和分发他们自己编写的硬件设备抽象层（HAL）的代码。实际情况稍微有些复杂，这在 Black Duck 的文章 Android-Opportunity，Complexity and Abundance 中有更详细的论述。

表 3-1　各种 Android 和 Linux 栈层的许可证

	Android	Linux
内核（Linux for Both）	GPL	GPL
驱动程序	GPL	GPL
HAL	Apache	N/A
C Library	Berkeley 软件发行	LGPL
中间件	Apache	各种 OSS
应用程序	各种私有 OSS	各种私有 OSS

需要澄清的是，这个例子不是说 Linux 不好，这种组合许可证方式，可以很完美地在一台运行着 Linux 的设备上，隔离和保护用户开发专有代码。一些原生设备制造商不喜欢直接在任何 GNU 许可证（GPLv2/v3、LGPL 等）下工作，这就导致他们选择了 Android，而非 Linux。当然，他们仍然需要部署 Linux 内核，但只运行其上的 Android 库和中间件，仅仅将它作为一个"缓冲器"，通常这样做会感到很舒服。

在这里，本文的目的只是为各种类型的智能设备提供选择 Android 还是 Linux 的一般指导方法。对于垂直应用程序（手机、医学和运输设备等）而言，这种分类本身并不能列出所有的可能性，本文仅仅能提供选择标准而已。

表 3-2 总结了本节表述的论点。它强调了选择不是绝对的：由于 Android 包含了一个 Linux 内核实例，Android 系统理论上可以托管和运行与 Linux 一样的软件。Linux 同样因为能托管和运行 Java，以及一系列的用户接口（UI）框架，Linux 也能被部署在有本地显示器的设备中，即使在与 Android 有密切关系的手机、平板电脑和其他设备上也可以运行 Linux。

所以，你可以选择使用 Android 或 Linux，或同时使用这两个操作系统。但需要先考虑以下 5 个问题：

1）在你的设备的整个寿命中，系统软件和应用程序是如何部署的？

2）你想将你的预算中的大部分花在哪些地方？

3）设备主要有哪些用户交互模式？

4）你的开发人员有哪些编程语言嗜好？

5）你选择的平台和许可证对你公司的知识产权（IP）组合有什么影响？

上述最后一个问题绝对是需要考虑的内容。然而，深度探讨知识产权和许可证已经超出了本节的范围了。

表 3-2　Android 和 Linux 的特点

	Android	Linux
打包好的 App 应用	×	
经常升级	×	
精益的物料清单		×
高度定制		×
本地显示	×	
远程显示		×
Java	×	
本地 C/C++、Lua、Python 等		×
LAMP Stack		×
主流的、对 OEM 很友好的 Apache 2.0 授权	×	

IT 大佬的嵌入式操作系统梦

从 20 世纪 70 年代至 21 世纪的今天，40 多年间，IT 大佬们一直都没有缺席过嵌入式操作系统这块蛋糕，在他们强大财力的支持下，大佬们都开发出了很多好产品。Intel、SUN、高通、微软和三星等，这些都是世界级的著名公司，在嵌入式操作系统领域我们也耳熟能详。但是，由于市场实在太小，各公司的大多数产品都没能坚持发展下来。只有微软一直持续不断地发展着自己的产品，三星也一直在努力，ARM 和谷歌则正试图大举进入这个市场，我们可以拭目以待。

微软嵌入式操作系统分析

微软是著名的操作系统公司，在嵌入式操作系统上也颇具实力，包括 WinCE 的嵌入式产品的市场份额一直很高。2015 年，微软推出了 Windows 10 IoT Core 产品，可能会替代 Windows Embedded 和 WinCE 成为未来微软嵌入式操作系统主力产品线。

在嵌入式操作系统领域，微软的 Windows Mobile 正在智能手机市场中快速增长。"2007 Windows 硬件工程大会"和"2007 移动与嵌入式开发者大会"的资料显示，全球 55 个国家的 110 个运营商采用 Windows Mobile，近 50 家设备制造商生产了 100 多款 Windows Mobile 手机和便携式设备。微软的其他嵌入式软件发展也非常迅速，51% 的零售商考虑使用基于 Windows Embedded 的 POS（销售点）系统，2005 年，有 60% 的瘦客户机端运行着 WinCE。微软面向单片机的 .NET Micro Framework 在 2006 年发布后，2007 年 3 月在美国的 ESC（嵌入式系统大会）又发布了一个扩展版本。

当然，比起不少已经有 20 多年历史的老牌嵌入式操作系统公司，微软是一个后来者，它的整个产品线依然在发展和丰富之中。

微软嵌入式产品的发展历史

在探讨微软的嵌入式操作系统技术细节之前，让我们先来了解微软的产品名称、相互关系和发展历史。微软在 1996 年发表 WinCE 第一个版本，到目前为止，可以看到它有两个主要的嵌入式操作系统品牌。其一是针对移动终端的操作系统 Windows Mobile，在 5.0 版本之前，Windows Mobile 分为：针对智能手机的版本 Windows Mobile for SmartPhone，针对 PDA 手机的版本 Windows Mobile for Pocket PC Phone，针对 PDA 的版本 Windows Mobile for Pocket PC。

其二是微软的嵌入式操作系统平台 Windows Embedded。这个平台目前包括微软核心的嵌入式实时操作系统 Windows CE（简称 WinCE），它可以支持各种便携设备和广泛的嵌入式应用。嵌入式 XP—Windows Embedded XP（简称 XPE），是模块化的 XP 版本，支持各种嵌入式应用。嵌入式 POS 系统 Windows Embedded for POS（简称 WEPOS），是一个专门为零售终端定制的嵌入式 XP 版本。

微软这些嵌入式操作系统里面实际上只有两个内核，一个是 WinCE 内核，包括 Windows Mobile 也是使用这个内核，目前 Windows Mobile 5.0 和 6.0 版本使用的都是 WinCE 5.0 版本的内核。该版本于 2004 年推出，是目前广泛使用的一个产品。WinCE 目前的最新版本是 6.0，2006 年年底正式发布。另外一个内核是 XPE 和

WEPOS 所使用的 Windows XP 的内核技术。

由此可以看出微软在嵌入式系统的市场策略，即 WinCE 和 Windows Mobile 是具有硬实时的嵌入式操作系统，目标是移动和通用的嵌入式设备，如手机、导航、PMP、机顶盒、工业控制设备和医疗仪器等。Windows Embedded XP 是一个非实时的、可嵌入的操作系统，目标是瘦客户机、零售机器、工厂生产线控制和技术外设存储和显示设备。另外，微软最新推出的 .NET Micro Framework 是针对微型设备和单片机市场的一个新产品，它对 WinCE 不能支持的更小型的嵌入式应用是个补充。

微软嵌入式平台核心：WinCE 技术特色

WinCE 是一款典型的嵌入式操作系统，具有层次化和模块化的体系结构。WinCE 分为硬件、OEM（委托制造）、操作系统和应用软件 4 个清晰的层次。硬件层即 WinCE 可以支持不同的微处理器和外设，如 x86、ARM、XScale 等，OEM 层指引导程序（boot loader）、设备驱动等，操作系统层是由内核模块、图形模块、文件和存储模块、设备管理和加载系统的服务模块组成，应用软件层是 WinCE 自身的应用软件，如 MS Office、Media Player、IE 和第三方应用软件。应用软件层和操作系统层有一个 Win32 本地 API 和基于 .Net Compact Framework 的被管理代码。

1. WinCE 内核

WinCE 是微内核操作系统，这是目前嵌入式操作系统都在使用的先进的内核技术，例如，VxWorks、QNX 和最新的 L4 内核都实现了微内核技术。微内核是指在内核里面只实现一些基本服务，如进程调度、进程间通信和中断处理等，其他的服务和功能都放在内核外。显然，微内核的好处是易于移植到不同的处理器和硬件平台，内核外的服务如设备驱动和文件管理模块等运行在不同的地址空间，这样相较于整个系统都是平板结构的实时内核（如 $\mu C/OS\text{-}II/III$、Nucleus 和 Threadx）要更加安全可靠。微内核的核心也非常小巧，一般为几 K 到几十 K 字节。当然，事物永远有辨证的两个方面。微内核系统虽然有上述诸多优点，但因为要经常在内核态和用户态之间转换，所以系统的某些性能和实时响应能力可能要比平板结构的实时内核要低（不同的性能指标取决于不同的微内核系统的设计）。

同 Windows 一样，WinCE 每个运行程序都是一个进程，WinCE 5.0 版本支持 32 个进程，每个进程有 32M 的虚拟地址空间，WinCE 6.0 则可以支持 32 000 万个进程，每个进程有 2G 的虚拟地址空间。WinCE 是一个基于抢占的多线程操作系统。在线程这一级，WinCE 可以实现类似嵌入式操作系统任务的调度、通信、同步功能。为了支持可以抢占的硬实时调度，WinCE 已经实现了优先级反转机制（Priority

Inversion）。

6.0 版本的 WinCE 内核相较以前的 5.0 版本有了很大的改进，重要的一点就是把一部分关键文件、图形管理和驱动程序放到内核里面，好处是减少了模块在用户态和内核态切换的开销，还减少了应用程序访问这些模块调用的开销。WinCE 6.0 的内核结构如图 4-1 所示。

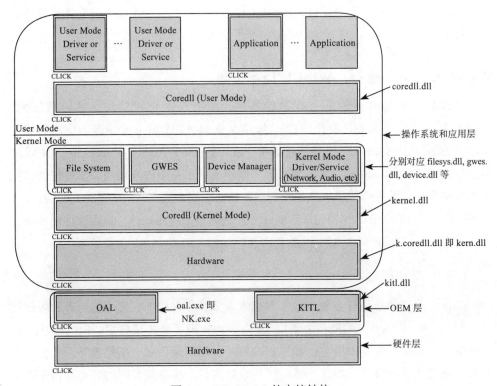

图 4-1　WinCE 6.0 的内核结构

2. WinCE 的 BSP

嵌入式操作系统运行在不同的微处理器上，如手机和移动设备大量使用的 ARM 体系结构的 CPU，市场上有三星 ARM2410/2430、TI OMAP730/1710/2430 和 Marvel XScale 体系的 PXA270 等，除此之外，还有数字电视、IP 机顶盒系统使用的 MIPS 体系结构，如东芝、博通、IDT 等公司的芯片。当然，x86 在各种通用嵌入式系统方面也有大量的应用。

微软的嵌入式操作系统也使用 BSP（Board Support Package，板支持包）的概念支持各种 CPU 和硬件平台的移植工作。在 WinCE 5.0 里，已经有三星 2410、Marvel PXA270 等许多流行的 BSP，微软的 OEM 厂商如研华、飞思卡尔、NXP 等也提供他们移植的 OEM BSP。WinCE 6.0 将会在 CE 5.0 支持 ARM V4 基础上支持 ARM V6，包括三星、飞思卡尔的 ARM11 核的 SoC 都将得到支持。在 x86 方面，微软依托在桌面系统的强势，得到了众多 IPC（工业 PC）和 EPC（嵌入式 PC）厂家的拥戴和支持。

在 BSP 结构方面，新的 WinCE 6.0 的内核和 OAL 是完全独立的两个模块，优点是：在修改 BSP 后，内核不需要重新构建，减少了多次构建、测试和发布内核的过程，提高了系统的可靠性。这种结构还可以让微软发布针对 OEM 的内核，而 OEM 可以因为自身知识产权的考虑，以二进制方式向最终用户发布 BSP。WinCE 自身包含 OEM BSP 定制和发布工具，这样 OEM 可以很方便地发行自己的 BSP SDK 包。

3. WinCE 的设备驱动程序

设备驱动程序是嵌入式操作系统中一个重要组成部分，它是外设和应用软件的接口，WinCE 继承了微软的一贯风格。WinCE 的设备驱动程序规范和丰富，需要特别指出的是，WinCE 5.0 所有的驱动程序全部采用动态加载方式，即在操作系统内核启动以后对硬件外设（如 USB、LCD）加载，驱动程序依然运行在内核空间。简单来讲，这种驱动程序在用户态与我们熟悉的 Windows 系统的 DLL 方式没有区别，其好处是程序员调试一个驱动的时候会很方便，和应用程序的调试没有差异，可以使用正常的函数调用，把驱动的动作和数据显示在屏幕上；再有，用户自己开发的驱动程序可能有不稳定和不可靠的地方，这样系统安排让用户开放驱动程序运行在用户态，整个系统将会更稳定些。

但是 WinCE 所存在的问题和缺陷也显而易见，就是因为驱动的动态加载和内核的切换都意味着性能的损失，这种性能的损失对于桌面系统可能没有太大的影响，但是对嵌入式系统来讲，就不能被忽略了，因为用户对实时性能的要求可能会非常严格。为了解决这个问题，在新的 WinCE 6.0 里，驱动程序将分为内核模式和用户模式两种：内核模式侧重效率；用户模式侧重稳健和可靠。微软力求保证驱动程序的主体结构没有大的变化。微软资料显示，大约需要几天的时间可以完成一个一般规模的驱动的移植过程，微软公司和微软的增值代理商都会提供相应的课程和培训。

4. WinCE 开发工具

微软工具新的策略是使用一个标准的 Visual Studio 2005 平台支持全部的微软嵌入式操作系统系列的开发。以往支持过 WinCE 和 Windows Mobile 开发的工具如下：

1）操作系统开发 Platform Builder，它的作用是构建操作系统，设有配置和调试工具。CE 6.0 以后这个工具不再单独存在，而是合并到 Visual Studio 中，作为它的一个插件。

2）应用程序开发 eMbedded Visual C++，支持本地应用程序开发 C、C++、MFC（微软基础类）和 ATL（COM 的目标和 Active X 控制）。这个工具在 CE5.0 版本以后已经合并到 Visual Studio 2005 里。

3）Visual Studio 2005，这款开发工具已经包含了 Platform Builder。特别值得一提的是，Visual Studio 2005 支持微软托管的应用代码编写和调试，即 .NET Compact Framework，它是 NET Framework 专门针对 WinCE 优化后的一个简化版本。在嵌入式设备上可以大幅度提高软件开发生产力，对于软件越来越成为嵌入式设备的主要成本之一的用户来讲，这是一个好消息，也是一次编程多次使用的软件重用理想的实现。Visual Studio 2005 为了方便嵌入式系统应用软件开发而设计的支持不同硬件平台的"软仿真器"也给用户留下了深刻的印象。"软仿真器"可以在 PC 上模拟实际硬件的环境，加快软件开发的进度。

面向微型设备的 .Net Micro Framework

前面提到的 .NET Compact Framework 虽然好，但因为依托 WinCE 平台要求的硬件资源比较大，于是微软的 .NET Micro Framework 便成为微软面向嵌入式系统中微型设备和单片机（MCU）市场的一个新的产品，也是 WinCE、Windows Mobile 和 Windows XP Embedded 在嵌入式市场的一个补充。.NET Micro Framework 应用可以是小型工业网关、家庭能源管理装置、遥控器，也可以是 Windows Vista PC 的 sideshow（支节）设备，如笔记本电脑的副屏（可以播放 MP3、显示日历、行程等），如图 4-2 所示。微软 .NET Micro Framework 目前支持基于 32 位微处理器 ARM7 和 ARM9 的硬件平台，已经移植好的参考硬件平台有飞思卡尔 iMXS、DIGi Connet ME 和 EmbeddedFusion。

图 4-2　基于 NET Compact Framework 的汽车外接显示装置

.NET Micro Framework 把通用的 I/O 设备（如 UI、GPIO、SPI 和 Comm 等）打包成一个类库，其他和应用相关的硬件设备由合作伙伴（如 DIGi）完成。值得注意的是，.NET Micro Framework 还可以运行在一个小 RTOS（实时操作系统）上，如 DIGI 平台运行的是 Threadx RTOS。微软认证的合作伙伴使用微软提供的 porting kit 把这些设备类库已经提前移植好，这样，嵌入式工程师能在不了解单片机硬件的前提下也能够开发单片机的应用。.NET Micro Framework 里面有一个重要的部件叫 CLR，可以理解它是个运行代理，作用是实时的编译器，负责执行被用户提交的管理代码，CLR 还负责内存和线程管理，类库以上的应用层都是被管理代码（managed code），下面是 C/C++ 本地代码（native code），这样整个 .NET Micro Framework 代码非常小，大约是 250 ～ 500K（WinCE 大约是 1 ～ 12M 左右）。需要指出的是，.NET Compact Framework 不是一个传统意义上的实时多线程操作系统，但是它可以支持多线程的操作，能够满足一定范围内的实时要求，如通过设置 UI 是主线程满足一定的显示面板输入响应的要求，通过看门狗定时器和中断方式满足和实时设备接口数据通信的要求。.NET Compact Framework 的编程方式更接近微软的桌面图形编程界面，二者都同样使用 delegate、callback 处理外部事件，如图 4-3 所示。

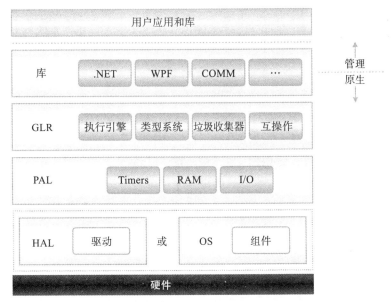

图 4-3　.NET Micro Framework 的结构图

.NET Micro Framework 的 SDK 是开放给所有用户的，但是要得到 porting kit 需要得到微软的认证。信息产业部集成电路和软件促进中心（CSIP）是微软授权的 .NET Micro Framework 在中国的技术培训和合作伙伴。

.NET Micro Framework 面向的是一个对于微软来讲全新的市场，可以说这种开发方式是对这个市场久已习惯的嵌入式软件开发方式的一次革命性的改变，从技术发展趋势看，这无疑是一个正确的方向。在最近的技术大会上，微软 .NET Micro Framework 产品经理和主要设计者 Colin Miller 非常有信心地给大家分享了微软 .NET Micro Framework 下个版本的开发计划，比如支持 TCP/IP、USB、BT/ZIGBEE、CAN 总线和文件系统等。但是应该看到，由于嵌入式系统的特殊性和多样性，微软目前支持的平台还比较少，合作伙伴的设计和应用还有待成熟和完善，.NET Micro Framework 的发展还需要一定的时间（.NET Micro Framework 目前维护官网在 GitHub 上，最新的版本为 SDK4.3）。

微软产品和其他 RTOS 比较

嵌入式系统毕竟不是桌面系统，用户需求的差异和环境差异很大，平台的变化也很多，用户的选择余地就很大。为了方便用户比较和选择一个合适的嵌入式操作系统，微软官方网站上提供了第三方的评测报告供用户阅读和分析参考；国内外基于微软的嵌入式成熟应用也可以供用户参考；微软中国的市场和教育普及工作也对用户了解微软嵌入式操作系统大有帮助。下面仅对目前国内比较流行的嵌入式系统嵌入式 Linux 和 VxWorks 进行分析，比较它们与微软嵌入式操作系统的差异和各自的特色。

1. 嵌入式 Linux

在 Linux World China 2007 大会上，Linux 基金会执行总监 Jim Zemlin 展望未来时再次强调，嵌入式和移动应用是除标准、虚拟计算和桌面外的一个重要的发展领域。与微软和其他的嵌入式操作系统相比较，Linux 和嵌入式 Linux（经过嵌入式优化的 Linux 商业和非商业版本）的优势在于：第一，开放性，Linux100% 源代码公开；第二，广泛性和成功的开发模式，全球化的社区开发和维护方式已经被验证是一种高效率和成功的软件开发模式；第三，对各种 CPU 和最新的芯片以及系统的支持；第四，丰富的开源资源和第三方应用软件。

Linux 的缺点如下：

1）实时性。Linux 本身并不是为嵌入式系统而设计的，操作系统的系统结构设计本身偏重于可靠性和网络的效率，虽然商业嵌入式 Linux 公司（如 MontaVista）在 2.4 内核上已经实现了可抢占的实时调度，开源社区也有了 2.6 RT 补丁，但是比 WinCE 和 VxWorks 的实时性都还略逊一筹。来自南京大学的一篇文章中有一个可以参考的数据表格，如表 4-1 所示。

表 4-1　Linux 与 WinCE 实时性比较

指标 /OS	系统调用平均运行时间 /ms	任务切换时间 /ms	线程切换时间 /ms	任务抢占时间 /ms	信号量混洗时间 /ms	中断响应时间 /ms
Linux 2.4.19	5.12	55.08	9.35	99.46	110.47	4.02
WinCE.net	4.53	52.70	8.69	64.48	60.29	2.80

2）开发工具。Linux 的开发工具一直是一个软肋。从开源社区分工讲，内核和工具链是两个完全独立的部分，内核的开发和维护人员主要依赖于命令行工具。可喜的是，开源的 Eclipse 框架已经成为包括嵌入式 Linux 在内的传统嵌入式操作系统的集成开发环境（IDE），基于 Eclipse 的商业嵌入式软件（如 DevRocket、Workbench 和 Linuxscope）也正在成熟。但是与微软的 Visual Studio 2005 相比较，应该说中国的用户更熟悉微软的开发工具。

3）完整应用软件方案。嵌入式系统要求的是有针对性的应用软件方案，嵌入式 Linux 虽然已经有完整的操作系统组件，但是缺少针对具体应用的软件方案。举个智能手机的例子，微软的 Windows Mobile for SmartPhone 基本包含了手机硬件驱动（BSP）、内核、TCP/IP、文件系统基本组件、手机软件和多媒体办公软件等丰富的应用软件，基本涵盖了整个智能手机所需要的全部软件。但是相比较而言，嵌入式 Linux 的方案就显得单薄得多，虽然有了包括 Trolltech（奇趣）的 qtopia 在内的手机应用软件或者 Access 的整套手机 Linux 软件方案，Linux 手机软件仍缺少完整性和成熟性，这一点给包括中国手机企业在内的二三线的手机制造和设计公司带来了一定的压力。

注释

> 基于 Linux 内核的 Android 成功地解决了智能手机应用软件方案的难题，从 2008 年第一个版本到今天，已经成为市场份额最大的智能手机操作系统。微软智能手机操作系统是否还有机会再次翻盘，我们可以拭目以待。

4）商业化产品和服务。与微软相比，Linux 和嵌入式 Linux 的商业公司规模小，而且没有标准化，虽然社区具有丰富的开发和创意的资源，但是社区并没有义务提供商业的服务和承诺。

2. 风河的 VxWorks

VxWorks 是传统嵌入式操作系统中的佼佼者，特别是在通信、国防和工业控制领域具有较强的优势。VxWorks 是基于微内核技术的实时内核，从设计和实际的使用情况看，完全可以满足实时性的要求，这点较 Linux 有很强的优势。甚至相比 WinCE，VxWorks 的实时性还要更好一些，设备管理和驱动也更简练和高效些。VxWorks 6.1 版本之后还提供基于 MMU 内存保护和错误管理的机制（目前 CE 和 .NET MicroFramework 还不支持），使系统的可靠性更有保证。VxWorks 系统的配置灵活，代码尺寸相较于 WinCE 和 Linux 要小得多，基本系统甚至比 .NET Micro Framework 还要小，这很适合更低配置和成本要求的嵌入式设备。

VxWorks 的网络功能强大，风河公司和第三方都有大量的网络协议和应用软件支撑，VxWorks 的 API 是 POSIX 兼容，这样通信行业的标准代码就很容易移植进来了（Linux 有相同的特点），可以说这恰恰击中了 WinCE 的弱点。

但是，VxWorks 在消费电子和手持移动设备方面的应用比微软操作系统（甚至比 Linux）都要少得多，从技术和商业层面看，主要有以下几个原因：

1）VxWorks 是从实时多任务内核发展成的一个比较完整的嵌入式 OS，但是 API 和图形系统并不是十分标准和流行，单靠 VxWorks 自己的产品和松散的第三方资源还很难形成完整和公认的消费电子中间件。

2）VxWorks 早期采用开发授权加上版税的方式收取费用，这种方式无法为强调成本控制的 OEM/ODM（委托制造 / 委托设计）厂商所接受。比如在过去的 5 年里，中国台湾 OEM/ODM 生产的家用无线网络产品多数都转到了 Linux 平台，手机和 GPS 设备转到了上市比较快的 WinCE 和 Windows Mobile 平台。OEM/ODM 肯定不愿为售价已高达 15 ~ 25 美元的无线路由器再多支付哪怕是 1 美元（甚至更少）的版税了。

当然，风河公司已经充分意识到了这个问题，并在过去几年中改变了商业模式，比如以收取年费的方式取代版税模式。同时风河正式采用双 OS 的策略，进军嵌入式 Linux 市场，推出风河通信和消费电子用 Linux 平台，以期和微软抗衡。这种 Linux 平台的实质是一个基于开源的嵌入式 Linux 版本，而微软的平台却是闭源的。

结语

从前面的分析我们不难看出，微软嵌入式操作系统产品线完整，开发工具成熟，产品的市场定位明确，可以为 OEM/ODM 提供从操作系统到应用的全面解决方案，以及到后台服务器的无缝连接方案。面对强手如林、需求独特的嵌入式世界，微软也面临着客户需求多样化的挑战和困难。中国是世界消费电子产品的生产和消费大国，手机、GPS、多媒体移动终端、电视、机顶盒这些嵌入式装置都是微软嵌入式操作系统的重要目标市场。最近，"2007 Windows 硬件工程大会""2007 移动与嵌入式开发者大会"".NET Micro Framework 大会"选择在北京召开，充分说明了微软对中国嵌入式市场的重视，以及中国用户对微软嵌入式操作系统的关注。微软的嵌入式操作系统已成为绚丽多彩的嵌入式世界里的一朵奇葩。

ARM：成长中的烦恼

ARM 的影响力已经从专业人群发展扩散到平民百姓，因为几乎每个人都有一部应用了 ARM CPU 技术的智能手机，许多手机公司在宣传自己的手机时还不忘帮助 ARM 做广告，更不要说嵌入在我们日常生活中的无数颗 ARM 技术芯片。2015 年 7 月，ARM 副总裁 Richard York 在他的 ARM 市场分析报告中说，2014 年市场上基于 ARM 技术的智能电子产品份额已经占到了 37%，如此高的市场占有率，我一点也不吃惊！

ARM 快速成长

2015 年是 ARM 成立的第 25 年，ARM 成立于 1990 年 11 月，当初只有 12 名工程师和 1 位 CEO，办公地点在一个大谷仓，如图 4-4 所示。ARM 自己是这样形容这些创业者的：这些人并没有什么特殊的本领和资源，有的是激情和信念。ARM 成立的时候就有一种理想，那就是设计一种低功耗的 32 位的 CPU，但是并不从事芯片的制造。今天，ARM 已经有 3500 名员工，在全球已经生产了超过 600 亿颗 ARM CPU 的芯片，而在 2001 年这个数字还只是 10 亿。从 0 到 600 亿仅仅用了短短的 25 年时间，这是一个奇迹。更加让人们吃惊的是仅在 2014 年，ARM 的合作伙伴生产了 121 亿颗 ARM CPU 的芯片，这个数字是过去 25 年所生产芯片总和的 1/5，ARM 正在快速成长。

图 4-4　1990 年 ARM 成立时的办公谷仓

进入物联网（IoT）时代，ARM 预计嵌入式市场将有一个极大的成长空间。ARM 资料显示，过去几年有近 200 家芯片公司获得了 ARM 授权，多数芯片是针对物联网市场，这些公司正在开发的智能传感器和微控制器芯片的种类超过 3500 种。

2014 年市场研究机构 Canalys 公司指出，超过 80% 的可穿戴设备中包含至少一种基于 ARM 技术的芯片。

ARM 两线作战

在移动手机市场的巨大成功并没有让 ARM 满足，除了继续在传统的嵌入式市场投资外，它加强了在物联网市场和企业服务器市场的投资，在技术上表现为加快了核心 CPU 升级换代的速度，向着超高性能和超低功耗两个方向同时发力，这是一项很有挑战的任务。

ARM 公司成立的初期，产品很单一。1997 年和 1998 年，ARM 发表了其最有影响力的产品 ARM7TDMI 和 ARM9TDMI CPU（ARM V5 架构），这是早期功能手机和嵌入式系统最主要的处理器内核，至今许多工业系统还在使用这些产品。到了 2001 年，ARM 发表 ARM11 CPU（ARMV6 架构），我们很熟悉的三星 2410ARM SoC 和第一代树莓派开发板使用的博通公司 SoC 嵌入式处理器都是基于 ARM11 的产品。

2004 年，ARM V7 架构研发出来了，第一款处理器是 MCU（微控制器，俗称单片机）。这颗 MCU 就是现在大名鼎鼎的 ARM Cortex M3，市场上最著名的芯片是意法半导体的 STM32。

2005 年，基于 V7 架构的处理器 ARM Cortex A8 发表了。至此，ARM 开始了双线作战：一条是 MCU 方向；一条是 MPU（微处理器）方向。

之后的 5 年也许是因为两线作战，ARM CPU 更新速度放缓了，一直到 2009 年底，ARM 才发表 MCU 世界很有标志性的一个产品，它就是 ARM Cortex M0。这是一款体积更小、功耗更低和能效更高的单片机，ARM Cortex M0 希望能够代替现在市场量产最大的、以 8051 为代表的 8 位 MCU。

2010 年，ARM Cortex M4 出来了，它是 M3 的升级，增加了 DSP 指令处理单元，可以处理更复杂的运算任务。由此可以看出，ARM 想一门心思做好 MCU。

2011 年，ARM 新一代的 V8 架构终于出来了，ARM Cortex A 系列产品更新速度大大加快。ARM 陆续发表了高端的 A15 MPcore 和低端的 A7，并且开发了可以把二者连接起来，更能降低功耗的 Big.LITTLE 技术。

什么是 Big.LITTLE ？简单讲，它可以应用软件在大小两个处理器内核之间无缝切换，通过为每个不同任务选择最佳处理器，Big.LITTLE 可以使电池的使用寿命延长高达 70%。例如，当手机运行互联网视频任务的时候，大的处理器（A15）处在全速运行状态，当进入听音乐任务的时候，小的处理器（A7）处在工作状态。ARM 还特别制作了视频，方便读者观看学习（http://baidu.kub.com/

watch/05827677632576607926.html）。

2013 年以后，ARM 终于步入了 64 位 CPU 阵营，A53/A57 先后发表。64 位 CPU 对于 ARM 具有划时代的意义，前面提到 ARM 公司创建是瞄准 32 位低功耗处理器市场，64 位处理器将 ARM 带入企业服务器和通信市场，对于 ARM 也意味挑战也将增加。

2014 年，ARM 再次升级了 MCU 技术，发表了 Cortex M7。2015 年意法半导体、飞思卡尔和 Atmel 陆续量产基于 M7 内核的 MCU。2015 年初，ARM 发布基于 ARMv8 架构 Cortex-A72。在相同的移动设备电池寿命限制下，Cortex-A72 的性能表现是基于 A15 的设备提供的 3.5 倍。A72 的超强性能和功耗水平将对 2016 年高端移动和通信设备带来崭新的体验，为消费者带来的丰富连接和情境感知（Context Awareness）的能力。通俗来讲，情境感知将成为一种新生代智能手机或可穿戴设备应用软件，它可以依靠收集到的信息对用户的行为进行更细致的"猜测"，从而帮助用户完成日常工作。比如当用户坐在北京往返上海的高铁列车上时，你最常使用的应用软件（音乐、游戏或者电子邮箱）会自动运行。未来的通信基站和服务器芯片也能得益于 A72 的性能，并在其优异的能效基础上，增加内核数量，提升工作负载量。

综上可以看出，2011 年以后，ARM 技术更新换代提速了，产品线在物联网、嵌入式、移动、通信和服务器几方面全面铺开，如图 4-5 所示。

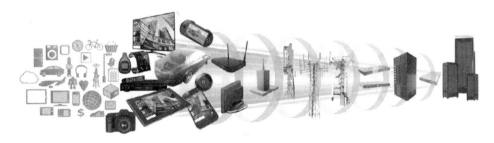

图 4-5　ARM 技术覆盖整个信息产业

为了加快在通信和服务器市场的布局，随着高端 A15/57/A72 内核的推出，ARM 在 2015 年 6 月发布了嵌入式计算机社区（ECB），现在已经有数十家公司的基于 ARM 技术的单板计算机产品上线了。ARM 与 Intel 的竞争以前主要在差异化市场上，现在已经是面对面近身厮杀全面竞争，就连 Intel 最传统的单板计算机和服务器市场，ARM 也正在渗透。

ARM 软硬通吃

ARM 不仅在芯片上两线作战，在系统层面，ARM 也积极扩展其相关的 IP 技术，比如 Mali GPU 就是 ARM 这些年收获最多的一个非 CPU IP 核。这里不做更多的讨论，还是让我们看看这些年 ARM 在软件上是如何投资布局的吧。

ARM 在成立初期的时候就投资开发工具的研发，2000 年，ARM 收购了位于加州的 Allant Software，这是一家由原 Microtec Research 员工创立的嵌入式软件开发工具公司，产品 ASPEX 在支持 DSP 和 RISC 方面颇有特色。2001 年，ARM 将软硬件调试工具 Noral Micrologics 的工程师招入旗下，之后 ARM 一直自己开发的编译和调试工具。

2005 年，ARM 收购以 8051 和 C16x MCU 开发工具著名的德国 Keil 公司，依托 Keil 的成熟技术，经过对 ARM 芯片的优化，Keil ARM MDK 开发的这款工具已经成为 MCU 市场上的最重要的工具之一。而 ARM 之前自主开发的 Real View 工具，已经升级成 DS-5 开发套件，支持众多 ARM Cortex-A 系列嵌入式处理器和芯片级开发。收购 Keil 对于 ARM 来讲是一个具有历史性意义的决定，其对于在 ARM Cortex-M MCU 方面的成功可谓是功不可没。

除了开发工具，ARM 公司于 2008 年发布了 ARM Cortex 微控制器软件接口标准 CMSIS 1.0。CMSIS 是独立于芯片公司的 Cortex-M 处理器系列的硬件抽象层，为芯片和中间件（RTOS 和网络协议等）提供了简单的处理器软件接口，简化了软件复用工作，降低了 Cortex-M 上 RTOS 的移植难度，还减少了 MCU 开发新手的学习时间和新产品的上市时间。

与此同时，各个芯片公司都陆续推出自己的固件库，芯片公司的固件库也提供硬件抽象，并可在不同系列的 MCU 之间移植应用，而且支持自己的外设驱动更快和更好，率先得到开发者认可。各个 RTOS 公司对于 ARM 同意 RTOS API 的做法心存芥蒂，使得 CMSIS 没有广泛普及，市场开发者的认可也促使各家芯片公司积极发展自己的固件库，比如 ST 推出的 Nucleo 已经包含了开源中间件 FreeRTOS、LWIP、FatFS 和商业 emWin（嵌入式 GUI）等软件。

长期以来，Linux 开源社区专注在解决企业和计算市场的软件问题，硬件上更关注 x86 平台。随着基于 ARM 技术的、以互联网为核心的消费设备，比如智能手机、平板电脑和互联网通信设备的流行，基于 ARM 的片上系统（SoC）使用 Linux 已经成为趋势。2010 年，ARM、飞思卡尔、IBM、三星、ST-Ericsson 和德州仪器共同宣布成立非盈利开源软件工程公司 Linaro。

Linaro 的目标是为芯片公司的 ARM SoC 提供基于 Linux 软件平台的验证、标准和应用服务。Linaro 的成果将为各种基于 Linux 技术的不同版本的 OS，例如

Android、Ubuntu、WebOS、Chrome OS、Firefox OS 和 Tizen 提供支持，解决长期以来 ARM SoC Linux 社区碎片化的问题。

Linaro 成立 6 年了，做过的和正在做的项目不少，如我们现在的 ARMv8、数字家庭、Linaro 移动小组、服务器和网络等。但是真正有影响力的项目还没有。究其原因，主要是注意力太分散，没有聚焦的项目。Linaro 既不是 Android，Android 包含 OS 和应用完整移动应用解决方案；Linaro 也不是 Yocto，Yocto 专注在 Linux 系统构建工具。Linaro 到底是什么？即使是业内的人士也讲不清楚，所以，Linaro 应该还有提升自己的空间。

从 2013 年开始，ARM 实施其物联网战略。在物联网行业没有特别经验的 ARM 还是采用收购的方式，当然 ARM 一贯是收购技术性强的中小企业，这次也没有例外。2013 年 8 月，ARM 宣布收购物联网软件公司 Sensinode。Sensinode 领导了低成本、低功耗物联网设备标准 6LoWPAN 与 CoAP 的制定，并对 IETF、ZigBee IP、ETSI 与 OMA 的标准化作出了重大贡献，Sensinode 商业化的 NanoStack 和 NanoService 产品在行业内有一定的知名度。

2014 年 10 月，ARM 推出 mbed 物联网设备平台和操作系统 mbed OS。ARM 物联网事业部门总经理 Krisztian Flautner 当时是这样说的："目前物联网设备多半仍处于孤立状态并未互相连接，这就意味着还无法实现一个真正全面互连的世界，更无法让所有设备都能互通并提供各种云端服务。"mbed OS 正是应这样的市场需求而生的。ARM mbed 物联网设备平台由 mbed 操作系统（mbed OS）、mbed 设备服务器（mbed Device Server）和 mbed 社区（mbed.org）这 3 部分组成。mbed OS 是一个专为基于 ARM Cortex-M 的设备所设计的免费操作系统，这里 ARM 特别强调免费是针对 mbed.org 社区成员。mbed Device Server 是一套授权（收费）软件，提供行业必需的服务器端技术，以便安全地连接并管理设备，可作为物联网设备专用通信协议与网络开发商所使用的应用程序编程接口间的桥梁。mbed SDK 开发工具和 mbed.org 社区是一个开源嵌入式开发平台和开发者网络社区。

关于 ARM mbed SDK 开发工具，这里多说几句。ARM 是希望依托 mbed 为基于 ARM 技术 MCU 提供 C/C++ 软件开发平台，包括认证的开发板和模块、高层的 API 接口、支持各个芯片公司 MCU 和各种工具链（一个在线版本）。从产业发展和用户的角度想法这很好，有了 ARM mbed SDK 开发工具，客户就很容易地将投资在 ST 公司 ARM 芯片的代码转移到飞思卡尔公司的 ARM 芯片上。但是这样做，就动了芯片公司的"奶酪"。基于 ARM 技术的 MCU 本来已经同质化很严重，大家在激烈的价格竞争中艰难发展，如果软件平台再统一了，那自家的优势和特色何在呢？目前，我们看到热心支持 mbed 工具只有 NXP 一家，其他都是在观望。商业嵌入式软件公司也颇有微辞，本来对于用户工具有一定的黏性，习惯了就继续使用下去了，如果 ARM 搞一套标准，那商业嵌入式软件公司的日子自然不好过了。目前除了 mbed 开发板和硬件模块外，真正推广 mbed 的还是 ARM 自己。中国讲授 ARM 技术的大学计划成员也在计划积极推广 mbed 工具。

让我们再回到 mbed OS，这个产品 ARM 在 2014 年 10 月发布，当时颇吸引眼球。业界的感觉是：难道物联网的 Android 来了吗？想赶风头的人更是跃跃欲试。但是之后几个月，ARM mbed OS 声音逐渐变小了。在 2015 年 3 月纽伦堡嵌入式世界展览上，ARM 宣布与 IBM 和飞思卡尔合作推出了一款"物联网入门套件"。这个物联网入门套件包含一个内置了 ARM Cortex-M4 微控制器开发板，可以用于执行多个任务。一个传感器扩展板，包含了温度计、加速器、两个调光旋钮、一个蜂鸣器、一个小型控制杆、一个 LED 灯，以及一个矩形黑白液晶屏。这两块板子相互配合通过网线接入网络。开发者可以访问 IBM 网站，输入设备认证码后，便可看到实时记录的数据，还可使用 IBM 和其他公司开发的各种工具，用于分析相关信息，或者借此控制其他联网设备。这 3 家公司给人们一个示例：使用这个套件将当地环境数据发送到远程数据中心，然后通过数据中心返回的指令控制由联网灯泡组成的智能照明系统。

未来，ARM 通过 mbed OS 授权芯片设计公司，ARM 收取物联网嵌入操作系统费来获得收入，IBM 则提供一系列云计算服务，包括在线应用开发和运行平台 Bluemix，以及人工智能分析系统 Watson，这应该是他们商业模式，如图 4-6 所示。

图 4-6　ARM 与 IBM 合推物联网开发套件

最新的信息显示，ARM mbed OS 在 2015 年底发表了技术预览版，本书截稿的时候，该版本是 mbed OS 5。

而在同时，华为的 Lite OS 在 2015 年 5 月正式发布，庆科的 Mico OS 在 2015

年 8 月 20 日发表 2.0 版本，测试版的 SDK 已经可以下载，Micokit 开发套件可以免费申请。在国外，谷歌 2015 年 5 月底宣布推出自己的物联网 Brillo OS，目前谷歌还没有透露更加详细的技术细节，但是擅长开发 OS 的谷歌，加上 Android 优势，已经足够让市场有所期待。微软在发布 Windows 10 的同时干净利落地推出了 Windows 10 IoT Core，这个版本支持 Intel edsion 和 Raspberry Pi2 两个平台（一个 x86，一个 ARM），Windows 10 IoT Core 需要占用 256K RAM 2G Flash，预计定位于中高端市场。

ARM 的烦恼

讲到这里，我们可以谈谈 ARM 面临的挑战和危机。到目前为止，我们还没有看到可以动摇 ARM 根基的真正危机的存在，更多的问题是 ARM 在快速成长之后的烦恼，或者说成长之痛。

首先让我们看看 ARM 的财报。ARM 是一家在英国上市的公司，财报可以从 ARM 网站获得，我们整理选择一些我们比较关心的数据。

1996 年，ARM 收入只有 1670 万英镑（以下货币的单位都为英镑），而一年之后就增加到 2660 万，员工人数也从 162 人增加到 274 人。那个时候 ARM 产品比较单一，基本就只有 ARM7TDMI，研发投入相对要少，总收入中授权费是大头占 59%，版税和开发工具的收入也在逐渐增加。到了 2004 年，ARM 收入增加到 1.5 亿，版税收入已经占总收入的 39%，ARM 产品线也大大丰富，增加了 ARM9/10/11，其中 ARM9 和 ARM11 成为主力产品。公司人数也从 2003 年的 740 人急增到 1171 人。到了 2013 年，ARM 收入达到了 7.15 亿（合 11.18 亿美元），员工总数增加到了 2883 人（仅 2013 年就增加了 441 人）。2014 年，销售收入 7.95 亿（合 12.92 亿美元），员工总数增加了 461 人，接近 3500 人。

我们找出两个半导体公司与 ARM 做个比较。2014 年，Intel 员工总数约 10 万人，收入 558 亿美元。2014 年，高通员工总数约为 3.1 万，收入 264 亿美元。从上面数据我们不难看出，无论从公司的人员规模或收入规模，ARM 都很难与 Intel 和高通这样芯片公司比肩。

ARM 在 2014 年财报中风险一节中列出了 9 项风险，其中第 5 项是，大客户过于集中并呈现上升势态。2004 年，ARM 签订了 65 个授权，其中 34 个是单用户的授权，31 个是多用户授权。ARM 授权的半导体客户总数达到 150 个（2004 年新增 15 个）。

让我们回顾历史数据，2010 年 ARM 签订了 91 个授权，2011 年 121 个，2012 年 110 个，2013 年 121 个，到了 2014 年，ARM 签订了 163 个授权，总授权数达到了 1198 个，半导体公司总数是 389 个。从这里可以很清楚地看出，无论是每年的授权用户数，还是总数都是非常有限，增长不是很快。总授权数的增加是因为授权多个产品的用户大大增加，比如博通公司，可能既获得了 Cortex A9 授权，也获得了 Cortex M4 授权。随着美国科技公司的重组，尤其最近几年半导体公司并购，原来两家公司分别从 ARM 获得多个产品授权，现在变成一家公司了，授权数量自然减少了一半，比如 NXP 并购飞思卡尔就是典型的例子。

其实不仅仅是客户的过于集中，ARM 市场的过于集中也是一大风险。2009 年以后，ARM 在手机市场占 95% 的份额，这样高的市场份额，再继续高速增长几乎是不可能的。为了应对这个问题，ARM 正在不断提升 ARM 技术在智能手机中的价值。如果 2009 年每部手机的版税是 1 个单位（具体价格 ARM 与每个半导体公司协商，比如可能是 1 个美分或者更多或者更少），到了 2013 年已经增加到 1.69 个单位。ARM 智能手机系列 Cortex A 系列芯片也是 ARM 版税收入中最大部分，由此带来的版税收入增加了 19%。但是这不是长久之计，智能手机价格竞争激烈，手机芯片公司利润也大幅下滑。以联发科为例，2015 年第二季度联发科营收和利润双双下滑，近期公布的财报显示，第二季度综合营收为 470.4 亿元新台币（约合 14.9 亿美元），较 2015 年第一季度降低 1%，较 2014 年第二季度降低 13.1%。ARM 在手机市场的营收的增长也必将面临巨大的挑战。

过分依赖于手机市场风险相当大，这点 ARM 自己也很清楚。从图 4-7 中数据可以看出，智能嵌入式市场正在开始发展，2014 年收入占比已经超过了 20%（24%）。在物联网概念刺激下，智能嵌入式市场应该是 ARM 未来业务主要增长点。

年份	移动设备	企业基础建设	智能嵌入式
2010	59%	0	8%
2011	71%	0	15%
2012	78%	1%	48%
2013	85%	5%	19%
2014	86%	10%	24%

图 4-7　ARM 市场的渗透率

既然谈到版税，我们看看 ARM 版税收入情况。从我们观察到的数据发现，无论 ARM 收入增加多少，版税收入最多也就是收入总额的 40%。比如 2015 年收入大约 14.88 亿美元，版税收入 5.87 亿美元，占比 39%，2004 年收入 1.529 亿英镑，版税收入 5960 万英镑，占比为 39%。2001 年收入 1.463 亿英镑，而版税收入只有 2790 万英镑，占比为 19%。贡献版税最多的产业还是无线市场，主要还是手机，占

68%，其他产业不足 10%。

版税收入偏少是 ARM 商业模式所致，这个问题不可能在短时间内解决。一位在 ARM 工作多年的人士告诉我们，好的年景也就是 6 : 4，即 60% 是授权收入（包括 IP 和开发工具），40% 是版税收入。

ARM 的商业模式是怎样的呢？我们从图 4-8 中应该看清楚了。我们知道，电子产品有一个研发—生产—销售—维护的生命周期，电子产品版税的收入不会很快就有，但是有一个持续性过程。比如汽车、医疗和工业电子会持续 10 ~ 20 年，甚至更长时间，这就是我们所说的细水长流，积少成多。手机和消费电子数量很大，但是可持续性要短得多，一款手机基本上就是一个芯片平台，到了第二年马上换成新的芯片了。这样的格局给 ARM 带来研发和资金上压力非常大，这也正是我们看到的最近几年 Cortex A 系列升级换代提速的主要原因。

图 4-8　ARM 的商业模式

正如风险投资公司 Andreessen Horowitz 合伙人 Peter Levine 的说："ARM 获得的财富与它所引发的颠覆效应不成比例，但它的客户却赚得盆满钵满。"也就是说，ARM 为芯片市场投入了巨大的人力物力并做出了巨大贡献，而 ARM 为此获得的回报却微乎其微。例如，智能手机芯片制造商高通长期使用 ARM 技术，其市值已经与英特尔比肩，这的确是 ARM 的尴尬。ARM 的商业模式成就了 ARM 今天的市场份额，也使得 ARM 作为一个小公司不得不为生存和发展继续去打拼。

结语

近年，ARM 一直在增加研发的投入，希望向系统的方向发展。2014 年，ARM 投入的研发费用为 1.24 亿，占收入的 21%，ARM 承诺继续将以每年 13% 比例投入研发。ARM 成立的时候的理想是：设计一种低功耗的 32 位的 CPU，这个目标早已经实现，600 亿颗 ARM CPU 的芯片嵌入在我们生活中，所有的 iPhone 和 iPad 都使用 ARM 的芯片，Kindle 电子阅读器和 Android 设备也都采用这一架构，还有数以百万计的汽车、医疗设备、智能恒温器和可穿戴设备中也都在使用 ARM 技术，这是一个奇迹。

ARM 没有满足这些，它在老对手 Intel 核心业务—服务器市场开始了大举的进攻，包括 AMD 和三星在内的几家公司也准备销售基于 ARM 架构的低能耗、低成本服务器芯片。ARM 已经瞄准谷歌和 Facebook 等需要在数据中心里配置成千上万台服务器的网络公司，但是让企业客户把自己数据中心的处理器换了，这不是一件容易的事情。

高端和低端处理器市场两线作战的 ARM 并非一帆风顺，高端服务器遇到 Intel 强大的阻力，低端 Intel 已经开始销售可以比肩 ARM 初级产品的低能耗芯片，我们相信 Intel 最终还将推出有竞争力的移动芯片。在亚洲市场，Intel 开始反守为攻积极争取手机和智能设备制造商的支持，比如我们最近看到 Intel 与展讯和瑞芯的合作，共同开发基于 Intel 架构移动处理器芯片。原工信部集成电路与软件促进中心集成电路处处长孙加兴博士现在是大唐集团集成电路创新中心主任，他在 2015 年 7 月嵌入式系统联谊会物联网教育与产业发展主题讨论会上预言，在低密度计算领域将会有一家与 ARM 竞争的 IP 核公司出现。因为物联网会产生很大的碎片化细分市场，ARM 有优势的生态环境对于某个物联网细分市场就不那么重要了，竞争对手以技术、定制服务和价格所形成的优势就会凸显出来。

ARM 是一家芯片设计公司，软件和系统不是 ARM 的长项，前面叙述了 ARM 过去 25 年在软件和工具方面的收购，因为财力所限，多是小型公司，比起竞争对手 Intel 的大手笔收购嵌入式软件公司风河和网络安全软件公司迈可菲（McAfee），力度还远远不够。ARM 联合数家公司 2010 年成立的 Linaro 到今年已经 6 年了，还没有有影响力的产品出来。ARM 2014 年底宣布的 mbed OS 刚开始不久，产品也在不断调整，发布时间也一拖再拖。

ARM v8 的服务器硬件已经有 HP 和 AMD 等几家公司的产品设计出来，但似乎没有一个操作系统平台是通吃的，这可能就是 ARM SoC 硬件平台众多、开源软件平台众多所造成的必然结果。比如 AMD Opteron A1100 的支持列表中没有 Ubuntu，而 HP ProLiant m400 只支持 Ubuntu。此外，RedHat 2014 年 7 月发布了一个 RedHat Early Access for ARMv8 计划，旨在支持合作伙伴共同完善产品而不是企业级 Linux 平台。在虚拟化平台方面也是如此，几方给出的支持信息似乎也并不统一。当然，这是一个新平台早期必然的经历，未来 ARM 生态环境建设的一个重点也在于此。不过我们估计，在未来很长一段时间里，ARMv8 平台的用户可能都必须要提前做好充分的调研，以确定自己想要的应用环境与想购买的 ARM 平台是相匹配的。

ARM 在快速成长，既然在成长，那成长过程中的烦恼和痛苦就是必然的。

如何看待谷歌的 Brillo OS

我于 2015 年 5 月 30 日到了硅谷，5 月 28 日是著名的 Google I/O 开发者大会，会上宣布了谷歌的 IoT（物联网）战略，重点是 Brillo OS 和 IoT 协议 Weave。之后的一周，我在硅谷陆续与几位共事过的嵌入式方面的朋友见面，包括现在是 Cadence（著名的 EDA 公司）的顾问、MontaVista 创始人 Jim，原 MontaVista 的市场总监、当时还是 Black duck（黑鸭子）的开源策略的高级总监 Bill 和曾经在谷歌工作过的孙军博士，大家交流了对谷歌 IoT 操作系统的看法。

构建生态环境是谷歌的强项

谷歌在智能手机领域凭借 Android 成功地打造了一个占市场份额 80% 的移动生态环境，这一次当然希望复制这个模式，在物联网领域建立自己的王国。大家普遍认为这一点上很难有其他公司与之竞争。Garner 分析师 Ken Dulaney 估计谷歌会继续 Android 走过的开源之路，他的原话是："I'm sure that Google will follow the method that's been so successful with Android and make it open source, focus on developers——all that things that have done well for Android。"如果是这样的话，整个物联网的生态环境将很快向谷歌靠拢。ARM 公司在 2015 年 10 月推出的 mbed OS，据我 2016 年 3 月了解的信息是，至今还只向其俱乐部的成员开放，我感觉这种思维方式太保守了。正如 Bill 所说："Brillo OS 目前意义更多是一个标志，谷歌希望借此建立自己 IoT 生态环境。"

Brillo OS 的技术线路还不清晰

谷歌在介绍 Brillo OS 的时候提到了几个概念如图 4-9 所示。其中 Weave 的解释是清晰的，如图 4-10 所示。Weave 是个中间件（协议），负责把手机、云端和物联网设备无缝的联系起来。这部分据说是 Nest 开发的，Nest 是谷歌花了 32 个亿收购的物联网智能家居的公司，Nest 开发的温控器产品在北美市场小有名气。

除了 Weave，谷歌关于 Brillo OS 的技术线路还很不清晰，比如谷歌强调"Brillo 是基于 Android 设计"，那么它与 Android 究竟是何关系呢？Garner 分析师的观点是："Brillo as an OS is based on the foundational Android kernel, like the full OS has been scrubbed down by a Brillo pad. It also includes a hardware abstraction layer, connectivity, and a few other features。"谷歌强调，Brillo 有广泛的芯片支持和最少的资源使用，但是没有交代是否可以支持在物联网市场风声水起的 MCU，有报道说 Brilo 需要至少 32M RAM。基于 Android，那么内核就是 Linux，MCU 肯定

是不能运行的（即使是 ARM Cortex M7），这或许是 ARM mbed OS 的机会。mbed OS 强调的是 MCU 的支持。这样看 Brillo OS 瞄准的不是物联网与传感器连接的边缘节点，而是中心节点，比如物联网网关。关于这些，孙博士并没有透露更多的细节，但他介绍，即使在谷歌内部对于"Brillo 基于 Android 设计"这个提法亦有许多不同声音。

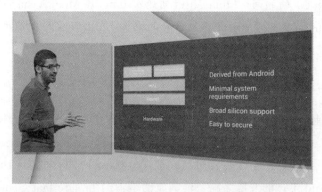

图 4-9　谷歌 Sundar Pichai 在 Google I/O 开发者大会上讲解 Brillo OS

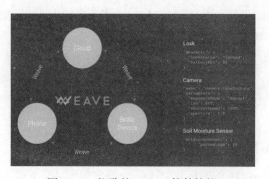

图 4-10　谷歌的 Weave 软件协议

另一种看法是，因为 Brillo 开发出自 Android 团队，加之 Android 在市场上的名望，"Brillo 基于 Android 设计"这样的概念并不代表它真正的技术内涵，更多的是基于市场和品牌方面的考虑。我从孙博士的言谈中了解到，除了 Nest 团队人员外，谷歌参与 Brillo 人员并没有太多的物联网和嵌入式系统方面背景和经验，团队还是互联网和智能手机的基因。Brillo OS 的真面目是等到大家看到这个产品时候才能知晓，或许会让我们眼前一亮，感到耳目一新，或许水土不服，让大家大失所望。

结语

在硅谷有过两次创业经历的 Jim 对互联网大佬进军 IoT 持积极肯定的态度，从商业上，他更看好物联网云端的发展机会，就是我们常说的云管端的概念。Jim 第一次创业是在 20 世纪 80 年代初，他创办的 Ready System 是首家商用嵌入式 OS，获得了相当大的成功。1999 年他再次创业的 MontaVista 公司是开源的嵌入式 Linux 的领导者，Linux 在嵌入式系统和智能手机上成功应用，应该说 MontaVista 是有很大贡献的。

在未来的物联网系统中，最重要的、需要标准化和统一的是云端的管理、通信协议和安全，设备端 OS 或许是个轻量型，也可能是免费的，这与传统的嵌入式 OS 会有很大的不同。

在本书截稿的时候，作者了解到 Brillo OS 一些最新的信息：Brillo OS 计划支持 Intel、Marvel、飞思卡尔、高通和 imagination 等硬件芯片平台，部分经过认证的客户已经可以下载到 SDK 进行评估。2016 年 2 月底参加德国纽伦堡嵌入式世界展的时候，我在 ARM 的展位上看到了 Brillo OS 在高通平台的一个很简单的演示。有趣的是，Brillo OS 的开发环境就是 Android 的开发环境 Android Studio，预计未来应该有更多的详情。

欧洲的嵌入式操作系统

在嵌入式操作系统上，欧洲公司的创新性虽比不上美国，但是在实用和安全方面其产品颇有特色。我在 2016 年 2 月底参加了德国纽伦堡嵌入式世界展和会议，看到了德国的 Embedded Office、Euros、sciopta 和 SYSGO 的 PikeOS，它们在工业和汽车电子安全认证操作系统方面颇具特色。随着工业物联网和工业 4.0 的深入，欧洲的嵌入式操作系统还将有很大的发展空间。本章我们介绍 Enea OSE、SaftRTOS 和 FreeRTOS 这 3 个产品和它们背后的故事。

OSE——来自北欧的 RTOS

Enea OSE 第一个版本是 1985 年发表的，虽然不是世界上最早的 RTOS，但在欧洲是绝对的鼻祖了。Enea 公司已经走过了近 50 年的发展历程。

Enea 发展历史

1968 年 ~ 1970 年期间，瑞典斯德哥尔摩皇家学院的 4 个学生为空中交通控制系统设计了一个检索数据的系统，这也标志着 Enea 公司的诞生。在 20 世纪 60 年代，公司借助自己实时编程和操作系统开发的经验，编写了大量的软件。工程的艺术和卓越的经验，这是今天 Enea 赖以成功的基石。1970 年 ~ 1980 年这 10 年，Enea 最重要的开发是为瑞典国防研究机构做的 Simula 项目，这个项目 Enea 奠定了面向对象编程语言的基础。除了瑞典国防研究机构外，Enea 在当时还有 Stansaab、ASEA、LM Ericsson 和 Facit 等客户，员工也从最初的 5 人增加到 75 人。

Enea OSE 于 1985 年正式启动。今天，它是世界上最流行的嵌入式操作系统之一，ASEA 是其最大的客户。Enea 签订了为瑞典警察调度系统开发软件和硬件的多年合约。Enea 成为瑞典 USENET 的一个基础节点（USENET 是今天互联网的前身）。瑞典的第一封电子邮件也是于 1983 年诞生于 Enea。员工人数从 75 人增加到 153 人。1990 年 ~ 2000 年期间，Ericsson 启动了 GSM 项目，其中包括 Enea OSE 操作系统，这让 Ericsson 成为了 Enea 最大的客户。围绕 Enea OSE 展开的工作进一步推动了公司前进，国际化发展也提上日程。员工人数从 153 人增长到 493 人。

2000 年 ~ 2010 年这 10 年，Enea 确立了在通讯密集型产品供应商中的世界领先地位。由于在罗马尼亚的收购，外包能力显著增长，顾问业务能力也日渐增强。在通讯领域投入的不断增加，以及密集的开发和收购进一步强化了公司的产品线。软件产品充分考虑了通讯产业对可用性和可靠性的严格要求。公司扩张到 3 个洲，员工也达到 650 人。

Enea OSE 产品线

Enea 公司的产品线非常丰富，有 Enea RTOS、Enea Linux、Enea Middleware 和 Enea database。Enea RTOS 包括了 Enea OSE 支持 POSIX、多核处理器的实时多任务高性能嵌入式操作系统——Enea OSEck，一种专门针对 DSP 优化的嵌入式实时多任务操作系统。Enea 的 Optima for OSE 和 Optima for OSEck 是一套完整的 IDE 开发工具。Enea Linux 是一套完整的嵌入式 Linux 解决方案，在支持 ARM 架构、实时性、虚拟化和网络技术以及性能方面具有优势。

OSE 嵌入式操作系统的特点

1. 高性能处理能力

内核中实时性的部分都由优化的汇编来实现，特别是使用信号量指针，使数据处理非常快，真正适合开发复杂（包括多 CPU 和多 DSP）的分布式系统。

随着技术发展，嵌入式实时操作系统已经变得越来越复杂，经常会面临两大困难：

1）不间断的运行（NonStop）

2）多 CPU 的分布式系统（Distribution over many CPUS）

传统的 RTOS 如果要做到这些，必然会增大消耗，增长开发周期。OSE 就是应运而生的新生代的 RTOS，它解决了这些需求，支持多种 CPU 和 DSP，为设备制造商开发由不同种处理器组成的分布式系统提供了最快捷的方式。

传统的 RTOS 基于单 CPU，它虽然可以改进成分布式系统，但用户需要在应用程序中做很多工作。而 OSE 不同于传统的 RTOS，首先因为它的结构体系有了很大改变，它以消息传递作为主要手段完成 CPU 间的通信；其次它把传统的 RTOS 必须在应用程序中完成的工作，做到了核心系统中。对于复杂的并行系统来说，OSE 提供了一种简单的通信方式，简化了多 CPU 的处理，如图 5-1 所示。

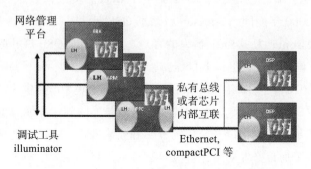

图 5-1　基于 Enea OSE 多 CPU 的通信方式

2. 强大的容错功能

系统支持不间断实时系统，允许从硬件或软件错误中恢复。OSE 是适用于有容错、非间断，以及安全性要求的分布式系统。例如，在实时的情况下完成设备的硬件的安装和软件的配置、系统错误的恢复等。

3. 丰富的功能模块

OSE 有着丰富的功能模块，如图 5-2 所示。OSE 的软件透明度和模块化很强，使代码很容易被替换或升级，而不影响不需要改动的地方。

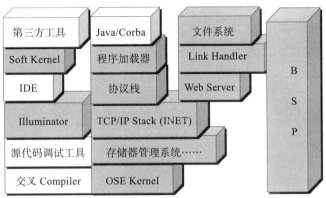

图 5-2 OSE 丰富的功能模块

4. OSE 获得的认证

（1）IEC 61508 SIL3 认证

该认证是一个安全性的认证，涉及的产品包括工业控制、石化产品及医疗、铁路等。OSE 是唯一获此认证的商业性的实时系统。它内置的安全特性如下：

1）基于消息的通信方式

2）完全的内存保护

3）有效的错误处理

4）系统的监管

（2）DO-178B（levels A-D）

这是由 FAA（US Federal Aviation Administration）制定的航空安全标准，主要针对系统和设备上所使用的软件。

（3）N60601-4

这是对医疗设备中的可编程电子系统制定的认证。

结语

Enea OSE 凭借其技术特色，在与 pSOS 和 VxWorks 等对手的竞争中脱颖而出，在电信设备中有着大量成功应用。最近，Enea 积极与 ARM 合作，开发电信级的开源的网络操作系统（COSNOS），目标是支持下一代网络设备。

安全操作系统——SafeRTOS

FreeRTOS、OpenRTOS 和 SafeRTOS 是 3 个嵌入式实时多任务操作系统，它们有什么不同、是什么关系呢？本节将做一个简单介绍。

SafeRTOS 是 WITTENSTEIN high integrity systems（WHIS）公司的产品，该公司隶属于德国 WITTENSTEIN 集团，WHIS 公司总部在英国。

WHIS 公司是 WITTENSTEIN 集团旗下的设计中心，专注于高完整性和安全关键的嵌入式系统设计。它是一家安全系统公司，开发和提供安全关键的 RTOS 和中间件组件。该公司具有开发安全应用的直接经验，在飞行控制系统、植入式医疗设备、海上石油和天然气平台，以及国防领域有着广泛的客户基础。公司位于英国布里斯托尔和美国圣何塞。

SafeRTOS 是一款专为 32 位微控制器功能安全市场设计的产品。由于该公司很擅长飞行器关键控制系统的设计，因此工程师们对安全产品的开发具有丰富的经验，能将高完整性开发周期贯穿在他们所有的项目中，这对于 SafeRTOS 产品的开发至关重要。SafeRTOS 基于已有广泛应用的开源内核 FreeRTOS，并通过运行危险识别和设计缺陷识别，确定 FreeRTOS 功能模型和应用程序接口（API）的弱点所在区域，通过符合 IEC61508 SIL3 规范的开发过程，降低这些区域的弱点。WHIS 在 2007 年发布了世界上第一个预认证的嵌入式实时操作系统。

SafeRTOS 软件具有卓越的性能，预认证可靠性，使用的资源很少，典型的 ROM 需求为 6 ~ 15KB，RAM 需求约为 500B。软件包提供完整的 C 源代码。SafeRTOS 支持抢占式和合作式的任务切换模式，代码非常精简，内核只有 3 个 C 文件，可支持任务数目 65 536 个。

SafeRTOS 代码符合 MISRA C 标准，支持 100% 的 MC/DC 覆盖率验证，并提供了演示应用程序以及设计保证包（DAP）。DAP 包含安全周期开发计划，要求规范和设计文件，危险可操作性研究，源代码，所有验证文件和有关证据。此外，还提供完整的测试套件、用户使用手册和安全手册。该软件可以广泛应用在工业控制、轨道交通、核能、汽车电子以及机械电子控制系统等需要功能安全的应用中。

2007 年 2 月，SafeRTOS 通过了 TUV SUD 的 IEC61508 SIL3 初始认证，发布了首个软件版本。2010 年 6 月，发布 V4.0 版本，该版本支持 MPU 和 MMU，并且进行了 C++ 封装，增加可选的内置测试功能。2015 年 7 月，SafeRTOS 产品升级到 V5.5 版本。最新的创新是支持多处理器体系结构中需要不同安全完整性等级（SIL）的设计解决方案，称为 SafeExchange，实现处理器之间无缝的、安全通信机制。目前支持 ARM、PowerPC、Renesas 处理器，以及 IAR、GNU、Keil 等工具集。

OpenRTOS 是 WHIS 公司的另一个产品。OpenRTOS 提供针对 FreeRTOS 的商业授权，是一个非常成功的、小型的、高效的嵌入式实时操作系统。

FreeRTOS 在 GPL 许可下完全免费下载，OpenRTOS 提供升级、更新和移植服务。OpenRTOS 完全同步 FreeRTOS，并有技术支持和商业授权。使用 OpenRTOS 的好处是，可以充分获取专业团队的技术支持，它同时提供对开发者系统和应用软件的商业知识产权保护。关于 FreeRTOS 和 OpenRTOS 授权方面的信息，请参考下一节和本书第 12 章。

开源新兵 FreeRTOS

物联网把 FreeRTOS 推到了风口浪尖，各家 MCU 芯片公司的开发板、SDK 开发套件都移植了 FreeRTOS。著名的智能手表 Pebble OS 的内核使用了 FreeRTOS，博通的 WICED WiFi SDK 也推荐使用 FreeRTOS。瑞典嵌入式开发工具 Atollic 的副总裁 Magnus Unemyr 最近采访了 FreeRTOS 创始人 Richard Barry（如图 5-3 所示），Atollic 提供嵌入式开发构建软件。两人谈论的话题涉及 FreeRTOS 的历史和未来发展，Richard Barry 还特别阐述了对物联网（IoT）、RTOS 和工具，以及嵌入式产业未来发展的理解。2016 年 2 月 24 日我在纽伦堡嵌入式世界展与 Richard 见面和交流，当 Richard 得知我来自中国，他打开了手机找到一个图片，上面记载了 FreeRTOS 下载数量，中国仅次于美国，居全球第二位。他很高兴中国用户在使用他的软件。最近他正在对 FreeRTOS 参考手册进行修改，希望很快可以面世。

图 5-3　FreeRTOS 的创始人 Richard Barry

什么精神鼓励你开发了 FreeRTOS？

答：开发 FreeRTOS 的想法来自 10 多年前我经历的一个服务的项目，我的任务是选择一个合适的 RTOS。当时可以选择的一个 RTOS 已经使用在该公司的商业产品里面了，但是版税极为昂贵。而且，我们的应用仅仅需要一个很小的 RTOS 解决方案，一个大的、商业的 RTOS 在我们这个项目中一点也没有价值。我转而寻找一个适合的开源的 RTOS，然而令我失望的是，因为没有好的文档，开源软件的学习周期太长了，还没有技术支持，软件的质量也难以让人满意。最终我只好推荐了一个商业的、没有产品版税的 RTOS。

当项目结束的时候，我开始思考，有多数人会经历同样的寻找过程呢？我想至少应该有数千人吧。因为我是一个极客，我开始自己开发一个解决方案，我也从中找到了乐趣。最初的 FreeRTOS 版本发表了之后，很明显我的预计是正确的，的确有数以千计的工程师寻找这种解决方案。

之后，我就更正式地安排和计划这个工作。首先我把使用开源的免费软件的风险列了出来，比如质量、知识产权侵权和技术支持问题；接着我制定了一个可以减少以上风险的 FreeRTOS 开发和发行的模式。举 3 个例子吧，FreeRTOS 遵守 MISRA 规范，进而保证产品的质量，使用 FreeRTOS 没有知识产权侵权的风险，而且通过社区和专业公司提供技术支持。可以这样说，FreeRTOS 基本上就是一个商业 RTOS，但是完全免费。这也就是今天人们看到 FreeRTOS 如此受到欢迎的原因。

注释

> MISRA（汽车工业软件可靠性联会）是一家在欧洲的一个跨国汽车工业协会，其成员包括了大部分欧美汽车生产商。MISRA C Coding Standard 旨在帮助汽车厂商开发安全的、高可靠性的嵌入式软件。这一标准中包括了 127 条 C 语言编码标准，如果能够完全遵守这些标准，则开发的 C 代码是易读、可靠、可移植和易于维护的。

请介绍一下目前 FreeRTOS 以及应用情况

答：FreeRTOS 有许多应用，我会说事实胜于雄辩。现在，在 EE time 杂志每次的嵌入式操作系统市场研究报告中，FreeRTOS 都名列前茅。FreeRTOS 网址搜索和下载也呈现逐年快速递增的趋势，当然在某一段时间，它会是在一个高度呈现平稳增长的势态。我们很高兴地看到了 FreeRTOS 正在进入一些新型市场，这个市场的产品过去没有采用我们的技术，毫无疑问，FreeRTOS 是目前世界上最广泛使用的一种 RTOS。

你对现在嵌入式和工具产业的评价是什么？

答：我本人主要关注的是物联网（IoT）市场，即使有人说这个市场宣传得有些言过其实，但可以肯定的是，嵌入式市场因为物联网的发展而变得越发重要起来，这样嵌入式工具市场也会更加受到重视。

事实上，即使我们不谈物联网，产品的智能化也将把产业带入快速发展的阶段。与我们过去所经历的阶段相比较，硬件设计的门槛在大大降低，这一点在 ARM 市场中尤为明显。工具的门槛也在降低，除非你有一个好的卖点，否则软件和硬件的价格都将受到市场的打压。

在物联网领域有许多关于物联网技术和产业缺少标准的声音，每一次当我看到一个新的方案发布，并宣称解决了物联网市场的碎片问题的时候，我都会不禁暗暗发笑。物联网市场还没有成熟，一个方案就可以解决碎片化的问题，这现实吗？这些方案反而会加重市场的碎片化。我相信市场发展到某个阶段，一定会有一些统一的标准，但问题是：谁将是赢家，谁将是输家还很难断定。

未来几年产业的最大挑战是什么？

答：有许多话题我可以谈，其中的许多报刊媒体已经论述过了，这里我就没有必要再重复了。我想特别强调的是：从技术发展的趋势看，哪些技能对于些未来一代的工程师才是最重要的呢？比如说写 Java 代码和掌握 Linux 内核是非常重要的技能，但是这并不是嵌入式工程师所拥有的唯一的技能。我看到这样的现象，使用 Linux 和 Java 技术的应用解决方案，在开发中出了一点小问题就举步维艰，因为工程师根本不了解问题出在哪里。我理解软件需要抽象化的思维，市场需要更快速的开发周期，但对我而言，仅仅是为了某一个驱动程序而使用一个很大规模的软件是一个错误决定，还不如自己开发呢。或许我与时代脱节了，我已经不再年轻。我的看法是，与其采用更大规模的处理器解决技能的落后问题，不如在设计上进行创新，这样做的话还不用增加硬件的资源。

Eclipse 和 GCC 已经是行业标准，它们给开发者带来什么好处呢？

答：GCC 有优点也有缺点，互联网上总是充斥着争论，赞成和反对之声都有。但是有一点是肯定的，花时间学习 GCC 是值得的，因为 GCC 支持广泛的处理器，这样你掌握的这个技能可以应用到更多的项目和更多的硬件平台上。

市场对 Eclipes 广泛的认可让关于 Eclipse 学习争论的声音变得小了，同样的道理，你们可以继续争论下去，但是市场认可了 Eclipse，要求学会使用 Eclipse，这项技能将在你的职业生涯中不断被使用。

很多情况是将 Eclipse 和 GCC 放在一起，构成一个来自外部世界的、你熟悉和放心的环境，让你可以开始你的开发工作。Eclipse 还有几个其他的优点：第一，

Eclipse 社区写了很多插件，比如支持管理功能；第二，基于 Eclipse 的方案很多，可以把你的代码集成到项目中 Eclipse/GCC 开发环境里，Atollic TrueSTUDIO 是个需要额外收费的解决方案。对于专业的开发者，这个额外收费的解决方案会带来效率的大幅度提高。收费解决方案会提供软件安装包、产品的稳定性和技术支持，以及更加重要的一系列调试软件的接口。

许多年前，当我第一次使用 Eclipse 的时候，它的使用方式还让我颇费了番周折。今天我看到新的毕业生需要使用某款不是 Eclipse 的 IDE 的时候，他们也要纠结一番，因为他们已经习惯了 Eclipse。

RTOS 和嵌入式中间件的发展趋势是什么？

答：应用更加复杂、具有连接性和丰富的用户界面，这些将促使 RTOS 市场的增长。当然市场和客户依然需要许多的教育工作，以化解对 RTOS 根深蒂固的误解。比如上周有人告诉我了一种误解，有人认为如果他们将 RTOS 引入他们的设计中，RTOS 将消耗许多的 CPU 时间。实际上正好相反，使用了 RTOS，系统将会支持一种复杂的事件驱动的设计方式，CPU 只是在处理实际产生效率的任务时才运行，其他时间并没有执行任务。以前没有 RTOS 的时候，CPU 在状态没有改变或者查询一个输入有没有改变的时候，一直处在运行的状态。

与主流的软件市场一样，在嵌入式系统中，免费和开源的 RTOS 平台是大势所趋。这种趋势在物联网系统中尤为明显，因为在物联网边缘网络中的设备只是整个系统价值链中很小的一个部分。FreeRTOS 是嵌入式系统开源 RTOS 的领导者，我们期待着随着物联网的快速发展，FreeRTOS 将成为其中的重要成员。FreeRTOS 不是唯一高质量的、免费和值得信赖的 RTOS，但是 FreeRTOS 的商业模式非常清晰，完全没有知识产权和后期授权的问题。可以这样说，无论你使用哪种处理器，无论它的提供者是谁，FreeRTOS 是一个真正的跨平台的解决方案。

RTOS 是物联网的重要支撑软件，安全问题尤为关键，构建一个安全的物联网系统对于 RTOS 的架构和系统应用都将带来挑战和机遇。

能就你的未来计划讲几句吗？

答：当然，我还不能告诉你我的全部计划，但是你应该已经看到，我们已经有自己的 TCP/IP 协议（称为 FreeRTOS+TCP）和 FAT 文件系统（称为 FreeRTOS+FAT）。

我们的目标是将 FreeRTOS 的价值观也带给这些中间件模块，这样，它们也是免费的、可以获得支持的，当然没有任何知识产权的风险，让你放心使用。我们选择自己提供这几个模块有下面几个原因：网络和存储媒介的驱动程序，它们与硬件没有直接的关联，许多 RTOS 的应用都会用到 TCP/IP 和 FAT 文件系统。其他企业和个人将他们的 TCP/IP 和 FAT 集成到 FreeRTOS 的应用里面来，这已经由来已久了。长期以来一直有一个问题困扰我们，我们很愿意为 FreeRTOS 提供免费的技术支持，但是我们无法免费支持其他的中间件，不管它是免费的还是商业的软件，比如它无法在 FreeRTOS 运行的问题就很难让我们提供免费支持。提供我们自己的 TCP/IP 和 FAT 就可以避免这些问题，这些软件我们自己熟悉，也已经和 FreeRTOS 集成好了，我们可以提供更好的支持。当然 TCP/IP 软件在物联网平台中的重要意义更是不言而喻的。

亚洲的嵌入式操作系统

亚洲在嵌入式操作系统上是后来者。20 世纪 80 年代以后，随着世界制造和研发向亚洲的转移，嵌入式操作系统在亚洲也逐渐进入了人们的视野。如今，制造又面临着向智能化转型的档口，这样的机遇让嵌入式操作系统未来在亚洲，尤其是在中国，有了无限的发展空间。

中日在发展嵌入式软件上的不同思路

中国已经成为世界电子制造大国，我们的电子设计和嵌入式系统应用水平也已经具有相当水准。但由于科研、教育与产业长期脱节，一直没能有一个有影响力、有用户基础和开源的嵌入式实时操作系统和软件出现，这是我们的遗憾，也是中国电子产业的一个缺失。我在 2010 年年底与日本嵌入式系统同行进行交流时，感觉日本同行的工作有许多地方值得我们学习和借鉴。

ITRON 和 TOPPERS

由高田广章教授于 2000 年发起的 TOPPERS 项目（Toyohashi Open Platform for Embedded and Real-Time Systems，TOPPERS）旨在为嵌入式系统开发包括实时操作系统在内的各种高质量的嵌入式软件，并将其开发成果以开放源代码的形式向社会公开，以提高嵌入式系统的设计开发技术，振兴相关产业，培养高素质的嵌入式系统开发人员，其目标是为中小型嵌入式系统构建如 Linux 那样广泛使用的平台。为了管理和推广 TOPPERS，2003 年成立了专门的非营利组织 TOPPERS 协会，任何个人或组织都可以加入该协会。TOPPERS 协会共有来自产业界和学术界的团体会员或个人会员 200 多位，嵌入式系统联谊会是 TOPPERS 协会的会员单位。

TOPPERS 的历史并不长，但其起点是具有 20 多年历史的 TRON（The Real-time Operating system Nucleus）和 ITRON（Industrial TRON）项目。TRON 项目由东京大学坂村健教授于 1984 年发起，旨在为全社会的需要开发一套理想的计算机结构和网络。ITRON 为 TRON 诸多子项目之一，也是最成功的一个。ITRON 规范是一系列关于实时操作系统的开发规范，而不是一个具体的实时操作系统的实现（即没有一个标准的产品），迄今共发布 4 个版本。任何组织或者个人都可以按照 ITRON 规范开发自己的实时操作系统。ITRON 规范的开放性和弱标准性使其取得了巨大的成功，在日本已经成为事实上的工业标准。但也正是因为 ITRON 规范的弱标准性，符合 ITRON 规范的实时操作系统版本林立，彼此之间不能完全兼容，造成过多的重复开发。

另外，随着嵌入系统越来越复杂，除了实时操作系统内核以外，其他中间件，如文件系统、网络协议栈、设备驱动框架等也越发重要，而在这些方面，ITRON 规范是比较薄弱的。为了解决上述问题，适应未来嵌入式系统发展趋势，进入 2000 年以后，ITRON 在两个方向上继续进行发展：一个是由坂村健教授主导的 T-Engine；另一个便是 TOPPERS。TOPPERS 和 T-Engine 的不同点在于：TOPPERS 的是以 μITRON 4.0 规范为基础的，主要针对硬实时系统，专注于工业控制领域，如汽车电子等；T-Engine 是由硬件上的 T-Engine 规范和软件上以 T-Kernel 为代表的一系列实时内核以及相应的中间件这两大部分组成。T-Kernel 以 μITRON 3.0 规范为基础，并采用了 μITRON 4.0 规范的部分成果，同时吸收了 TRON 项目其他子项目的成果，如针对个人计算机的 BTRON（Business TRON），以信息化和互联为目标，推行普适计算的理念。TOPPERS 和 T-Engine 之间有重复的地方，但更多的是互补。

在交流中，当我问及 TOPPERS 项目和东京大学坂村健教授 TRON 项目的关系这个敏感问题时，高田先生坦率作了解释：1999 年 μITRON 4.0 之前，他一直参加 TRON 项目开发。此后，他在 4.0 版本基础上发展了 TOPPERS 内核，目标是开发实时 ITRON 和具备 Linux 开源特征的新一代内核。

TOPPERS 所有产品都遵循 TOPPERS 许可证（类似于 BSD 许可证），任何个人和组织都可以免费使用 TOPPERS 的成果。但为了推动 TOPPERS 自身的发展，在把 TOPPERS 的产品嵌入设备的时候，需要且仅需要向 TOPPERS 协会报告你已经使用的事实。

与其他开源软件不同的是，TOPPERS 在提供各种各样高质量的开源软件同时，十分注重高素质的嵌入式开发人才培养，出版各类教材、在线教程，举办相关技术培训和支持相关嵌入式领域的竞赛和会议。2014 年，中国计算机学会嵌入式系统专家委员会议暨第十二届嵌入式系统学术会议召开，高田教授亲自来到湖南大学做了"汽车电子嵌入式系统现状和发展"主题演讲。2015 年 10 月，在由我组织的上海嵌入式系统安全论坛上，高田教授委派松原博士到会发言，松原博士发言题目是"名古屋大学 NCES 嵌入式系统安全的研发工作"。此外，TOPPERS 多次派人参加嵌入式系统联谊会的主题讨论会。

中日在发展嵌入式软件上不同思路

在谈及我们共同相识的美国嵌入式操作系统著名人士 Jim Ready 先生和几位日本资深嵌入式系统同行 Arima 先生、原日本 MontaVista、原日本 Microtec 总裁 Sakamoto 先生时，我们的交流更加自然和顺畅。

在访问嵌入式系统联谊会和北京航空航天大学出版社之前，高田先生已经访问了湖南大学、浙江大学和同济大学，这几所大学在嵌入式操作系统方面长期有研究项目，但多数是国家项目。高田先生了解了中国学校教学和商业客户在使用 μC/OS 时候说，TOPPERS 内核基本原理与 μC/OS-II 非常接近。目前，有一位来自华中科技大学的博士正在高田实验室做 TOPPERS 内核研究，课题就是 TOPPERS 与 μC/OS-II 和 RTEM 的比较。当我问他对于国内同行工作与日本他们自己工作的比较时候，高田先生说，国内老师更加注重整个系统，比如他们构造的汽车电子 OS，不仅包含内核还有工具，在内核上反而没有特别挖掘。我的理解是，因为我们大学在基础研究方面多是向政府申请经费，这些项目多是大而全。而高田实验室只有几名老师和十几位研究生，只能专注在关键技术上。同时，他还有一个近百人的研究中心，该中心是完全的商业机构，由商业公司和部分政府项目支持。名古屋是丰田汽车总部，自从美国丰田汽车发生刹车事件之后，汽车软件安全更加受到重视，这次同行的瑞萨公司汽车 MCU 本部也是他们汽车电子软件的重要合作伙伴。比较中国的同行，TOPPERS 更加专注在操作系统技术本身，未来将在内核安全、可靠、软件移植和方便扩展，多核支持和 TESC 组件（IPV6，CAN/LIN）等方面下功夫。

开源和教育：中日关注点不同

TOPPERS 关注嵌入式软件教育，作为一个非营利协会，在有限资源下开发了 RTOS 基础和中级课程，还翻译了中文版本。TOPPERS 所有软件都是开源的，也不需要开发和使用者把自己修改后的代码公开（这更方便用户商业）。作为宣传和推广目的，TOPPERS 协会要求用户在嵌入式设备使用前，向他们报告即可。我特别向高田先生询问，下载软件是否需要任何入会和批准手续时，他明确表示没有。因为这之前，我在 2010 年 4 月参加成都中日嵌入式软件研讨会上，见到 T-Engine Forum 代表诸限立志，交谈后证实，T-Kernel 只有注册用户单位可以获得，也就是说一个大学生是无法获得开源软件 T-Kernel（即 IRTON）软件的。看来 TOPPERS 在开源和教育方面更加开放和积极，按照 TOPPERS 特别会员乔靖玉先生的解释，T-Engine Forum 是为了保护他们协会重要的商业用户利益。比较而言，TOPPERS 更加平民化。而中国的情况是，我们在嵌入式软件方面更加注重开源 Linux 在嵌入式系统中的应用，Linux 商业产品和培训活跃和成熟，但是在嵌入式 RTOS 方面没有什么建树。

总之，日本注重基础系统软件、民间交流、商业资助的项目开发；中国则强调政府导向，重视面向工程的系统研究和产品开发。经过近 30 年的发展，日本有了占本土市场 60% ITRON 和瑞萨这样具有先进嵌入式系统技术的世界级半导体公司。在我们拥抱开源 Linux、大量发展 Android 应用的同时，我们应该关注国内在嵌入式软件、实时嵌入式操作系统和国产微控制器（单片机）上的缺失，这些或将制约中国电子信息相关关键技术和产业的发展。

实时嵌入式操作系统 TOPPERS 剖析

本节内容对实时嵌入式操作系统 TOPPERS 进行全面的分析，包括介绍其前身 TRON 项目与 ITRON 项目、发展历史、主要目标、主要成果、主要特征、下一个

10 年的发展规划以及其在国内的发展现状。

TRON 与 ITRON

如图 6-1 所示，ITRON 规范详细定义一个实时操作系统所应具备的功能、数据结构、错误代码、API 和系统状态等，并且划分成不同规模的功能集，以满足不同嵌入式应用的需求，具体实现则留给设计者。任何组织或者个人都可以按照 ITRON 规范开发自己的实时操作系统。

> **全功能集（Full Set）**
> - 互斥量（Mutex）
> - 消息缓存（Message Buffer）
> - 汇合点（Rendezvous）
> - 可变长内存池（Variable-Sized Memory Pool）
> - 单次定时器（Alarm Handler）
> - 任务运行超时定时器（Overrun Handler）
> - 系统服务调用管理功能（Service Call）
>
> > **标准功能集（Standard Profile）**
> > - 任务异常管理（Task Exception）
> > - 邮箱（Mailbox）
> > - 固定长内存池（Fix-Sized Memory Pool）
> >
> > > **汽车电子功能集（Automotive Control Profile）**
> > > - 任务管理功能
> > > - 任务同步功能
> > > - 信号量（Semaphore）
> > > - 事件标志（Eventflag）
> > > - 数据队列（Dataqueue）
> > > - 系统时间管理功能
> > > - 周期定时器（Cyclic Handler）
> > > - 系统状态管理功能
> > > - 中断管理功能
> > > - 系统管理功能

图 6-1　ITRON 4.0 规范所定义实时操作系统功能集

ITRON 规范的开放性和弱标准性使其取得了巨大的成功，在日本已经成为事实上的工业标准，而且是在世界范围内与 OSEK/AUTOSAR 和 POSIX 齐名的三大实时操作系统规范之一。另外由于早期的实时操作系统（如 VxWorks 和 pSOS 等）主要用于军工和航天等高端嵌入式系统，而 ITRON 主要定位于以家电为代表的低端嵌入式系统，合适的环境以及没有强劲的竞争对手，是 ITRON 成功的理由之一。

但也正是因为 ITRON 规范的弱标准性，符合 ITRON 规范的实时操作系统版本林立，彼此之间却不能完全兼容，带来了过剩的多样性，造成过多的重复开发。另外，随着嵌入式系统越发复杂，除了实时内核以外，嵌入系统软件中间件如文件系统、网络协议栈、设备驱动框架等也越发重要，而在这些方面，ITRON 规范是比较薄弱的。

为了解决上述问题，适应未来嵌入式系统发展趋势，进入新世纪后，ITRON 的发展在两个方向上继续进行：一个是由坂村健教授领导的 T-Engine ；另一个便是由高田广章教授领导的 TOPPERS。

T-Engine

T-Engine 是指能够在短时间内高效开发嵌入式实时系统的标准平台，如图 6-2 所示。T-Engine 与 ITRON 的不同之处在于：在硬件层上增加了用于原型开发用的嵌入式硬件规范 T-Engine，对硬件的外形尺寸、CPU 类型、存储和外设都做了相应的规定。在内核层和硬件层之间增加了新的监视器层规范，称为 T-Monitor，其功能类似于 PC 上的 BIOS（Basic Input Output System），主要用于初始化硬件和引导系统，同时可以提供简单的调试功能。在内核层上，继承并强化原有的 ITRON 规范，具体实现了一个标准的实时内核 T-Kernel，并增加了 T-Kernel/System Manager 用以实现内存管理、I/O 管理、设备管理等功能，增加了 T-Kernel/Debugger Support 用以实现内核内部状态查询和内核运行追踪等功能。在中间层进一步规范了各子系统（如文件系统、TCP/IP 协议栈等）和设备驱动的规范，称为 T-Format。

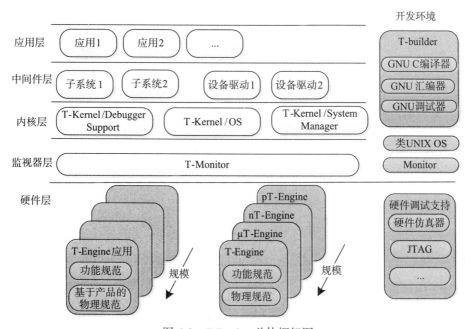

图 6-2　T-Engine 总体框架图

最初的标准 T-Engine 和 T-Kernel 主要是面向处理器为 32 位并带有内存管理单元（Memory Managemet Unit，MMU）的嵌入式系统，而后又逐渐发展出针对更小规模嵌入式系统的 μT-Engine/μT-Kernel、nT-Engine/nT-Kernel 和 pT-Engine/pT-Kernel，以及面向多核处理器的 T-Kernel/SMP 和 T-Kernel/AMP。

在运营维护上，T-Engine 由专门的 T-Engine 论坛及各会员公司负责，所有成果都遵循 T-License 许可证。T-Engine 论坛由坂村健教授于 2002 年发起，目前已经成为拥有众多公司会员的庞大组织。T-Engine 充分吸取了 ITRON 弱标准化的经验教训，采用了强标准化的策略。T-Kernel 的源代码由 T-Engine 论坛统一维护管理。

实时嵌入式系统 TOPPERS

由高田广章教授于 2000 年发起的 TOPPERS 工程（TOPPERS Project，后简称 TOPPERS）旨在为嵌入式系统开发包括实时操作系统在内的各种高质量的嵌入式系统软件，并将其开发成果以开放源代码的形式向社会公开，以提高嵌入式系统的设计开发技术、振兴相关产业和培养高素质的嵌入式系统开发人员，其目标是为中小型嵌入式系统构建如 Linux 那样广泛使用的系统软件平台。为了管理和推广 TOPPERS，2003 年成立了专门的非营利性组织 TOPPERS 协会。任何个人或组织都可以加入该协会。TOPPERS 协会共有来自产业界和学术界的团体会员或个人会员 207 位，其中 6 位会员来自中国。

TOPPERS 和 T-Engine 不同点在于，TOPPERS 没有对硬件进行规范化，主要专注点在内核和中间件上，以 μITRON 4.0 规范为基础，针对硬实时系统，专注于工业控制领域，如汽车电子等。T-Kernel 主要以 μITRON 3.0 规范为基础，并采用了 μITRON 4.0 规范的部分成果，同时吸收了 TRON 项目其他子项目的成果，如针对个人计算机的 BTRON（Business TRON），以信息化见长，推行泛在计算（Ubiquitous Computing）的理念。TOPPERS 和 T-Engine 之间虽然有重复的地方，但更多的是互补。

TOPPERS 所有成果都采用 GPL 和 TOPPERS 双许可证。TOPPERS License 是一种类 BSD 许可证，不限制商业应用。任何个人和组织都可以免费使用 TOPPERS 的成果，但为了推动 TOPPERS 的自身发展，在把 TOPPERS 的成果嵌入机器时，需要且仅需要向 TOPPERS 协会报告使用事实。TOPPERS 称之为"报告软件"（Reportware）。

TOPPERS 现状

进入 2000 年后，一方面，嵌入式系统相关技术的发展日新月异；另一方面，μITRON 规范十多年未作更新，已经无法满足未来嵌入式系统应用的需求。因此，从 2006 年开始，TOPPERS 协会开始制定新一代实时内核规范并加以实现。该规范的主要方针是对 μITRON 4.0 规范基础进行扩展和改良，重视软件的复用性，方便构建高可靠性、高实时性的系统，并积极采用有利于应用构建的方法。TOPPERS 新一代内核开发路线图如图 6-3 所示。到 2012 年为止，该路线图中的绝大部分目标都已经达成，产生一大批成果，在消费电子和汽车电子等领域中得到广泛应用。

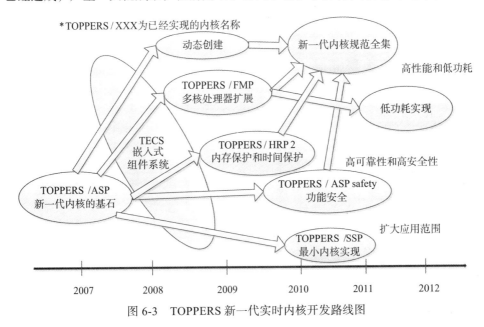

图 6-3　TOPPERS 新一代实时内核开发路线图

除实时内核外，整个 TOPPERS 平台还包括嵌入式系统软件中间件和 TOPPERS 辅助设计工具，共同构成了一个完整的实时嵌入式系统软件体系，具体如图 6-4 所示。下一节将对其核心部分进行简要介绍。

TOPPERS 在提供各种各样高质量的开源软件同时，十分注重高素质的嵌入式开发人才培养，或出版各类教材、在线提供各种教程，或举办相关技术培训，或支持相关嵌入式领域的竞赛等。

TOPPERS 软件中间件

1. 嵌入式组件系统 TECS

TECS（TOPPERS Embedded Component System）是一个针对嵌入式系统，将各种软件模块封装为组件，并将组件结合在一起以实现快速构建大规模嵌入式系统软件的规范和工具的集合，如图 6-4 所示。其目的在于通过组件化的开发方式降低嵌入式系统软件的开发难度，减少重复开发，提高设计的抽象度和嵌入式系统软件的可复用性。

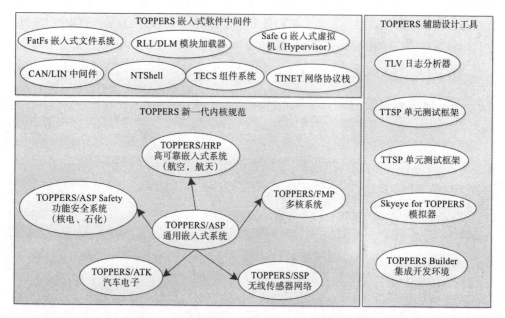

图 6-4　实时嵌入式系统软件平台 TOPPERS 组成

在 TECS 中，应用由不同的组件组成，每个组件称为 cell，并有相应的类型，相当于对象与类的关系。组件有两类接口：一类为入口（entry port），用以向其他 cell 提供服务；另一类为调用口（call port），用以调用其他 cell 所提供的服务。一个调用口只能连接一个入口，一个入口可以被多个调用口连接。接口的类型由 signature 定义，独立于 cell，cell 与 cell 之间只有相同 signature 的入口和调用口能连接在一起。如图 6-5 所示，有两个 cell，分别为 cell1 和 cell2，cell1 的类型为 tCellType1，cell2 的类型为 tCellType2。cell1 的调用口 cService 与 cell2 的入口连接在一起，类型为 sService。

TECS 的开发流程如图 6-5 所示。组件设计者通过组件描述语言 CDL(Component Description Language) 来定义 cell 和 signature。应用开发者可以直接通过 CDL 描述组件如何构成应用，或者通过组件图以图形化方式描述，然后再由相应的工作转化成 CDL。TECS 的 CDL 解析器将分析 CDL，并生成相应的 C 语言代码模板、头文件和接口代码，如果使用了 TOPPERS 内核，还会生成相应的 TOPPERS 内核配置文件。组件开发者将依据所生成的模板文件实现相应的组件。最后所有的代码经过编译链接形成最终的目标文件，载入最终制品后交付最终的使用者。

由于 TECS 的底层是基于 C 语言的，且整个过程是静态的，所以其在代码大小和性能上开销不大，适合于嵌入式系统应用。TECS 还支持远程过程调用（Remote Procedure Call，RPC），可用于分布式嵌入式系统的开发。

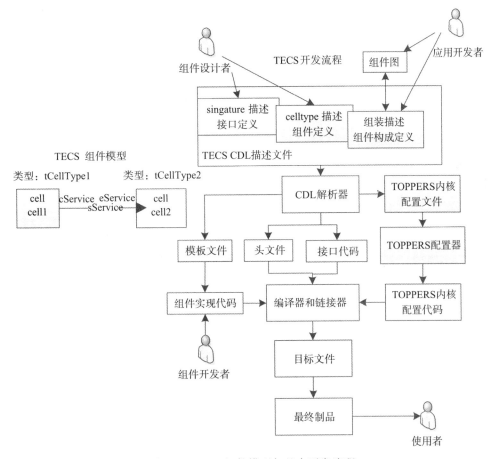

图 6-5 TECS 组件模型与基本开发流程

2. 嵌入式 TCP/IP 协议栈 TINET

TINET 为一个面向嵌入式系统的精简 TCP/IP 协议栈，遵循 ITRON TCP/IP API 规范，并同时支持 IPv4 和 IPv6 协议。TINET 的 IPv4 协议部分来源于 FreeBSD version 3.4 中的网络协议栈，IPv6 协议部分来源于著名的 IPv6 实现 KAME。TINET 中许多概念与 BSD 套接字的概念类似，但重点考虑嵌入系统各种限制中最为严格的内存容量的限制，删除了传统 BSD 套接字接口的 TCP/IP 协议栈中对于嵌入式系统而言一些多余的功能。

3. 嵌入式虚拟机 SafeG

SafeG（Safety Gate）为一个基于 ARM TrustZone 技术的嵌入式虚拟机（embedded hypervisor）。SafeG 概念模型如图 6-6 所示，SafeG 支持在同一个处理器上同时运行实时操作系统（运行在受信区域中）和通用操作系统（运行在非受信区域中），并以硬件实现空间和时间上的隔离。处于非受信区域中的代码即使在特权模式下也无法访问位于受信区域中的存储空间和设备。SafeG 负责信任状态和非信任状态之间的切换，并监控中断的产生，通用操作系统作为实时操作系统的若干任务被调度。通过 SafeG，可以结合多种操作系统的特点于一体，降低成本，带来更多的灵活性，同时保证安全性和可靠性。

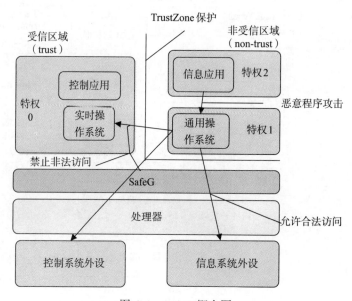

图 6-6　SafeG 概念图

TOPPERS 新一代实时内核

1. TOPPERS/ASP 内核

TOPPERS/ASP（Advanced Standard Profile）内核是整个 TOPPERS 平台的基石和 TOPPERS 新一代实时内核的出发点。TOPPERS/ASP 遵循 μITRON 4.0 规范标准功能集，并在 μITRON 4.0 规范及其前身 TOPPERS/JSP 内核的基础上做了许多改进和扩展，包括可靠性和代码的可复用性，其内存占用较小，功能完善。TOPPERS/ASP 支持以扩展包的形式对该内核的功能进行扩展，包括任务优先级可扩展到 256

级、支持优先级置顶协议的互斥量扩展、受限任务（类似 FreeRTOS 中的协程）扩展和支持系统资源动态创建的扩展。TOPPERS/ASP 主要针对对可靠性、实时性要求较高的系统，代码规模在数十 KB 至 1MB 之间。表 6-1 为 TOPPERS/ASP 与 T-Kernel 和 μITRON 4.0 规范的功能比较。

表 6-1　TOPPERS/ASP 与 T-Kernel 和 μITRON4.0 规范的功能比较

功能		TOPPERS/ASP	T-Kernel	μITRON 4.0 规范
任务处理相关功能	任务管理	支持	支持	支持
	任务同步	支持	支持	支持
	任务异常处理	支持	支持	支持
	受限任务	扩展支持	不支持	支持
同步与通信	信号量	支持	支持	支持
	事件标志	支持	支持	支持
	数据队列	支持	不支持	支持
	邮箱	支持	支持	支持
扩展同步与通信	互斥量	扩展支持	支持	支持
	消息缓存	不支持	支持	支持
	汇合点	不支持	支持	支持
内存池功能	固定长内存池	支持	支持	支持
	可变长内存池	不支持	支持	支持
系统时间管理	系统时间管理	支持	支持	支持
	周期定时器	支持	支持	支持
	单次定时器	支持	支持	支持
	超时定时器	扩展支持	不支持	支持
系统管理	系统状态管理	支持	支持	支持
	中断管理	支持	支持	支持
	服务调用管理	不支持	不支持	支持
	静态配置	支持	不支持	支持
特色功能		系统日志服务，优先级队列	系统内存管理，系统设备管理，省电模式	

2. TOPPERS/FMP 内核

TOPPERS/FMP（Flexible MultiProcessor）内核是 TOPPERS/ASP 内核针对多核处理器的扩展。该内核以静态的方式把任务分配给每个处理器，任务调度也在每个处理器上单独进行，同时任务可以在处理器之间灵活地进行迁移，以实现负载平衡（load blance）。该内核在实现时引入了自旋锁（spinlock），以防止核与和核之间对资源的竞争，支持粗粒度锁（giant lock）、处理器锁（processor lock）和细粒度锁（finegrain lock）3 种不同粒度的自旋锁。该内核主要适用于同构多核处理器系统，以应对嵌入式系统多核化的趋势，所有核共享同一个操作系统镜像。目前支持 ARM 系列的多核处理器和瑞萨 SH 系列多核处理器。

3. TOPPERS/ATK1 内核

TOPPERS/ATK1（Automotive Kernel）内核为一个面向汽车电子领域、遵循 OSEK/VDX 规范的实时内核。该内核通过了汽车电子嵌入式系统软件的相关认证，并且在代码实现上遵循 MISRA-C 设计规约。面向汽车电子的实时嵌入式系统软件是 TOPPERS 的优势所在。除了实时内核外，TOPPERS 还提供面向车载网络的 CAN/LIN 中间件和 FlexRay 中间件，符合 AUTOSAR 规范的新一代车载实时内核 TOPPERS/ATK2 也已经发布。

4. TOPPERS/HRP 内核

TOPPERS/HRP（High Reliable Profile）以 µITRON 4.0 规范的保护功能扩展和 TOPPERS/ASP 为基础，带有内存保护和时间保护功能，适用于带有 MPU（Memory Protection Unit）或者 MMU（Memory Management Unit）单元的系统。该内核由名古屋大学和日本宇航机构 JAXA 共同开发，主要应用于对可靠性有非常高要求的领域，如航空航天等，并且已经应用于 JAXA 的火箭和航天器中。该内核相对 TOPPERS/ASP 增加了内存与内核对象保护和扩展服务调用功能。内存与内核对象保护主要包括防止对内存模块特定区域的访问，防止对特定内核对象的访问和防止分配过多内存等。时间保护依赖于任务运行超时定时器，主要用以防止系统中某个任务过长地占用处理器。

5. TOPPERS/ASP Safety 内核

TOPPERS/ASP Safety 内核基于 TOPPERS/ASP 内核，主要工作在于对内核进行了大量的功能安全分析，在文档、代码注释和部分功能上做了相应修改，使其符合功能安全规范 IEC61508 中 SIL3 的要求，可以应用于特别强调功能安全的领域，如核电、石化等。

6. TOPPERS/SSP 内核

TOPPERS/SSP（Smallest Set Profile）以 TOPPERS/ASP 内核为基础，以尽可能地减少 ROM/RAM 使用量为目的，功能上遵循 µITRON 4.0 规范中汽车电子功能集。该内核主要针对资源非常有限的小规模嵌入式系统，代码规模在数 KB 至数十 KB 之间，如无线传感器应用等，删除了任务间通信功能，精简了任务管理功能。

在该内核中，每个任务优先级上只允许存在一个任务，最多允许 16 个任务存在，所有任务共享一个任务栈，并且任务无等待状态。该内核针对 ARM Cortex-M3 内核处理器的典型应用只需占用 3.5 KB 左右的 ROM，附加上时间管理扩展包后也只占用 5 KB 左右的 ROM。

TOPPERS 辅助设计工具

1. 可视化日志分析器 TLV

TLV（TraceLog Visualizer）为一个基于文本的可视化日志分析器，其主要功能是实现基于文本的日志的分析和处理，并以图形化的形式显示给使用者。在 TOPPERS/ASP 内核和 TOPPERS/FMP 内核的实现中，以宏定义的形式嵌入了大量的追踪日志（trace log）产生函数。当相应的条件编译选项使能后，系统中每一次系统调用、每一次任务切换和每一次中断处理等都会产生的相应的追踪日志。为了使对实际运行系统的影响尽可能的小，相应的日志不会立即输出，而是按特定格式保存在内存之中。当系统结束或需要导出日志时，追踪日志将通过串口等形式导出为日志文件（.log）。使用者把导出的日志文件加上对应的系统资源定义（.res）作为 TLV 的输入，则 TLV 将以图形化的方式回现系统运行的过程，具体如图 6-7 所示。

通过分析追踪日志可以获得内核级别的调试信息，如任务运行状况、CPU 利用率、系统资源使用等，这些信息一般无法通过硬件调试器获得。在 TLV 的设计中，充分考虑了可扩展性，可以自定义不同的日志解析规则，从而实现对不同种类日志的处理。

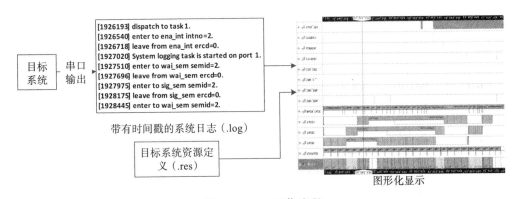

图 6-7　TLV 工作流程

TLV 在使用中也存在几处限制。首先，依照目前的使用方式，在目标系统中必须事先预留相应的内存以存储追踪日志，这会占用目标系统有限的内存资源，且当长时间运行时，将无法容纳全部追踪日志，要么丢弃最新的信息，要么覆盖旧的信息；其次，目前的日志分析不是实时的、在线的，使用者必须停止系统运行，把日志导出并保存为日志文件后，才能使用 TLV 进行分析处理。一种理想的方法是，借助专门的硬件支持把实时产生的追踪日志实时输出到上位机进行处理。

2. 嵌入式系统软件测试框架 TTSP

TTSP（TOPPERS Test Suite Package）为一系列用于 TOPPERS 内核测试的代码和辅助工具的集合，也可以认为是一个针对 TOPPERS 内核的单元测试框架。TTSP 下的测试流程如图 6-8 所示，首先由设计和测试人员共同制定好测试规范，包括 API 规范、测试用例、测试场景和相关测试条件与要求，再由测试人员把测试规范转化成由 YAML 格式脚本所描述的形式化测试场景文件，经检查无误后由测试程序生成器解析测试场景文件，并自动生成测试程序。所生成的测试程序可在仿真器中执行，也可在实际系统中（需要调试器支持）执行。执行结束后，生成执行覆盖率文件，输出具体的测试路径。TTSP 目前只支持 TOPPERS/ASP 内核和 TOPPERS/FMP 内核，且通过 TTSP 的测试，TOPPERS/ASP 内核代码覆盖率达到了 100%。

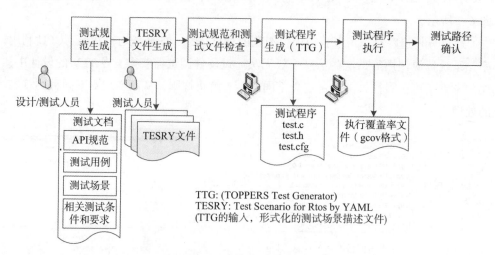

图 6-8　TTSP 下的测试流程

3. 嵌入式系统仿真器 Skyeye for TOPPERS

Skyeye for TOPPERS 基于指令级模拟器 Skyeye 1.2.4 版本，以 ARM7TDMI 内核的 AT91 微控制器为目标系统，为一个可以模拟运行 TOPPERS 内核的仿真环

境。该仿真环境相对于原生的 Skyeye 做了大量的改进。如图 6-9 所示，设计了名为
Device Manager 的工具，利用 COM 技术连接多个 Skyeye 实例并管理之间的通信、
仲裁等，使得可以对多核处理器进行仿真，同时增加了指令计数器和运行日志等辅
助功能。该仿真环境还可以和类似 System C 之类的工具配合，进行以实时操作系统
为核心的硬 / 软件协同设计和仿真。

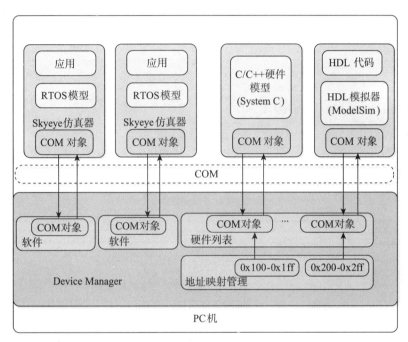

图 6-9　基于 Skyeye 的嵌入式软硬件综合仿真环境

TOPPERS 新一代内核的共同特征

从图 6-4 可以看出，TOPPERS 的核心是 TOPPERS/ASP，并以其为基础，按照
TOPPERS 新一代内核规范的定义，衍生出不同实时内核以覆盖不同的嵌入式系统
领域。所有 TOPPERS 内核的所拥有的共同特征如下。

1. 静态配置

常见的实时操作系统中，系统配置主要通过 C 语言头文件中的宏定义来实现，
系统资源是通过调用 C 语言 API 来创建的。在 TOPPERS 内核中，系统配置和系统
资源的创建是通过静态 API（Static API）来完成的，即一种专门用于生成系统资源
的脚本语言。静态 API 的相关概念在 μITRON 4.0 规范中引入，类似于 OSEK/VDX
规范中的 OIL（OSEK Implementatiaion Language）描述语言。静态 API 的实现参考

了 C 语言的语法规则，并部分支持 C 语言的预编译指令。使用者通过编写由静态 API 组成的系统配置文件（文件后缀为 .cfg）来描述系统的组成、所需的系统资源和初始状态。TOPPERS 内核配置器（configurator，后简称 TOPPERS 配置器）为一个专门的采用 C++ 实现的静态 API 解析和 C 语言代码生成工具。系统配置文件由 TOPPERS 配置器解析，并依据事先定义好的内核模板文件和目标系统模板文件生成相应的 C 语言具体实现。图 6-10 为一段静态 API 的例子，以及最终由 TOPPERS 配置器所转换成的 C 语言代码。

```
/* 静态 API 描述的系统配置文件 */
/* 创建一个任务 */
CRE_TSK(TASK1, {TA_NULL, 1, task, MID_PRIORITY, STACK_SIZE, NULL});
/* 定义相应任务异常处理例程 */
DEF_TEX(TASK1,{TA_NULL, tex_routine});
/* 创建一个周期为 2000 个系统时钟的周期定时器 */
CRE_CYC(CYCHDR1, {TA_NULL, 0, cyclic_handler, 2000, 0});
/* 创建一个最大值为 1，初始值为 0，按照优先级获取的信号量 */
CRE_SEM(SEM1, {TA_TPRI, 0, 1});
```

系统配置器解析

```
/*C 语言实现 */
/* 任务 */
const ID_kernel_tmax_tskid=(TMIN_TSKID+TNUM_TSKID-1);
/* 自动分配的任务栈 */
static STK_T_kernel_stack_TASK1[COUNT_STK_T(STACK_SIZE)];
/* 生成的任务初始化信息 */
const TINIB_kernel_tinib_table[TNUM_TSKID]]={
{(TA_NULL),(intptr_t)(1),(task),INT_PRIORITY(MID_PRIORITY),
ROUND_STK_T(STACK_SIZE),_kernel_stack_TASK1,(TA_NULL),(text_routine)}};
/* 任务控制块数组 */
TCB_kernel_tcb_table[TNUM_TSKID];
/* 周期定时器 */
const ID_kernel_tmax_cycid=(TMIN_CYCID+TNUM_CYCID-1);
/* 生成的周期定时器初始化信息 */
const CYCINIB_kernel_cycinib_table[TNUM_CYCID]={
        {(TA_NULL),(intptr_t)(0),(cyclic_handler),(2000),(0)}};
/* 周期定时器控制块数组 */
CYCCB_kernel_cyccb_table[TNUM_CYCID];
/* 信号量 */
const ID_kernel_tmax_semid=(TMIN_SEMID+TNUM_SEMID-1);
/* 信号量初始化信息 */
const SEMINIB_kernel_seminib_table[TNUM_SEMID]={{(TA_TPRI),(0),(1)}};
/* 信号量控制块数组 */
SEMCB_kernel_semcb_table[TNUM_SEMID];
```

图 6-10　静态 API 到 C 语言实现的转化

静态配置大致流程如图 6-11 所示。可以分为以下 3 个阶段。

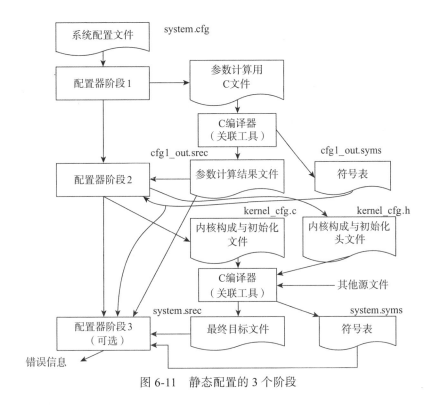

图 6-11 静态配置的 3 个阶段

（1）阶段 1

在该阶段中，TOPPERS 配置器读取系统配置文件和符合取值表文件生成用于参数计算的 C 源文件，再经交叉 C 编译器编译链接生成包含具体参数的目标文件（Motorola S 格式）和对应的符号表。符号表用以确定参数在 S 格式目标文件中的具体位置，因此要求目标文件中符号的加载地址和运行地址必须一致。采用交叉编译而非 TOPPERS 配置器自身确定参数，可以确保具体参数是与目标系统紧密结合的，减少目标系统由于处理器字长、大小端等不同可能引起的错误。

（2）阶段 2

在该阶段中，TOPPERS 配置器依据上一阶段生成的符号表从参数计算目标文件中取得实际值，再依据事先定义好的模板文件，生成包含具体内核资源实现的内核构成与初始化文件和相应的头文件（也可生成其他文件，由使用者自定义）。模板文件由一种 TOPPERS 自定义的脚本语言所构成。所生成的源文件与内核和应用一起编译链接，即可生成最终的目标文件和相应的符号表。

（3）阶段 3

该阶段为一个可选的检查阶段。TOPPERS 配置器依据定义在模板文件中的规则，结合符号表对最终的目标文件（Motorola S 格式）进行检查，如违反所定义规则，如地址不对齐、内存越界和系统资源不足等，TOPPERS 配置器输出相应错误信息。

由于嵌入式系统的专用性，所需要的各种资源完全可以在设计时确定。采用静态配置，可以自动化高效地实现对系统的配置和系统资源的创建和分配，减少系统资源的浪费。由于所有系统资源在编译时就已经创建并初始化完毕，系统的启动过程也将得到加快。采用静态配置可以提高应用的可移植性，减少了由于系统资源创建失败所可能引发的问题。系统配置文件中的描述是与目标硬件无关的，参数计算如内核数据结构体中各项成员的偏移值由交叉编译工具自动计算，具体的实现则由目标系统在移植部分实现。另外，在静态配置过程中可以实现一些编译器所不能完成的复杂验证工作，如栈的起始地址是否对齐、栈的大小是否对齐等。

采用静态配置也需付出相应的代价。首先，由于静态配置 API 不同于 C 语言，增加了使用难度，且在移植到新的目标硬件时必须定义如何生成相应的系统资源的模板文件，这也增加了移植难度。其次，由于在系统运行时，无法再分配或收回系统资源，对于 USB、PCI 和网络这样存在动态变化、灵活性较大情况，静态配置的效率较低。

2. TOPPERS 标准中断处理模型

嵌入式系统中，中断处理是和具体硬件紧密相关的，为了保证实时性，实时系统一般要求中断具有优先级并且允许中断嵌套。大多数实时操作系统中，对中断处理的流程没有做完整的描述，而是留给移植或具体应用实现，因此中断处理相关代码可移植性和可复用性不好。

在 TOPPERS 内核中，中断处理都遵循如图 6-12 所示的 TOPPERS 标准中断处理模型。

该模型旨在提高中断处理过程的抽象度，规范中断处理流程，提升中断相关代码的复用性和可移植性。在该模型中，中断具有相应的中断优先级，中断优先级（默认 −1 ～ −7）和任务优先级（默认 1 ～ 15）之间过渡平滑，构成一个完整的优先级体系。在该模型中，每一个中断都有一条中断请求线用于接受一个或多个设备的中断请求，并可以设定触发方式。当一个中断请求发生后，如果满足相应的中断禁止标志被清除，中断优先级高于当前中断优先级屏蔽值，全局中断锁定标志被清除，内核允许进行中断处理（CPU 锁定标志被清除）这几个条件后，则由中断处理函数（Interrupt Handler）处理。中断处理函数可以由应用注册也可由配置器自动生成，在中断处理函数中调用由应用定义的中断服务例程（Interrupt Service Routine，ISR）。中断以中断号（intno）区分，应用注册的中断处理函数以中断处理函数号区分（inthno），默认情况下，中断号和中断处理函数号一一对应。在某个中断的处理过程中，可以允许被具有更高优先级的中断打断，即允许中断嵌套。TOPPERS 标准中断模型的处理流程只对内核管理内的中断有效。内核管理外的中断如何处理则由目标硬件和具体应用决定。

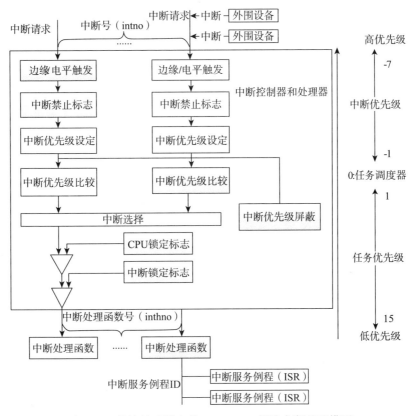

图 6-12　单核处理器中的 TOPPERS 标准中断处理模型

TOPPERS 标准中断处理模型中定义的所有环节都可以由硬件实现，大部分处理器的中断控制器也包含这些环节的功能，如 ARM Cortex-M3 架构处理器的嵌套向量中断控制器。若某个特定处理器无法硬件实现该模型中某个环节的功能，则可以通过软件的方式模拟实现。软件模拟的方式会带来相应的开销，如延长中断响应时间等。然而这种开销相对于该模型所带来的中断处理抽象度的提升是可以接受的。

TOPPERS 未来 10 年发展规划

从 2000 年 TOPPERS/JSP 内核公开开始，TOPPERS 迄今已有超过 10 年的历史。按照计划，TOPPERS 发展分为几个阶段，第一个阶段主要工作是 ITRON 规范的实现，成果为 TOPPERS/JSP 等第一代内核。第二个阶段主要工作是 TOPPERS 新一代内核，截至 2012 年，TOPPERS 新一代内核路线图中大部分目标基本上都已经完成。现在，TOPPERS 的发展进入了第三个阶段。

未来社会将变得越来越智能化，以物联网、智能交通系统和智能电网等为代表的新技术和新应用将成为未来社会的基础设施。在这些新技术和新应用中，各种各样的嵌入式系统扮演着至关重要的角色。为了应对未来社会智能化趋势对嵌入式系统所产生的需求，2011 年，TOPPERS 开始制定未来 10 年的活动方针，具体内容如下。

1. 开发面向智能社会的嵌入式系统技术

TOPPERS 把未来智能社会的景象称为 Smart Future。嵌入式系统技术是构建 Smart Future 的诸多关键技术之一。TOPPERS 将在不断发展现有成果的基础上，把以下 3 点作为重点发展的课题：

（1）安全性（Safety & Security）

这里安全性有两方面意思，一方面指功能上的安全性（function safety），另一方面指信息上的安全性（security）。随着越来越多的嵌入式系统将连入开放的网络中，发展构建可靠且安全的嵌入式系统的技术是十分必要的。

（2）环保性（Ecology）

这里具体指高效的能源利用。相对于通用系统，虽然目前嵌入式系统的功耗一般比较低，但考虑到未来海量的应用数量，发展提高嵌入式系统能源利用效率的技术，在保持性能的同时，进一步降低嵌入式系统功耗，对于构建可持续发展的未来社会具有重要意义。

（3）互联性（Connectivity）

嵌入式系统连入网络是一个趋势，发展面向嵌入式系统的低成本、低功耗和高可靠的网络互联技术也具有十分重要的意义。

2. 以联合体的形式进行开源软件开发

嵌入式系统大规模化、复杂化的趋势越发强烈，这对开发者提出了更高的要求。有些嵌入式系统仅仅依靠单一组织或个人是比较难以完成的，此时可以通过联合体（consortium）的形式联合有关各方力量，如企业、研究机构和教育机构等，共同完成并共享成果。TOPPERS 目前的许多成果都是以此种联合体的形式开发完成的，并且今后将一步强化以此形式开发高质量的开源软件。

TOPPERS 成果的中文化与国际化

由于整个体系相对完整性以及其前身 ITRON 的广泛应用和已经取得的成功，TOPPERS 越来越受到关注，国内对 TOPPERS 的研究和应用开始逐步出现。然而，国际化不足正是 TOPPERS 的软肋之一。目前，绝大部分关于 TOPPERS 的资料，如文档、论文和规范等，都是采用日语编写的，且 TOPPERS 相关应用基本上限于日本国内。这种情况严重限制了 TOPPERS 的发展和推广。针对这种情况，TOPPERS 协会正努力改善，包括成立专门的工作组负责国际化，组织编写和翻译相应的资料，举办相关的培训会和研讨会等。

作为 TOPPERS 国际化工作的重要组成部分，2012 年，以 TOPPERS 公募事业的形式，TOPPERS 中国工作组开始了 TOPPERS 成果中文化工作。第一阶段完成了 TOPPERS/ASP 相关文档的中文化和内核代码注释英文化的工作，相关成果和进展可以从 http://code.google.com/toppers-asp-en 上了解。

RT-Thread 的发展历程

熊谱翔于 2006 年从零开始创建 RT-Thread 开源实时操作系统项目，现在是上海睿赛德电子科技公司创始人。技术出身的他是一个性格沉稳、做事扎实的人，在他的坚持下，RT-Thread 一点点完善和发展起来，在国内颇有影响力。

RT-Thread 是一套国产开源的嵌入式实时操作系统。第一版发布于 2006 年，最初仅包含基本的内核和几个基本组件，经过 9 年的发展，现已经发展成为一套完善的、有众多企业应用的嵌入式实时操作系统平台。大致来说 RT-Thread 涵盖以下功能：

1）Kernel，稳定且高度可裁剪的实时内核。

2）Finsh，一个支持 C 语言表达式的命令行工具，调试工具。

3）DFS 设备虚拟文件系统，支持 fat16/32、nfs、jffs2、yaffs2、uffs 等多种文件系统。

4）轻型 TCP/IP 协议栈，采用专为 RT-Thread 优化的 LwIP。

5）设备驱动框架（USB Host/Device stack、SPI/I^2C BUS 等）。

6）多窗口多线程图形界面组件 RT-Thread GUI。

7）应用模块支持（App Module）。

8）脚本支持，LUA。

当前 RT-Thread 系统版本为 2.1.0，其系统结构如图 6-13 所示。

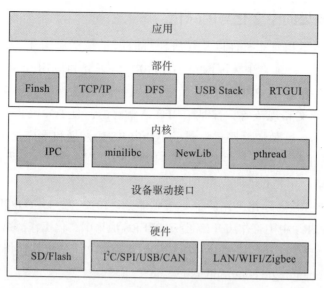

图 6-13　RT-Thread 系统框架图

前世今生

在很多人看来，开发操作系统是一个庞大而艰巨的工程，涉及多任务调度、内存管理、文件系统、设备驱动等多种功能模块。目前最流行的开源系统 GNU/Linux，仅内核源码已超过 1000 万行。RT-Thread 的诞生却非常具有偶然性，2005 年年底，熊谱翔与朋友一起开发一个简单手持设备项目，当时低成本芯片主要是 ARM7TDMI 芯片，用于存放程序的 Flash 和变量的 RAM 都内置在芯片中，系统资源非常紧张，只有 16KB 内存，比 DOS 时代 PC 机资源都稀缺。

当时也存在一些嵌入式实时操作系统，商业的如 VxWorks、µC/OS-II，开源的则有 eCos、RTEMS 和 µCLinux 等。对于一个小型企业来说，商用 RTOS 费用高昂，再加上熊谱翔已经习惯了 UNIX 的编程风格，对 µC/OS-II 编程风格实在不感兴趣。而开源的嵌入式操作系统却不能够达到体积小的指标，例如 µCLinux 动辄占用几兆内存。

在这种情况下，熊谱翔尝试着自己编写一个小型的嵌入式实时操作系统。在花费了大量的业余时间之后，2006 年年初有了第一个内核版本（0.1 版本）。因为 RTOS 中（多）任务更类似于通用操作系统中的线程，并且这个系统支持基于优先级的抢占式任务调度算法，调度器的时间复杂度是 $O(1)$，所以把它命名为 RT-Thread（Real-time-Thread），即实时线程。在 2006 年年中的时候实现了完整的线程间通信机制，包括信号量、互斥量、邮箱、消息队列等，并发布 0.2 版本。后来朋友的项目不幸夭折，但 RT-Thread 却因为开源而保留下来，算是不幸中的万幸。

在创建 RT-Thread 项目之初，熊谱翔纯粹以一个技术痴迷者的身份去做这件事，希望在技术上达到一定高度，实现基本的功能，支持多种体系结构等，渴望它能够成为深度嵌入式系统领域的 Linux，但实现这个愿景并不容易。RT-Thread 诞生后的两三年（2007 年 ~ 2008 年）是项目最艰难的时期。仅仅只有一个内核，显然会淹没在全球多达数百种操作系统的海洋中，一个泡都不会冒。所以在这段时间内，我把它移植到了不同的芯片平台上，包括 ARM（s3c4510、AT91SAM7S64 等芯片）、coldfire、x86 等体系架构，统一使用 GNU GCC 编译器。当时熊谱翔的本职工作是 3G 协议栈研发，白天翻看着多达上千页的 3GPP 25.331 RRC 协议，晚上沉迷在自己的嵌入式实时操作系统世界中（这是否也是任务切换呢）。这段时间真的非常艰难吗？或许不是，但也肯定是苦中有乐。这个时期发布了 RT-Thread 0.2.1……0.2.x 等不同的版本以支持不同的平台。在那段苦闷的日子里，Shaolin 同学出现了，他完成了 RT-Thread for x86 的移植。当时他还在电子科技大学念书，最后毕业后留在了上海工作。两人在相同的城市，有相同的爱好，这无疑大大增强了熊谱翔坚持下去的信心。

到了 2008 年，ARM Cortex-M3 在嵌入式市场上掀起一场变革。而 RT-Thread 对 Cortex-M3 的支持则源于一位网友不经意间一篇希望支持 Cortex-M3 的帖子。RT-Thread 团队采纳了这个建议，并于 2009 年年初发布了 RT-Thread for STM32 的测试版本。这个时候 Aozima 出现了，他从 LPC2148 入手，后续逐渐进入 ARM Cortex-M3 领域。从自己接些小项目做起，到现在成为 RT-Thread for STM32 的分支维护人。当 RT-Thread for ARM Cortex-M3 面世后，甚至有网友戏言，RT-Thread + CM3 是绝配，因为 Cortex-M3 系列芯片通常内置了大容量 Flash 和 RAM，而 RT-Thread 则提供了开源、免费的实时操作系统，包括实时内核、命令行、文件系统及 TCP/IP 协议栈等，不仅功能丰富，而且资源占用极低。以后的事实果真如此，RT-Thread 团队做了 RT-Thread for ARM Cortex-M3 的移植，基于 Cortex-M3 的 STM32 成为 RT-Thread 的用户选择最多的 MCU。

面向企业

随着 RT-Thread 逐渐成熟，在 2010 年时，它逐渐为国内一些企业所认识和了解。他们先尝试着小规模的试用，当发现 RT-Thread 能够满足他们的需求后，开始逐渐地应用到产品上。

RT-Thread 默认许可证协议是 GPLv2，对于深度嵌入式系统，应用程序与操作系统内核通常链接在一起，因此按照 GPLv2 的条款，应用程序也需要开源。为了在商业应用上更宽松，RT-Thread 选择的是 GPLv2 和商业许可证双重许可证方式，并且获得的商业许可非常宽松，当将 RT-Thread 应用于产品时，只需要在产品说明书上提及"基于 RT-Thread 系统"或"Powered by RT-Thread"，即可免费获得商业使用许可。但第一份申请商业许可的企业出于商业保密的顾虑，向 RT-Thread 团队申请购买了纯粹的商业许可。熊谱翔当时想着，钱虽然不多却可以支持 RT-Thread 网站运营很长一段时间，无心插柳柳成荫！

后续在与这家企业一年多接触的过程中，RT-Thread 团队也了解到另外一种情况，企业尝试使用之后，觉得 RT-Thread 开源，稳定性挺好，也很有活力，但是依然担心如果使用的过程中出了难以解决的问题怎么办，以后这个开源项目停止维护怎么办。如果因为一个开源项目缺乏后备必要的支持，从而导致它不能够很好地进入产品、工程领域岂不非常可惜。这让熊谱翔越发觉得有必要建立一个后备技术支持团队，为企业应用提供技术支持。基于这样的考虑，2011 年年初依托 RT-Thread 核心开发人员，建立了一支包括数名全职技术工作人员的支持团队，为 RT-Thread 企业应用保驾护航。在后续的实践中，也确实证明了我们成立技术支持团队的及时性和必要性。

例如，一家做继电保护的企业，在使用默认版本时，达不到他们要求的中断响应时间，在 RT-Thread 团队支持服务下，对他们使用的芯片进行针对性优化，使得中断响应时间由最长 100μs 缩短到最长仅 0.67μs。又如，一家做用电信息采集的企业，他们需要在有限内存资源的 ARM Cortex-M3 上使用 NandFlash 作为 FAT 文件系统的存储介质，而通常使用在 Linux 上的 YAFFS 文件系统对于 128MB NandFlash 内存占用达数百 KB，对于一个只有几十 KB 的 Cortex-M3 来说基本上不可能。RT-Thread 团队为其设计了贴身的带日志功能的 NandFlash 转换层，直接使用 FAT 文件系统，并且上层 API 接口都不改变，实现了文件系统永不被破坏的目标。

随着 RT-Thread 的企业应用范围越来越广，应用领域也朝着多样化方向发展。例如国外的新加坡达显集团，国内的电力巨头许继集团等。这些也让 RT-Thread 团队感到了肩上的担子越来越重，希望并必须把 RT-Thread 做好，做扎实，做稳定。

RT-Thread 也与一些半导体厂商形成了良好的合作伙伴关系，如 ARM 公司、富士通半导体、恩智浦半导体等，为他们的芯片产品提供上层系统软件的支持。并在 2011 年年底荣获了龙芯第一届开源大赛特别奖，中日韩开源大赛优胜奖等开源界国际奖项。2015 年 5 月，RT-Thread 操作系统在龙芯 1C 智龙主板上移植成功，该芯片一共有 12 个串口，其中 uart2 是智龙的调试串口。移植分为 3 个级别：CPU 级、板级（BSP，board support package）、应用级（移植应用程序）。本次移植主要是 uart2 配置成调试串口，通过串口进入 RTT（RT-Thread）内部，属于 BSP。BSP 移

植一般是找一个类似的开发板（同一款 CPU 更好）的代码进行修改，以达到移植的
目的。龙芯的 CPU 是比较小众的，很少有系统愿意支持它。庆幸的是，此前有人移
植过 loongson 1B 的 RTT，1B 跟 1C 几乎一样，所以可以通过简单修改 1B 的 RTT
来在 1C 上运行。RTT 源码的下载链接：https://github.com/RT-Thread/rt-thread。

开源社区

一个开源项目的发展离不开社区的支持，社区为开源项目提供了发展的原动力，
用户可以在社区的圈子内共同讨论使用心得，这里也是用户反馈、讨论问题的最佳
去处。在用户对社区有了一定了解后，非常可能转变成开源项目的开发人员，而这
种开发人员往往都是那种有实际需求的开发人员，更了解实践应用的真实场景，开
发出的项目实用性更强。

但在国内，原创型开源项目难免受到用户圈狭小的限制，如何培养好社区是一
个值得深思的问题。RT-Thread 社区初期也遇到了类似的困难，特别是当它仅有一
个实时操作系统内核，功能单一的时候，这种现象更为严重，相应的开发人员也少。
RT-Thread 社区这种困境的改善也经历了相当长的一段时间。

在 RT-Thread 支持 ARM Cortex-M3 芯片后，从玩的心态出发（Just for fun），并
在 aozima、54et、gzhuli 等网友的帮助下，以社区的方式 RT-Thread 团队制作了第
一套开源硬件平台——STM32Radio 网络收音机。在这个硬件平台上，团队采用开
源的方式实现了自己感兴趣的事情：在意法半导体的 STM32 微控制器上，通过网
络获取豆瓣电台并播放。参与的人员既了解了整个硬件的制作过程，也在上面使
用 RT-Thread 内核，及其外围文件系统、TCP/IP 协议栈、GUI 等组件构成一套完整
的软硬件平台，并深入地学习了 mp3 软解压音频播放过程、网络编程技术以及 RT-
Thread 开发知识等。STM32Radio 成为了当年 ARM Cortex-M3 上最热门的 DIY 作
品，前后发行了近 200 套，每次 STM32Radio 还未面世就被预订一空，并在意法半
导体全国技术巡展会中作为抽奖奖品赠送给技术研讨会的与会人员。

STM32Radio 开源硬件平台让 RT-Thread 团队意识到社区的重要性，它可以让
围观的技术爱好者参与进来，一起进行 DIY。在这个过程中他们不仅学习到了实时
操作系统的知识，如何应用，他们的反馈也让项目开发组了解到 RT-Thread 的不足
之处，并促使团队不断改善。一些爱好者为 RT-Thread 源码提供补丁修补 bug，并
成 RT-Thread 开源项目的开发人员，RT-Thread 社区也因此不断壮大。

随着参与的人越来越多，如何管理 RT-Thread 这个开源项目，使得它顺利发展
变得越来越重要，特别是 RT-Thread 是以追求稳定性为第一要素的实时操作系统。
这些包括 RT-Thread 本身的代码开发推进制度，也包括 RT-Thread 的代码管理。

RT-Thread 的开发维护上采用的是维护人制度。在开发维护上，熊谱翔把整个系统按照一定方式进行分类。整个系统分类如下：

1）内核。实时操作系统内核核心，包括多任务管理、调度，多任务间的通信，内存管理等功能。

2）组件。在实时操作系统内核外围完成一定功能的模块，例如 shell、文件系统、TCP/IP 协议栈等；它们或由开发人员自行开发，或从其他开源软件平台移植过来。它们和 RT-Thread 完美地融合在一起，形成一个功能整体。

3）分支。针对不同的芯片平台，提供相应的底层支撑（中断管理、启动代码、任务切换汇编代码）、驱动程序。

基于这样的划分，每个功能模块都具备相应的维护人。维护人负责管理对应的模块，评审补丁提交者代码质量情况，以决定是否能够进入开发主干中。同时项目安排了单独的发布协调人，当项目进行发布时，负责查看各个发布分支、发布组件的情况，并与维护人进行协调。

RT-Thread 的大版本发布周期大致是一年。在进行大版本开发前，我们会从社区征集这个版本包含的功能集，然后进入开发阶段。在发布周期这段时间内会发布一系列的测试版本，例如先期的 Alpha 技术预览版本以体现下一代 RT-Thread 的技术进展情况；Beta 版供社区进行测试反馈；RC（Release Candidate）版本作为发布前的候选版本，并冻结相应的新功能，仅进行后续的缺陷修正；Final 版本发布意味着可用于生产的版本正式推出。

挑战与机遇

经过 9 年多的发展，RT-Thread 形成一个富有活力的原创型操作系统社区，社区总人数达 5000 多人。开源领域的竞争尤为残酷，不仅需要提供好的技术，更为重要的是构建良性的生态环境，RT-Thread 社区面临着种种挑战：

1）成本。小型设备使用得更为广泛，这类设备普遍具有低资源、低成本的特点。

2）功耗。小型设备不再孤独，物联网提上了日程，设备需要沟通起来，低功耗也相应地一再被关注。

3）社区。如何营造好社区依然是一道难题，同时还有生态圈、相应的角色有哪些等问题。

在面对以上各种挑战的同时，RT-Thread 团队也看到许多机遇。开源硬件异军突起，代表着创新与变革。基于开源硬件的 DIY 可以使参与者抛开工作的顾虑和烦恼，体验单纯的玩带来的轻松愉悦，一些年长的开发者可以与子女一起动手，享受天伦之乐。RT-Thread 遵循开源、技术分享的准则，有理由把这些 DIY 带给大家，带给社区，这也是目前构造的 RT-Thread ART（一套兼容 Arduino 软、硬件接口的易编程开发板）计划的目标，通过 ART 这个硬件载体把 RT-Thread 的技术带给大家。

延伸阅读

除了 RT-thread 嵌入式操作系统外，国内小有名气的嵌入式操作系统还有北京凯思昊鹏公司的 Hopen OS，凯思昊鹏隶属中国科学院软件所，具有雄厚的软件开发实力，尤其在嵌入式领域占有独特优势。20 世纪 90 年代，在钟锡昌老师的率领下，自主研制开发了 Hopen 嵌入式操作系统（Hopen OS）及其系列应用软件，在当时处于国内领先地位。昊鹏公司的 Hopen 嵌入式操作系统现在具备了全系列产品线：Hopen OS+GUI、WNS OS、机器人 OS 和 Hopen OS 虚拟机技术以及丰富的中间件。昊鹏公司近年还致力于智慧养老和物联网应用项目开发。

北京科银京成的道系统（Delta OS）也是国内较早自主研发的嵌入式操作系统之一。科银京成最初与成都电子科技大学技术团队合作，现在是中航工业下属全资子公司，是一家专门从事嵌入式软件开发平台及其相关产品的研发与推广事业的高科技企业。公司于 2000 年成立，总部设在北京，研发中心位于成都。16 年来，科银京成产品定位于国防工业和工业控制、消费电子、通信产业等市场领域，以嵌入式基础软件平台、面向行业的嵌入式软件平台和嵌入式软硬件解决方案为产品方向，为用户提供完备的嵌入式软件开发平台，广泛应用于各种嵌入式实时应用，在国内航空领域有相当大的知名度。

此外国内还有一些名气少小，但依然活跃的嵌入式操作系统，比如，与日本 TRON 项目有渊源的 Tunex 开源嵌入式操作系统、都江堰的 DJYOS、TrochiliRTOS 和新近活跃的 SylixOS，国内嵌入式操作系统的发展我们拭目以待。

嵌入式 Linux 操作系统

1991 年 10 月，一个名叫 Linus Torvalds 的年轻芬兰大学生用 Minix 操作平台在 386 PC 上建立了一个新的操作系统内核，他把它叫作 Linux。逐渐地 Linux 因为稳定不宕机、尺寸不是很大、遵循开源 GPL 授权协议而广泛流传，应用在服务器、桌面 PC 和嵌入式系统中，市面上也出现了一些专门针对嵌入式系统的 Linux 发行版。实时性、低功耗和快速引导是嵌入式 Linux 系统的重要指标，本章将重点针对嵌入式 Linux 的实时性和电源管理技术，以及实现方法进行讨论和研究。

嵌入式 Linux 的实时性技术

Linux 支持 PowerPC、MIPS、ARM 和 x86 等多种嵌入式处理器，逐渐被用于多种关键场合。实时多媒体处理、工业控制、汽车电子等特定应用对 Linux 提出了强实时性需求。Linux 提供了一些实时扩展功能，但需要进行实时性改造。这里针对嵌入式 Linux 实时化技术中的一些关键问题进行讨论，如 Linux 内核时延、实时化主流技术方案及其评价等。

Linux 内核时延

主流 Linux 虽然部分满足 POSIX 1003.1b 实时扩展标准，但还不完全是一个实时操作系统，主要表现在以下几方面。

1. 任务调度与内核抢占

2.6 版本内核添加了许多抢占点，使进程在执行内核代码时也可被抢占。为支持内核代码可抢占，在 2.6 版内核中通过采用禁用中断的自旋锁来保护临界区。但此时如果有低优先级进程在临界区中执行，高优先级进程即使不访问低优先级所保护的临界区，也必须等待低优先级进程退出临界区。

2. 中断延迟

在主流 Linux 内核设计中，中断可以抢占最高优先级的任务，使高优先级任务被阻塞的最长时间不确定。而且，由于内核为保护临界区需要关闭中断，更延长了高优先级任务的阻塞时间。

3. 时钟精度

Linux 通过硬件时钟编程来产生毫秒级周期性时钟中断进行内核时间管理，无法满足实时系统较高精度的调度要求。内核定时器精度同样也受限于时钟中断，无法满足实时系统的高精度定时需求。

4. 其他延迟

此外，Linux 内核的其他子系统也存在多种延迟。比如为了增强内核性能和减少内存消耗，Linux 仅在需要时才装载程序地址空间相应的内存页。若被存取内容（如代码）不在 RAM 中则内存管理单元（MMU）将产生页表错误（Page-Fault）触发页面装载，造成实时进程响应时间不确定。

Linux 实时化技术发展

主流 Linux 内核 1.x、2.2.x 和 2.4.x 版本的 Linux 内核无抢占支持，直到 2.6 版本的 Linux 内核才支持可抢占内核，支持临界区外的内核抢占和可抢占的大内核锁。在此基础上，Linux 采用了下列两类实时化技术。

1. 双内核方式

Linux 内核实时化双内核方式以 RTLinux、RTAI 和 Xenomai 等为典型代表。其中 RT-Linux 实现了一个微内核实时操作系统支持底层任务管理、中断服务例程、底层任务通信队列等。普通 Linux 作为实时操作系统的最低优先级任务，Linux 下的任务通过 FIFO 命名管道和实时任务进行通信，如图 7-1 所示。

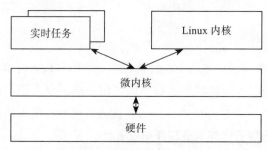

图 7-1　双内核架构的 Linux 实时化技术

当 Linux 要关闭中断时，实时微内核会截取并记录这个请求，通过软件来模拟中断控制器，而没有真正关闭硬件中断，避免了由于关中断所造成的响应延迟。RT-Linux 将系统实时时钟设置为单次触发模式，提供微秒级的时钟精度。RTAI 类似 RTLinux 的实现方式，不同之处在于它修改了体系结构相关代码，形成一个实时硬件抽象层（RTHAL），使其实时任务能在任何时刻中断普通 Linux 任务，两者之间通过非阻塞队列进行通信。RTAI 将直接修改 Linux 内核的代码减至最少，具有更好的可移植性。Xenomai 以 RTAI 为基础，也称 RTAI /Fusion，采用 Adeos 微内核替代 RTAI 的硬件抽象层。其特色还在于模仿了传统 RTOS 的 API 接口，推动传统 RTOS 应用在 GNU/Linux 下的移植。类似的还有基于 Fiasco 微内核的 L4Linux 等开源项目。

2. 内核补丁方式

双内核实时方案下，实时任务需要按照微内核实时操作系统提供的另外一套 API 进行设计。而内核补丁方式则不改变 Linux 的 API，原有应用程序可在实时化后的操作系统上运行，典型的有早期研究性的 Kurt-Linux 和 Red-Linux，商业版本的 MontaVista、TimeSys 和 Wind River Linux，以及现阶段 Ingo Monlnar 等人开发的实时抢占补丁内核等。

　　Kurt-Linux 是第一个基于普通 Linux 的实时操作系统。通过正常态、实时态和混合态进行实时和非实时任务的划分。RED-Linux 通过任务多种属性和调度程序，可以实现多种调度算法。它采用软件模拟中断管理，并在内核中插入许多抢占点，因而可提高系统调度精度。

　　MontaVista Linux 在低延迟补丁以及可抢占内核补丁的基础上，通过开发内核 $O(1)$ 实时调度程序，并对可抢占内核进行改进和测试，Linux 2.4 内核时代 MontaVista Linux 作为商业成熟产品在实时性上有较强的优势。TimeSys Linux 通过内核模块的方式也提供了高精度时钟、优先级继承 mutex 等支持。

　　2.6 版本的主流内核吸收了以上技术，支持 CONFIG_PREEMPT_NONE、CONFIG_PREEMPT_VOLUNTARY 和 CONFIG_PREEMPT 等多种配置选项。分别适合于计算型任务系统、桌面用户系统和毫秒级延迟嵌入式系统。2005 年，针对 2.6 内核，MontaVista 推出了实时 Linux 计划，推进了 Linux 内核实时的化进程。随后 Ingo Molnar 发布了新的实时抢占补丁，并逐渐成为 Linux 内核实时的主流技术，也为 MontaVista Linux、Wind River Linux 采用和补充。后面将会涉及实时抢占补丁。

Linux 实时化技术及评价

　　2.6 版本的 Linux 内核实时性能有一定增强，双内核方式的 Linux 实时化技术也在不断发展中。原来由 FSMLab 维护的 RTLinux，其版权在 2007 年 2 月被 Wind River 购买，相对在开源社区就不是很活跃；RTAI 支持 x386 等体系结构，但由于其代码较难维护、bug 较难调试等原因，许多开发者加入了 Xenomai 项目。Xenomai 支持最新 2.6 版 Linux，相比之下代码相对稳定和可维护，开发模式较活跃。

　　内核补丁方式的 Linux 实时化技术在 2.6 版内核的基础上做了大量改进，使得内核中除了中断关闭和 IRQ 线程分派、调度和上下文切换之外的绝大部分代码都可以被抢占，不可抢占的自旋锁保护临界区从 1000 多个减少到几十个，使得内核实时性得到极大的提高，获得社区的广泛支持，并逐渐成为 Linux 实时化的主流技术。

Linux 内核实时化改进

　　实时抢占内核补丁针对 Linux 的各种延迟进行了实时化改进，主要包括以下几个方面的技术。

1. 实时抢占内核

为了实现内核完全可抢占，实时内核临界区用高性能优先级继承 mutex 替换原来自旋锁（spin-lock）来进行保护，使得在临界区内的执行也可被抢占。只有当线程想访问一个其他线程正在访问的临界区时，才被调度至睡眠，直到所保护的临界区被释放时再被唤醒。

在实时抢占内核中通过优先级继承机制（PI），当线程被一个低优先级线程所持有的资源阻塞时，低优先级线程通过继承被阻塞线程优先级，尽快执行并释放所持资源而不被其他线程所抢占。

2. 新型锁机制带来内核性能提升

实时抢占补丁替换了大内核锁（BKL），将 BKL 从 spin lock 改成 mutex，持有 BKL 的线程也可以被抢占，减少了内核调度延迟。此外，实时抢占补丁用 mutex 代替 semaphore，避免了不必要的时间负载。实时抢占补丁实现了可抢占的 RCU（Read Copy Update）锁和串行化读写锁，保证了执行可预测性，提高了性能。

3. 中断线程化

实时抢占补丁通过内核线程来实现一些硬件中断和软件中断的服务程序。体系结构相关处理代码设置 IRQ 状态、检查线程化的中断是否使能，并唤醒相关线程。在中断线程被调度执行后，进行中断服务处理。在实时抢占内核中，用户线程优先级可以高于设备中断服务线程。实时任务无需等待设备驱动处理程序执行，减小了实时抢占延迟。

4. 时钟系统改进

实时抢占内核的时钟系统重新进行了设计，实现了高精度定时器。时钟精度不再依赖 jiffies，使 POSIX 定时器和 nanosleep 的精度由具体硬件所能提供的精度决定，使得 gettimeofday 能够提供实时系统所需的精确时间值。

5. 其他改进

Linux 在用户层支持性能良好的 futex，实现原理类似于内核优先级继承 mutex，仅在产生竞态时进入内核，提高了应用程序性能。此外，实时抢占补丁内核还提供 mutex 死锁检测、延迟跟踪与测量、中断关闭跟踪与延迟测量、抢占延迟测量等内核调试与诊断、内核性能测量与调优等工具，实时 Trace 支持（Ftrace）等支持。

现阶段实时化技术在各体系结构上逐渐得到了支持，如表 7-1 所示。

表 7-1　Linux 实时抢占技术支持情况

内核特性	体系结构					
	x86	x86/64	PowerPC	ARM	MIPS	68Kno-mmu
时间确定性调度程序	●	●	●	●	●	●
任务抢占支持	●	●	●	●	●	●
优先级继承 Mutexe	●	●	●	●	●	■②
高精度定时器	●	●①	●①	●①	●①	■③
可抢占 RCU 锁	●②	●②	●②	●②	●②	●②
中断线程化	■④	■④	■④	■④	■④	■③·④
完全实时抢占支持	■	■	■	■	■	■③

注：●主流内核支持；■实时补丁支持。①自从 2.6.24kernel 起支持；②自从 2.6.25kernel 起支持；③实时抢占补丁 2.6.24.7-rtl5 或更高版本支持；④可能被安排或者包含在主流内核 2.6.28 版本中。

实时抢占补丁技术仍处于完善过程中，其不足表现在以下几方面。

1. 中断延迟

即使不发生中断线程抢占，实时抢占内核相对原来中断服务机制额外增加一对上下文切换机制，用于唤醒中断服务线程执行和进入睡眠状态。此外，内核中还存在少量用 raw_spinlock 锁禁用中断来保护的临界区，需要计算这些锁造成的中断延迟。

2. 任务抢占延迟

内核抢占延迟主要是由于在内核中使用各种锁机制用于控制任务和中断对临界区的访问造成的，特别是实时抢占内核中为了避免优先级逆转增加的锁机制带来了额外时间负载。

3. 内核模块其他延迟

在实时抢占补丁中，内存管理模块还需要减少页表错误引起的延迟，降低 mlockall 内存锁造成的性能降级影响。实时抢占内核中高精度定时器的使用导致了额外定时器管理时间负载。此外，内核中一些驱动程序需要针对实时应用进行优化来提高实时响应。软浮点处理和软浮点内核仿真需要与实时抢占补丁兼容，能耗管理子系统还需要具备实时系统感知能力。

实时抢占内核性能测试

我在 Intel Pentium M 1.7 GHz 处理器上进行了测试。测试环境如下：Linux 内核 2.6.25.8 最小配置；patch-2.6.25.8-rt7 实时补丁；libc 2.5+ 和 busybox-1.10.0 构建

initrdfs 方式的根文件系统。

1. 中断延迟

采用实时抢占补丁支持的内核中断延迟测量工具测量中断关闭（IRQ OFF）时间。在 100% 负载情况下，10 万采样点中，最大值在 31 μs 左右，绝大多数在 1 μs 左右。

2. 任务抢占延迟

内核抢占关闭时间采用实时抢占补丁所支持的内核抢占关闭测量工具测量。实时抢占内核和普通 Linux 内核情况比较如表 7-2 所示。

表 7-2　内核任务抢占关闭时间比较

延迟分类（100% 负载）	内核分类	
	实时内核（ns）	非实时内核（ns）
最小值	46	46
最大值	3 028	39 419
均值	47	47

实时应用中周期性任务需要能在确定的时间内得到执行。从实时抢占内核和普通内核下的周期性任务调度延迟对比中可以看出，实时抢占内核提供了实时任务的精确执行，如图 7-2 所示。

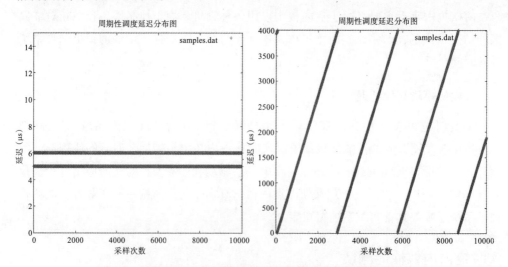

图 7-2　实时抢占内核和普通内核下周期性任务调度延迟对比

结语

嵌入式应用对 Linux 实时性的要求越来越多，主流内核逐渐加入实时化技术，最终将为实时应用提供完美解决方案。这里综述了 Linux 内核时延，介绍了 Linux 内核实时化发展，分析了内核实时化主流技术，并分析了实时化技术的不足之处，为读者更好地理解 Linux 实时化技术提供了参考。

提高嵌入式 Linux 时钟精度的方式

时钟是操作系统基本活动的基准，系统用它来维持系统时间、监督系统运作。一般的 Linux 内核缺乏高精度的时钟，而依赖低精度时钟无法分辨高精度实时任务的到来，使得实时性强的应用需求得不到满足。

为了实现对实时任务的精确控制，可以通过改进，使内核支持高精度的时钟，以满足系统的需求。不同的体系结构采用不同的措施来提高时钟的精度。对 ARM 处理器来说，Linux 内核的调度单位（scheduling time slice）的最大值为 10ms，而时钟精度主要取决于 RTC 的精度。MIPS、PPC、x86 等处理器还提供了基于总线仲裁的计数器，称为时间印记计数器（Timer Stamp Counter，TSC），以提高时钟精度。后者时钟的频率一般是系统总线时钟频率的 1/4。

提高时钟精度的方法

开源的嵌入式操作系统对改进时钟精度提出了一些方案和设想，主要有 KURT-Linux、RT-Linux 和 MontaVista Linux 等。它们采用不同的思路和技术方案，各有优劣，以下简要说明。

1. KURT-Linux

KURT-Linux（Kansas University Realtime OS）由 Kansas 大学研制开发，通过对 Linux 内核进行内部改造来满足实时应用需求，是第一个面向硬实时应用的 Linux 的变种。

在时钟精度方面，KURT-Linux 将系统时钟的精度从原来的 10ms 提高到了 μs 级。KURT-Linux 的解决办法很巧妙，它改变时钟中断的固定频率模式，将时钟芯片设置为单次触发模式（One Shot Mode），即每次时钟芯片设置一个超时时间，然后到该超时事件发生时，在时钟中断处理程序中再次根据需要给时钟芯片设置一个超时时间（以 μs 为单位）。

例如，在 Pentium 架构下，KURT-Linux 利用 CPU 的 TSC 来跟踪系统时间。它以到期 TSC 时标和当前系统时间 TSC 时标之差作为时钟发生器芯片的精度，设置硬件时钟发生频率，这样就可以动态地改变系统的时钟精度，精度可达 CPU 主频的时间精度。

KURT-Linux 提供的这种变长的时钟精度的方法，既可保证特定实时任务的精度需求，又可避免不必要的调度负担。但这种方法需要频繁地对时钟芯片进行编程设置。

2. RT-Linux

RT-Linux 是新墨西哥工学院研制的一个基于 Linux 的硬实时系统。它采用双内核方法，在原有 Linux 基础上设计一个用于专门处理实时进程的内核，然后把整个 Linux 作为这个微内核上运行的一个进程。在时钟精度方面，RT-Linux 类似 KURT-Linux，也是通过将系统的实时时钟设置为单次触发状态，然后利用 CPU 的计数寄存器提供高达 CPU 时钟频率的定时精度，可以提供十几个微秒级的调度粒度。特别地，使 Intel 8254 定时器芯片工作在 interrupt-on-terminal-count 模式。使用这种模式，可以使中断调度得到 1μs 左右的时间精度。这种方法的定时器精度高，而系统开销是最小的。

3. MontaVista Linux

MontaVista Linux 是在 MontaVista Software 的创立者 James Ready 领导下开发的嵌入式 Linux，它是面向各种嵌入式应用的 Linux 发布，其前身是 HardHat Linux。MontaVista Linux 通过对 Linux 内核进行内部改造、直接修改原有 Linux 内核的数据结构等方式来满足实时需要。

在时钟精度方面，MontaVista Linux 采用高精度定时器 HRT（High Resolution POSIX Timers），使得定时器可以产生任何微秒级的中断，无需每一个微秒都产生中断，将系统时钟的精度从原来的 10ms 提高到了微秒级。

HRT 是由 MontaVista 软件公司的 George Anzinger 维护的开源项目，该项目旨在为 Linux 操作系统提供符合 POSIX API 标准的高精度定时器。它抛开传统的周期中断 CPU 的方法，在最早需要调度时间的那一刻中断 CPU，即 one-shot 模式，这与 KURT-Linux 和 RT-Linux 类似。除此之外，HRT 向应用程序提供接口，符合 POSIX 1003.1b API 标准，在嵌入式领域中应用广泛。目前 MontaVista Linux 的所有版本都支持 HRT，并被电信级 Linux（CGL）工作组和 CELF（Consumer Electronics Linux Forum）论坛发布的规范所采纳，其开源网址是 http://sourceforge.net/projects/high-res-timers。另外，在开源社区中 Ingo Molnar 主持并开发的 Linux

实时实现（Ingo's RT patch）最近发布的 2.6.13-rt6 patch 中，对 HRT 提高时钟精度的方法给予肯定，并重写了 HRT 部分代码实现 ktimers 框架。

4. Linux-SRT

Linux-SRT 是剑桥大学 David Ingram 的博士论文项目，它属于软实时的 Linux。但自从 Ingram 在 2000 年从剑桥毕业以后，该项目就再没有人维护了。

Linux-SRT 也提高了系统的定时精度，但它并没有采用惯用的将时钟芯片置于单次触发模式的做法，而是简单地修改了 Linux 内核中 HZ 的定义，将 Linux 的时钟频率由每秒 100 次提高到了 1024 次。

提高 HZ 值是 Linux 中提高时钟精度的最简单的方法。HZ 代表时钟频率，它是一个与体系结构相关的常数。诚然，增加时钟频率可以提高时钟中断精度，例如 Linux 2.6 内核中 x86 等架构将 HZ 值从 2.4 下的 100 提高到 1000，即每秒中断 1000 次，时钟频率为 1ms。但是，简单地提高 HZ 值将使时钟中断更频繁地产生，必定引起调度负载的增加，这样不光会减少处理器处理其他工作的时间，而且还会频繁打乱处理器的高速缓存，在嵌入式领域中使用这种方法并不见效。

结语

在操作系统中，使用周期时钟并不能得到要求的计时器定时精度，这也是导致低时钟精度的一个原因。系统设计者必须在时钟中断处理函数开销与计时精度之间做一个折中。高精度定时器 HRT 通过将时钟设置为单次触发（one-shot）模式，然后利用 CPU 的时钟计数寄存器提供高达 CPU 时钟频率的定时精度，使定时器可以产生任何微秒级的中断，满足实时控制的需要。另外，HRT 向应用程序提供接口，编程人员能实现微秒级精度的基于时间、事件驱动的新算法，减少对 CPU 时钟周期的轮询和空循环的时间开销。该方法增加的额外负载小，且能够提供较好的精度，在嵌入式领域中被广泛应用。

嵌入式 Linux 的动态电源管理技术

如何有效地管理嵌入式系统，尤其是移动终端的电源功耗，是一个很有价值的课题。动态电源管理（Dynamic Power Management，DPM）技术提供了一种操作系统级别的电源管理能力，包含 CPU 工作频率和电压、外部总线时钟频率、外部设备时钟／电源等方面的动态调节和管理功能。通过用户层制定策略与内核提供管理功能交互，实时调整电源参数，而同时满足系统实时应用的需求，允许电源管理参数在短时间的空闲或任务运行在低电源需求时，可以被频繁地、低延迟地调整，从而实现更精细、更智能的电源管理。

动态电源管理原理

CMOS 电路的总功耗是活动功耗与静态功耗之和。当电路工作或逻辑状态转换时会产生活动功耗，未发生转换时晶体管漏电流会造成静态功耗，相关公式如下：

$$P = C \cdot V_{dd}^2 \cdot f_c + V_{dd}I_Q \tag{1}$$

式中 C 为电容，f_c 为开关频率，V_{dd} 为电源电压，I_Q 为漏电流，$C \cdot V_{dd}^2 \cdot f_c$ 为活动功耗，$V_{dd}I_Q$ 为静态功耗。在操作系统级的电源管理设计实现中，重点是活动功耗。从公式（1）中可以得出几种管理活动功耗的方法：

1）电压/时钟调节。通过降低电压和时钟来减少活动功耗及静态功耗。

2）时钟选通。停止电路时钟，即设 f_c 为 0，让 Pactive 为 0。将时钟从不用的电路模块断开，减少活动功耗。许多 CPU 都有"闲置"或"停止"指令，一些处理器还可通过门控关闭非 CPU 时钟模块，如高速缓存、DMA 外设等。

3）电源供应选通。断开电路中不使用模块的电源供应。这种方法需要考虑重新恢复该模块的代价。

断开不使用模块的时钟和电源供应可以减少电源消耗，但要能够正确预测硬件模块的空闲时间。因为重新使能硬件模块时钟和电源会造成一定延迟，不正确的预测将导致性能下降。

从式（1）可以看出：降低电压对功耗的贡献是 2 次方的；降低时钟也可降低功耗，但它同时也会降低性能，延长同一任务的执行时间。设 2.0V 高压下的能量消耗为 $E_{高}=P_{高} \cdot T$，则 1.0V 低压下的能量消耗为 $E_{低}=P_{低} \cdot 2T$（实践中频率近似线性依赖电压），再根据式（1）容易得到 $P_{高}=8P_{低}$。综合上式可以得出：$E_{高}=4E_{低}$，所以，选择满足性能所需的最低时钟频率，在时钟频率和各种系统部件运行电压要求范围内，设定最低的电源电压，将会大大减少系统功耗。上例中完成任务所需的能量可以节约 75%。

硬件平台对动态电源管理的支持

通过调节电压、频率来减少系统活动功耗需要硬件支持。SoC 系统一般有多个执行单元，如 PM（电源管理）模块、OSC（片上晶振）模块、PLL（锁相环）模块、CPU 核以及 CPU 核中的数据缓存和指令缓存，其他模块统称为外围模块（如 CD 控制器、UART、SDRAM 控制器等）。CPU 高频时钟主要由 PLL 提供，同时 PLL 也为外围模块和 SoC 总线提供其他频率时钟。一般 SoC 系统都有一些分频器和乘法器可以控制这些时钟。PM 模块主要是管理系统的电源供应状态。一般有自己的低频、高准确度晶振，用以维持一个 RTC 时钟、RTC 定时器和中断控制单元。其中中断控制单元使 RTC 定时器和外部设备能够唤醒挂起的 SoC 系统。下面以一个广泛用于手持设备的 TI0MAPl610 处理器为例。

1）时钟模块。OMAPl610 提供一个数字相控锁环（DPLL），将外频或晶振输入转化为高频，供给 OMAP 3.2 核以及其他片上设备。操作 DPLL 控制寄存器 DPLLl_CTL_REG 就可以设置 DPLL 输出时钟，辅以设置时钟复用寄存器（MUX）和时钟控制寄存器 ARM_CKCTL，就能控制 MPU 和 DSP 的运行频率，MPU、DSP 外设时钟，以及 LCD 刷新时钟，TC_CK 时钟（Trafflc Control Clock）等。

2）电源管理模块。OMAPl610 集成一个超低功耗控制模块（ULPD），用以控制 OMAP3.2 时钟和控制 OMAPl610 进出多种电源管理模式。操作 ULPD 控制寄存器 ULPD_POWER_CTRL，可以设置处理器电压、管理运行模式。

嵌入式 Linux 动态电源管理软件实现

嵌入式 Linux 已被广泛应用在电源功耗敏感的嵌入式设备上，特别是移动手持设备，因此，设计高效、精细的电源管理技术是嵌入式 Linux 开发成功的关键技术之一。

1. 动态电源管理实现原理

系统运行在常见的几种不同状态，有不同的电源级别要求，其中蕴涵着丰富的节能机会。状态转化如图 7-3 所示。

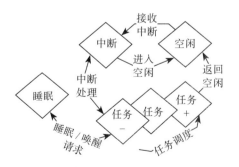

图 7-3　操作状态间的转换

1）系统运行在任务、任务 −、任务 + 中的状态之一，可以响应中断从而进入中断处理，也可以进入空闲或睡眠状态。不同的任务要求不同的电源级别，例如播放

MP3 时可以降低处理器的频率，而运行在线互动游戏时则要求处理器全速运行，所以 DPM 需要在不同任务中提供不同的电源管理服务。

2）系统进入空闲，这时可以被中断唤醒，处理中断，DPM 提供受管理的空闲模式，可以更智能地节省电源。

3）系统处理完中断可以进入空闲状态，或者从中断中回到任务状态。

4）系统在任务状态下可进入睡眠模式。系统可挂起到 RAM 或者其他存储器中，关闭外设，实现最大限度的省电。通过特定事件（例如定义 UART 中断）要求系统退出睡眠模式。

综上所述，可以把动态电源管理分为平台挂起／恢复、设备电源管理以及平台动态管理 3 类。平台挂起／恢复的目标在于管理较大的、非常见的重大电源状态改变，用于减少设备在长时间的空闲期间的电源消耗。设备电源管理用于关断／恢复平台中的设备（平台挂起／恢复以及动态管理中均要用到）；而平台动态管理目标在于频繁发生、更高粒度的电源状态改变范围之内的管理。系统运行的任务可以细分为普通任务和功率受监控的任务。前者电源状态是 DPM_NO_STATE，不做电源管理；后者对功率敏感，在被调度时（见图 7-3）可以通过 DPM 来设置其电源管理状态，要求运行在不同的电源级别。这里重点描述平台动态电源管理和设备电源管理两类，并将设备电源管理视为动态电源管理的组成部分。

2. 平台动态电源管理设计

在 Linux 架构下，实现电源管理内核模块需要实现一个应用层和操作系统的接口，一个为多个硬件平台提供通用电源管理逻辑控制框架的硬件无关层，以及一个管理特定硬件电源控制接口的平台相关电源控制层。

（1）内核模块控制模型

模型主要由操作点、管理类和管理策略等组成。

1）用电源管理操作点对应平台硬件相关参数。例如，OMAP1610 参考开发板有多个参数：CPU 电压、DPLL 频率控制（通过乘法器和分频器两个参数）、CPU 频率控制、TC 控制器、外部设备控制、DSP 运行频率、DSP 的 MMU 单元频率和 LCD 刷新频率。如果使用 TI 的 DSP 代码，则后 4 个参数为不可控，均使用默认值，如表 7-3 所示。

其中，"192 MHz-1.5V" 操作点参数 "1 500" 表示 OMAP3.2 核心电压为 1 500 mV；"16" 表示 DPLL 频率控制 12 MHz 晶振输入 16 倍频；"1" 表示分频为 1；后面的 "1" 表示 OMAP3.2 核心分频为 1（所以它运行在 192 MHz）"2" 表示 TC（交通控制器）分频为 2（所以它运行在 96 MHz）。

表 7-3　OMAP1610 操作点和参数

操作点 ＼ 参数	CPU 电压 /mV	DPLL 频率乘法器	DPLL 频率分频器	CPU 频率控制	TC 控制器
192 MHz–1.5V	1 500	16	1	1	2
168 MHz–1.5V	1 500	14	1	1	2
84 MHz–1.5V	1 500	14	1	2	2
84 MHz–1.5V	1 100	14	1	2	2
60 MHz–1.5V	1 500	5	1	1	1
60 MHz–1.1V	1 100	5	1	1	1
Sleep–168MHz	1 500	14	1	0	–1
Sleep–60MHz	1 500	1	2	0	2

2）类：多个操作点组成一个管理类。

3）策略：多个或一个类组成策略。

一般可以简化系统模型，直接将 DPM 策略映射到一个系统操作状态下特定的 DPM 操作点，如表 7-4 所示。复杂点系统可以考虑将 DPM 策略映射到一个多操作点的 DPM 管理类，再根据操作状态切换，选择管理类中满足约束的第一个操作点。

表 7-4　OMAP1610 电源管理策略和操作状态

策略 ＼ 状态	sleep	idle	task-1	task
hi-power	sleep–168MHz	192MHz–1.5V	168MHz–1.5V	192MHz–1.5V
lo-power	sleep–60MHz	60MHz–1.5V	60MHz–1.5V	60MHz–1.5V
lo-1.1v	sleep–60MHz	60MHz–1.1V	60MHz–1.1V	60MHz–1.1V

表 7-4 中策略映射到 4 个操作点，分别对应 sleep、idle、task-1、task 这 4 种电源状态。除非用户改变，否则系统 fork 创建的任务默认运行在 DPM-TASK-STATE 状态，对应表 7-4 中的 task 状态，其操作点为 192 MHz–1.5 V。

通过这种结构，电源管理系统把系统创建的任务和具体的电源管理硬件单元参数连接起来，为任务间的精细电源管理提供一个框架。

（2）内核功能实现

如图 7-4 所示，DPM 软件实现可以分为应用层、内核层、硬件设备等几个部分。其中内核层又可以分为接口层、硬件无关层和内核硬件相关层（见图 7-4 中的虚线部分），可以分为以下几个方面来描述。

1）用户层可以通过内核提供的 sysfs 文件系统和设备驱动模型（LDM）接口来进行电源管理。DPM 实现还提供 Proc 接口来实现电源管理的命令；也可以通过增加系统调用接口使用户程序更容易调用 DPM 功能。

通过修改任务切换宏 switch_tO，添加 dpm_set_OS（task_dpm_state）接口，然后电源管理引擎将当前任务电源状态设置到硬件参数。

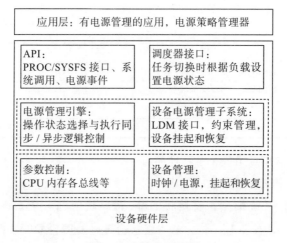

图 7-4 内核实现框图

2）内核硬件无关层提供电源管理逻辑控制框架。电源管理引擎主要实现 API 调用，选择操作点，提供操作点设置的同步和异步逻辑等。

设备电源管理模块还实现设备驱动约束，通过 LDM 接口管理设备时钟和电源，提供挂起和恢复控制。设备时钟电源管理层主要对应系统的各种总线和设备时钟电源参数管理。

（3）设备电源管理和驱动约束

DPM 通过 LDM 可以对设备进行电源管理。LDM 中的 device_driver 结构有设备挂起和恢复等回调函数，device 结构有驱动约束。需要在设备初始化时使用注册函数向相应系统总线注册该设备。例如，以 TI OMAP 为例，简化后 I2C 的 LDM 相关参数如下：

```
static struct device_driver omap_i2c_driver={
    .name           ="omap_i2c",
    .bus            =&platform_bus_type,
    .remove         =omap_i2c_remove,
    .remove         =omap_i2c_remove,
    .suspend        =omap_i2c_controller_suspend,
    .resume         =omap_i2c_controller_resume,
}
static struct platform_device omap_i2c_device={
    .name           ="i2c",
    .id             =-1,
```

```
        .dev={
        .driver              =&omap_i2c_driver,
        },
};
static struct deviceomap_i2c_driver={
        .name                ="OMAP161xI2C Controller",
        .bus_id              ="I2C"
        device_driver        =NULL,
        .constraints         =&my_constraints,
};
static struct constraints my_i2c_constraints={
        .count               =1, /*constraints Num.*/
        .param               ={{DPM_MD_MULT,100,500}},
};
```

I2C 驱动注册到 MPU 公有 TI 外围总线：driver_reg-ister(&omap_i2c_driver) platform_device_register(&omap_i2c_device)。在驱动程序中实现挂起和恢复函数为 omap_i2c_controller_suspen(&omap_i2c_device)，omap_i2c_con-troller_resume(&omap_i2c_deviee)。这样，所有注册到系统的设备在 sysfs 中都有一个管理接口。通过这些接口可以操纵设备的电源状态。在多种情况下，可利用该接口来挂断设备，例如：应用程序显式挂断应用中不需要的设备；平台挂起前需挂断所有设备；当 DPM 将系统设置到设备不兼容状态时需挂起该设备等。其中 DPM 中管理设备电源状态时还提供设备驱动约束检查（频率相关）。例如，当系统电源状态改变，准备运行在新的操作点时，驱动约束检查该状态是否满足设备正常运行。如果不满足，且当前操作点 force 属性设置为 1，设备首先被 LDM 回调函数关断（或将设备置于和此时 PLL 相应的挂起状态）；如果满足条件，则利用设备驱动中实现的调节函数转到新状态。

驱动约束还用于限制 DPM 操作方式。当没有设备被使用时，约束才允许 DPM 将系统转到低电源空闲状态。

结语

DPM 技术通过内核模块的方式实现了任务级别的电源管理，实现了有效的设备电源管理，满足了嵌入式 Linux 的需求，补充了基于桌面系统 APM 和 APCI 电源管理技术的不足。实践证明，DPM 对嵌入式系统，尤其是移动终端，能够达到很好的节能效果。

当然，动态电源管理系统还有待于进一步完善。例如，可以根据硬件和软件收集系统负载状态，使用 Markov 链等手段准确预测电源状态，从而设计出更智能、更有效的状态切换管理策略；电源管理和实时性能要求之间的复杂关系还需处理等。

后记

谷歌的 Android 手机操作系统是一个开放系统，内核仍然采用了 Linux，上层应用采用了 Java。Linux 内核层面对电源管理的支持是 Android 的电源管理技术的基础。Android 电源管理分成 3 个部分：内核驱动、Android framework 和 Linux 内核。配合最新的智能手机芯片，比如高通和 Marvel，Android 系统可以实现 CPU 的动态频率和电压调节。读者可参考 Android 相关图书和论文了解实现的细节。

嵌入式系统安全

嵌入式系统的安全（Safety 和 Security）包含了两个层面的含义：第一层意思是指嵌入式系统功能安全，即保障系统的危害可控；第二层意思是指抵抗外部的伤害，比如网络攻击。物联网系统中的嵌入式系统安全问题是本章的重点。

物联网中的嵌入式安全

物联网安全是最近非常热的话题，我参加了 2016 年纽伦堡嵌入式世界展的会议，期间有 3 天会议，6 大主题之一是 Security & Safety，物联网专题中也有不少内容是关于物联网安全。今年特邀主旨发言之一是卡巴斯基公司创始人 Eugene Kaspesky，他演讲的题目是"从信息黑暗时代走出，我们的路还很长"。由此可见网络安全现状的严重性。互联网安全既然如此，物联网安全形势更加严峻。

最近几年，物联网（IoT）风起云涌，随之而来的是，联网后的嵌入式系统安全问题更加严峻。归纳起来，物联网嵌入式安全设计应考虑以下几个方面：

1）容易被攻击的对象显著增多。比如家电联网变成智能家居，汽车联网变成车联网，那么汽车和家电就成了可以被攻击的对象。这里的汽车是指广义的交通工具，包括公共交通和飞机等，未来的无人驾驶汽车也是可能受到攻击的对象。我最近乘坐美联航和 Bluejet 航空公司的飞机，均已提供机内 WiFi 服务，这就使攻击者有了趁虚而入的机会。

2）越来越多的日常活动可能因为受攻击而中断。除了汽车和家电以外，大量可穿戴的医疗健康设备，都能够通过智能手机接入互联网，这类攻击可能导致设备发生故障，危害人们的健康甚至生命。

3）互联网和大数据通过传感器收集到了大量物（Things）的信息，其内容更加广泛，一旦重要信息泄漏，后果不堪设想。我们驾驶的汽车的位置、个人信息和疾病信息，以及智慧城市的建筑和交通等管理信息，都可能被泄漏。

4）电网、交通运输和管理、核电站和环境监测等关键系统，若遭到黑客的攻击，将会造成毁灭性的危害。

5）新的开放的标准与传统的私有的标准之间的转换带来的安全隐患。比如，如果物联网设备中使用的 ZigBee、Z-Wave、Thread 和 ANT 协议，与互联网 IP 协议之间需要转换，就必须考虑安全性的问题。国际性标准组织 IETF、ITU，以及民间企业联盟 OIC 和 AllJoyn 等，正在针对架构层做有关安全性的研究工作，期望降低安全风险，但是因为大量的设备已经存在，所以还需要一段时间才能完善。

物联网安全已经开始引起计算机科学、通信技术等学科的专家学者，以及半导体、IT 和嵌入式系统产业界人士的高度重视。哥伦比亚大学计算机专业 2015 年春天讲授的网络安全课程已经加入了 IoT 安全方面的内容，很多相关企业也在加紧推出物联网安全方面的产品。2015 年 6 月，我在旧金山一个嵌入式会议上遇到一家网络软件公司 Icon lab 的创始人和 CEO Alan Gran，会上他介绍了他们公司面向工业物联网（IIoT）嵌入式网络安全软件技术。著名开源技术咨询公司 Blackduck 公司的开源策略总监 Bill Weinberg，在其"物联网与开源软件"（The Internet of Things and Open Source）一文中详细讨论了物联网端点和边缘节点设备的安全问题，ARM、NXP、飞思卡尔、谷歌和微软也在芯片和物联网操作系统层面布局了物联网系统安全技术和解决方案。可见，物联网安全正在快速发展中。

延伸阅读

关于嵌入式系统和物联网系统的安全，笔者推荐由机械工业出版社 2015 年 11 月出版的《嵌入式系统安全——安全与可信软件开发实战方法》一书，它是国内第一本专业的嵌入式系统安全方面的译著。

该书的作者是两位嵌入式系统安全领域专家，David Kleidermacher 是格林希尔（Green Hill）软件公司首席技术官，主要负责制定技术战略、平台规划及方案设计。自 1991 年起，他一直在公司从事系统软件和安全领域的研究，参与并指导了多种高安全等级的产品。另一位作者 Mike Kleidermacher 是一位资深电子工程师，45 年来他一直致力于安全嵌入式设备的设计、实现及战略演进。

正如莱比锡应用科学大学教授、嵌入式世界会议指导委员会主席 Matthias Sturm 博士在推荐语中所说："嵌入式系统的安全比以往任何时候都要重要，网络快速增长是其中一个原因。然而，很多嵌入式系统开发人员缺乏实现他们设计的系统安全的知识。David Kleidermacher 是该领域名满天下的专家，在书中与其他工程师分享了他的知识和长期的经验。这本非常重要的书的出版恰逢其时。"

该书由兰州大学周庆国教授组织翻译。周教授长期从事嵌入式系统和开源软件安全方面的工作，翻译团队对书中的技术内容有着深刻的理解。我应邀为该书写了推荐序，相信关注嵌入式系统安全的读者阅读本书后会有收获。

基于嵌入式操作系统的物联网安全

当今社会的很多商业行为、通信、金融交易及娱乐在很大程度上依赖于互联网。随着越来越多的设备连接到物联网（IoT）中，各个行业对互联网的依赖性将不断增加。如果设备不安全，这种依赖将导致互联网重大的安全漏洞，并使设备遭到攻击和破坏。

目前，很多在使用的物联网设备，根据不同的应用范围将持续使用。例如，公用事业使用的仪表几乎不会更换，通信基础设施的设计使用年限为 50 年，电力传输系统使用寿命也在 30 年以上。住宅、办公室、工业建筑和其他建筑物可以每 10 年装修一次，以便长期使用。如果这些设备不安全，在威胁增加时，它们很快会被抛弃。

为保持用户对智能设备的投资，保护设备免遭破坏，安全成为所有新型设备的基本要求。在未来的几年中，将有 500 亿的物联网设备连入互联网，其中很大一部分是使用微控制器和资源有限的微处理器。幸运的是，与大型设备相比，这些小型设备更容易保护，更不易受到同类型威胁的攻击，因而显得更安全。但并不意味着安全很容易实现，只是如果能正确地利用 MCU 和小型的 MPU 的特性，则开发安全的设备不困难而已。本文的后续部分将讨论如何保护物联网中的小型设备。

物联网安全特征

为了充分保护 MCU 或小型 MPU，下列安全功能通常是必需的。当然，并不是每个系统都必须具备所有功能。使用标准信息技术实现的安全解决方案是嵌入式 MCU 和 MPU 产品安全机制的核心。这些安全协议包括：TLS、IPSec/VPN、SSH、SFTP、安全启动和自动回调、过滤、HTTPS、SNMP v3、安全的无线连接、加密和解密、加密文件系统、DTLS（用于 UDP 安全）和安全电子邮件。

其中，TLS、IPSec/VPN、HTTPS、安全的无线连接及 DTLS 意味着安全的通信连接；SFTP 提供了安全的文件传输；SSH 提供了安全的远程访问；而安全电子邮件则提供了基于加密连接的邮件服务。

支持自动回退的安全启动程序（bootloader）确保系统不被破坏。SNMPv3、数据加密和加密文件系统通过加密保护本地数据或传输到其他机器的数据。过滤实际上是防火墙的功能，用于阻止不受欢迎的访问。各个协议将在系统安全一节之后讨论。

系统安全

只有系统中最薄弱的连接或组件都可靠时，整个系统才是安全的。为保证系统的安全，其所有的通信通道、文件传输、数据存储和系统更新方式都必须是安全的。在系统支持动态加载、可执行文件修改及其他复杂功能时，实现系统安全是非常困难的。想象以下这些场景：

1）入侵者通过电子邮件、ftp 或其他方式将文件传入设备。

2）文件动态加载，其运行时，会破坏其他可执行文件，然后需要清理现场并删除自己。

3）如果病毒很新，系统不认识该病毒，它将获准进入系统并感染系统。

再考虑另外一种情况，在不安全或者没有正确安全设计的通信连接中，有可能读取少量的数据，还可能有办法在数据流中添加新的数据，并破坏正在接收数据的系统。

通过互联网加载不安全的镜像文件到设备就是这种情况的一个实例。当新加载的镜像运行时，如果该镜像可以正确访问系统，不安全的镜像文件将接管整个系统。

还有一种情况就是设备的关键数据会被窃取，除非数据被加密或保存在安全文件系统中，才可能从设备中恢复加密的数据。这是需要考虑的另一种情况。

为了确保系统安全，最好的方式是考虑如何访问设备信息。通常，好的安全系统要求：你知道的（密码）、你拥有的（借记卡或可穿戴式设备）和你是谁（虹膜扫描设备）。

对小型设备来说，这些安全措施过头了。但如果系统有非常高的安全要求，可以通过间接方式来实现，只要确保系统的各个组件都是安全的。通过与服务器的安全交互，服务器可以安全地访问设备，安全设备接口可以运行在大型设备上，也可以用于小型设备。

安全系统的另一个关键要素是分层安全，假设一些人只需要访问系统的一部分，好的设计原则采用分层安全机制。这种情况下，如果没有重要的工作，入侵者仅能访问部分系统。一个实例是使用两个防火墙级联来保护服务器，因此，一个防火墙的漏洞可以被第二个防火墙隔离。

如图 8-1 所示提供了安全功能的软件概述。后面将针对前面列出的场景，讨论如何使用这些软件，以保护系统。

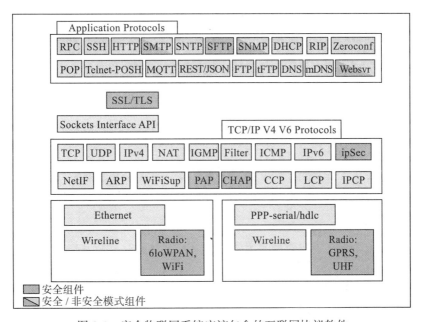

图 8-1 安全物联网系统应该包含的互联网协议软件

通信安全

通信安全协议确保机器到机器间的通信安全。有一个可以依赖的信任等级，以建立安全通信。

TLS 及其前身 SSL 是为 TCP 套接字流和需按顺序交付的流连接提供通信安全的最常用的方式。DTLS 是一个新的协议，提供可靠的 UDP 传输和基于 TLS 的数据包传输。TLS 和 DTLS 协议面向应用到应用间的通信。

IPSec 或虚拟专用网络（VPN）在 TCP 协议栈的基础上使用虚拟链路安全技术。它的设置比较困难，但它允许应用通过链路通信，即使应用没有提供安全保护。通常情况下，由于设置困难，并且很多人认为 NSA（美国国家安全局）参与开发的算法不安全，导致它没有被广泛使用。

HTTPS 是建立在 TLS 上的安全的网络服务器访问协议，它提供了安全的应用访问，通过与 SSH 相同的方式，为远程用户提供安全的模拟终端访问。

安全的无线连接确保无线信息不被收集，数据不会被其他人通过天线获取。

安全电子邮件用于确保数据不会通过电子邮件直接传输。一种方式是在邮件发送之前加密数据。而更简单、更通用的方案是在加密连接中提供邮件服务，以确保管理邮件的服务器接收的所有邮件数据都是安全的。

基于 SNMP 的安全文件传输

使用加密和解密程序保护数据时，SNMPv3 用于加密数据。如果所有的数据都很重要，可以使用文件加密，尽管文件加密方式会损失性能。

过滤和防火墙

防火墙通过过滤网络服务器发送所有数据包，拒绝未授权的访问。通过过滤，设计者可以确保只有真正的用户才能访问系统，阻止非法访问，保证系统安全。这些过滤规则需要在设备上配置，过滤功能通常需要结合 SSH 或 SNMP 使用。

安全启动

安全启动是一个安全系统的重要组成部分，支持固件更新并通过安全的方式实现更新非常重要，固件更新可以删除所有工厂固件，并通过自动回退（fall back）机制增强了该功能。通过自动回退，如果新的固件（可能损坏）导致启动失败，可以使用旧的安全版本重新启动系统，这是分层安全机制的部分功能。

Unison 操作系统（Nanoexec）分层安全机制通过解释器或其他方式加载的程序

运行时，可能破坏系统。Unison 的操作系统在底层提供了额外的安全启动功能，以保护系统，该功能使得系统很难被攻击，如图 8-2 所示。

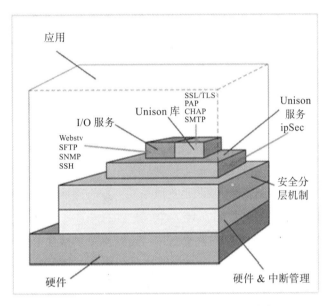

图 8-2 Unison 操作系统（Nanoexec）架构

系统安全的考虑

现在考虑一下这种情况：MCU 或资源有限的 MPU 需要应用很多协议以实现安全目的。一个参考实例是 Unison 的操作系统，它是一个小型的 POSIX 实时操作系统，以非常小的代码尺寸提供了这些安全功能。

首先，Unison 系统使用了安全通信协议，目标设备的所有应用是安全的。这些应用包括手机应用、面向小型网络服务器的安全 Web 访问等。类似缓冲区溢出之类的攻击是不可能的，因为 Unison 设计在运行时占用很少的资源，禁止任何不合理的资源占用。还可以使用安全无线连接，但必须使用 VPN。

可以使用 SFTP 将文件传输到系统。该机制保证数据在传输时不被破坏，这对安全系统更新非常重要。在 TCP 服务器前端增加过滤处理，可以确保只处理授权的请求和更新，防止设备被入侵，极大地提高了安全性。此外，可以使用终端通过 SSH 协议远程配置设备。与使用网络服务器相比，使用脚本的方法更可靠。这种配置方式确保了配置设备也是安全的。此时，设备接收和发送的数据是安全的。任何更改或配置也是可靠的，授权的应用和用户可以使用设备的数据和功能。

如果设备被偷了，怎么办？为了应对这种情况，可以加密设备存储的数据，不使用本地数据或使用加密文件系统，这将确保设备的关键数据是安全的。如果用户的设备有密码，通常被认为是合适的安全措施。还可以增加其他安全措施，如增加指纹扫描、虹膜扫描、掌纹和其他功能给设备，或将其连接到安全工作站，以增加设备的可靠性。

前面列出的安全场景中，可能破坏系统安全的情况都一一考虑到了。对 MCU 或一些 MPU 来说，程序是一个运行在 Flash 中的单个映像文件。这种情况下，由于整个映像在 Flash 中运行，并且如果启动机制和刷新机制是安全的，不可能添加任何东西到系统中，因此入侵者不能加入新的代码。在使用 Unison 时，该功能是可以实现的，因此 Unison 使整个系统非常安全。

但如果系统中有解释器，Unison 不能保证整个系统是安全的。解释程序可以在 MCU 或 MPU 上自由运行，不受限制地更改系统映像，除非建立了安全机制，例如使用了内存保护单元（MMU）。

结语

通过使用标准 IT 安全协议，安全启动及限制解释器的使用，可以完全保护 MCU 和小的 MPU 系统。安全不应该事后考虑，或位于操作系统之上，它应该集成到系统中，作为一个功能单元测试，以实现真正的系统安全。

丰田汽车召回事件给我们的启示

2016 年，丰田汽车油门踏板故障使数百万辆丰田汽车被召回。表面看是因为踏板问题引发油门加速，丰田通过增加一个金属片可以解决（也就是说是机械故障），但是让人担心的是，美国众议院能源和商务委员会开始要求丰田提供电子控制系统相关数据，即坊间流传的汽车突然加速可能是丰田汽车电子控制系统的缺陷所致的说法公开化了。在国外各大电子设计网站，关于丰田电控系统设计问题的讨论很多，无论最后结果如何，汽车电控系统事关汽车和人身安全，我们应充分重视。

汽车业应该向航空业学习

原福特公司工程师、现美国 END 杂志技术编辑 Paul Rako 认为，在汽车中有上百块微控制器，它们通过 CAN 总线传感和控制汽车功能。不过，CAN 总线通信干扰问题一直不断，他担心包括雨刷器、ABS 还有引擎控制等控制装置都有可能通过 CAN 总线产生问题。Paul 设计过速度控制系统，他还认为这次的问题是系统设计的错误（许多人持有此类观点，或者说是设计理念的问题）。对于丰田的工程师而言，应该会想到，有时用户可能同时踩下油门和刹车。

　　Dean Psiropoulos 是霍尼韦尔宇航公司的嵌入式软件工程师，他回忆自己 5 辆不同年代汽车的电子系统后，对现在使用大量的嵌入式处理器（和微控制器）控制汽车里许多本身是模拟的装置持反对意见，比如仪表盘、空调系统和车窗装置等。他认为油门、转向和刹车一定不能完全由计算机控制。印度的 MidTree 公司硬件工程师 Swapnil Sapre 认为，现在软件的标准不完善，他建议测试过程一定要像硬件设计的验证过程一样的坚固。

　　网友约翰在评论 Paul 的博文时总结丰田汽车事件原因有：缺乏对车制动器的软件、传感器故障检测的硬件和质量保证的测试，缺少测试行业标准等。

　　我曾和通用汽车公司的朋友做过沟通，他认为设计理念很重要，丰田在汽车电子系统和软件算法设计上没有花足够的精力，以保证系统的完整性（比如单点故障的健壮性保证、电磁干扰问题等）。其实召回并不可怕，可怕的是不能发现真正的问题所在，所以不能改正问题。在这点上，我认为汽车业应该向航空业学习，航空业的事故调查是非常严谨的，经常是历时几年时间把一个事故原因分析清楚。

对我国汽车电控业的启示

　　中国汽车已进入年销售 1000 万辆的时代。目前国内多数汽车电控部件是国外生产的，自主知识产权的汽车电控系统也越来越多，中国汽车电子系统设计正渐入佳境。但是，在关于国内汽车电子的报道中，有关电控系统设计的讨论非常少，多数是关于以器件为中心的单元部件的设计方案讨论。2006 年清华大学邵贝贝教授在其论文"安全第一的 C 语言规范"中讨论了 MISRA（汽车工业软件可靠性联合会）C 问题，2009 年他又发表 MISRAC++ 的系列文章。重庆自动化所杨福宇的"CAN 隐患的争辩"系列文章虽得到了博世的回复，但遗憾的是没有引起业内的反响。国家核高基项目中，虽有汽车电子操作系统平台和产业题目，但是没有特别涉及汽车电子系统和软件的系统设计问题（我们知道，多数汽车电子系统并没有使用操作系统）。

　　汽车电子的系统设计涵盖的范围很宽，系统级的设计和仿真、系统安全性设计、软件（包括芯片固件）认证和测试、通信系统设计等是国内目前汽车电子研发的软肋，由半导体公司主导、整车厂商参与议论一番的聚会式论坛不能够解决这些问题，比如大众和德尔福愿意来讲，但未必涉及这些技术，其看家的本事是不能外泄的。专业学会的会议多是学校的论文，并无工程化实践经验，企业照样我行我素。看来，解决丰田这样的问题、提高国产汽车的质量还是要靠我们自己的整车、零部件、研究机构和嵌入式电子设计行业，从设计思想、理念和实践上重视系统设计和安全问题，只有这样，我们正在成长中的汽车企业才不会重蹈丰田的覆辙。

延伸阅读

以下链接的 PDF 文件是 Michael Barr 在 2007 年丰田凯美瑞暴冲事件庭审中的证词：http://www.safetyresearch.net/Library/Bookout_v_Toyota_Barr_REDACTED.pdf。Barr 有着 20 年行业经验的嵌入式系统工程师，他在证词中认为，丰田的电控软件有着明显的设计缺陷。

嵌入式系统与云计算

计算正在经历一场新的革命，这场革命被称为"云计算"，它包括通过互联网访问应用软件、数据存储和处理能力。云计算已经成为物联网系统不可缺少的一个组成部分。本章将讨论面向物联网应用的嵌入式系统设计、物联网协议、云计算平台的技术和商业模式等问题。

云计算、物联网和嵌入式系统

云计算

云计算，为什么人们会使用这样新奇的词汇来描述在线服务呢？早在 20 世纪 90 年代初，工程师们就开始使用云作为互联网的教科书内容和图表的隐喻，互联网的结构从远处看非常像云。后来，云计算作为一种方法来表示基于互联网的服务。从实施角度看，云计算是一组网络计算机，它将嵌入式系统的处理和存储任务转移到网络计算机上运行。这种想法看似很简单，但其背后隐藏的技术要求则非常的复杂。

许多公司为了简化云计算在构建和使用上的复杂性，纷纷推出产品和服务。比如苹果公司的 iCloud、谷歌的云计算平台和微软的 OneDrive。但是这些产品和技术都是针对个人电脑用户而设计的。嵌入式开发者也需要类似的、针对物联网的云计算技术和产品。

注释

> 云计算有 3 种方式：SasS——软件即服务，PaaS——平台即服务，IaaS——基础设施即服务。谷歌云计算平台包括 Google App（SaaS）和 Google App Engine（PaaS），微软除了云存储的 OneDrive 外，还有 Windows Azure（PaaS）。

工业界分析人士指出，到了 2020 年，物联网设备的数量可能达到数十亿之巨，如图 9-1 所示。这些设备将会产生海量的数据，怎样管理和处理这些数据将考验人们的智慧。以下是几种管理和处理数据的方法：

1）一部分公司有能力开发（还可能销售）他们私有的解决方案。

2）一部分公司不具备布置完整的基础设施的能力，他们更愿意选择第三方的解决方案，这些解决方案可能是公用的、也可能是商用的（托管方式）。

任何公司如果想运行后台服务，那么就必须将其视为公司的核心竞争力，模棱两可的做法是完全行不通的。但是并不是所有公司都具备这样的 DNA，即具备能够保证他们的服务器和网络可以无故障运行的能力，并且具备 UPS（不间断电源）和冗余的计算机硬件系统，如图 9-2 所示。

物联网设备的大军将产生比任何独立的 Web 应用多得多的数据，据估计，到 2020 年地球上每个人将会产生 5200 千兆字节的数据。

届时，要支撑数十亿的联网设备，人们需要每天布置大约 340 个应用服务器（或者说每年 120 000 个服务器）。云计算是满足如此巨大需求的最佳方案。

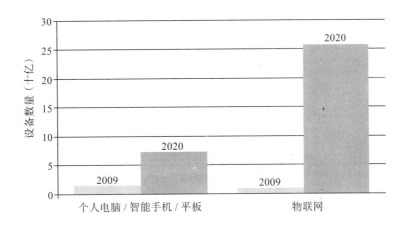

来源：Gartner (November 2013)

图 9-1 联网设备的总数

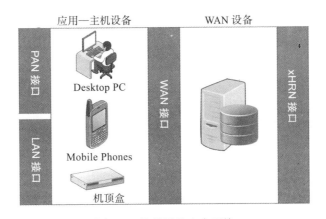

图 9-2 物联网的生态环境

后台服务

人们最近一直在谈论这样的话题：每家公司都将成为软件公司。为什么会这样说呢？因为管理你的产品和系统产生的数据将会比你的产品本身更加有价值。如果你设计和制造的物联网设备需要后台服务，可以考虑选择自己开发或者干脆外包出去，而多数公司会选择外包。比如你是一家温控器的制造商，IT 能力不是你的核心竞争力，最好是借助于云计算领域的专家们，如英特尔、Oracle、SalesForce.com 和谷歌这些大公司，他们已经早早地涉足了云计算领域。

如果你希望构建你自己的后台服务，你会面临一些技术方案的选择。在你做出选择之前，你必须确定你的客户是如何访问和处理他们的数据的，他们是完全通过 Web 浏览器，还是提供智能手机 App 应用程序（iOS、Android 和 Windows）呢？

后台服务另外一个重要的特性是要支持物联网设备的远程安全升级能力。物联网是一个快速发展的领域，很难做到设计与未来的发展完全吻合，这意味着你的设备将来一定需要升级。这样的设备就需要更多的 Flash 存储器、RAM、bootloader（引导程序），以及你设备安全的升级固件和应用所需的其他部件。

如果你选择外包你的后台服务，上述同样的问题也需要你给出回答。但是在这种情况下，首先需要考察的是该后台服务是否支持你所期望的协议。你当然不希望后台供应商拥有对你的物联网设备协议的控制权，而且你还需要了解到该供应商是否支持移动的数据应用，或者至少能提供足够的工具让你自己可以开发移动应用。

以下清单是你所选择的后台供应商必须具备的基本能力：

1）帮助你选择通信硬件和软件的设计服务能力。

2）支持云计算协议（Websocket、RESTful、MQTT 和 CoAP 等）。

3）支持安全的远程固件升级。

4）Web/ 移动应用开发（顾问服务）的能力。

5）灵活的价格策略：

❑ 按每台设备收费。

❑ 按每一个交易（transaction）收费。

❑ 按每一种数据类型收费。

❑ 按所使用的带宽收费。

❑ 按所使用的存储量收费。

❑ 按月或者年订阅时间收费。

看看公司提供的方式吧：在他们的网站上，你可以注册一个免费账号，测试你的应用，然后再投入商业运营。有些服务商还可以提供外部的公共数据帮助你开发更有价值的应用，比如支持你访问天气数据以及价格工具，这些对于你构建一个智慧的能源系统很有帮助。

目前，多数的后台基于 REST 或者 RESTful API，以及各种 Java 技术。这样的方案对于那些需要移动大量有效负荷数据的应用也许很适合。

大数据

若你需要使用你自己的数据，这些信息存储在外面公共系统或者商业授权系统之中，那么大数据（数据分析）就进入了人们的视野。

弗吉尼亚·罗曼提（Virginia Rometty）曾在经济学家杂志写了下面这段关于系

统处理大数据的文字：

　　　　我们的世界已经变得到处都是仪器而且互联，计算已经嵌入物体中，没有人认为这些物体是计算机。在这个星球上，有超过万亿个互联智能物体和生物，全世界大约有 27 亿网民，感谢移动技术的迅猛发展，网民的数量在世界的各个角落都在快速增加。

　　　　这样的结果让我们的地球充满了信息，我们称它们为大数据。

　　　　为大数据构建的新一代的认知系统对数据的处理能力极强。因为认知系统不是通过编程来实现的，它通过自己的经验以及与人们的交流进行学习。认知系统可以审查结构信息，比如数据库；也可以审查非结构信息，比如医疗影像和社交媒体的内容。感谢云计算，这样的认知系统运行得非常快。

这些意味着我们嵌入式系统社区需要学习分布式数据库管理系统，比如 Apache Cassendra，还要学习 Apache Hadoop，它可以对所有数据进行分析。Cassendra 是一个开源的分布式的数据库，该数据库的设计用来在商业服务器上存储和管理大规模数据。

当然也有商业解决方案，比如 GE Predix™，它是工业互联网的软件平台，该平台提供一种连接设备和数据的标准方式，支持工业规模的数据分析。

仍然有一些关于数十亿互联设备如何互动这样悬而未决的问题等待我们解决：

1）数据表示的模型是什么？

2）使用哪种网络发现协议：无论哪种类型的网络，都需要类似 Bonjour 这样的发现协议。

这些数十亿的联网设备所产生的数据一定要送到互联网上，由我们称为大数据的技术去存储和处理它们，这是人们已经公认的途径。

延伸阅读

　　关于云计算与嵌入式系统。我推荐以下两个资料：

　　1）论文：云平台和嵌入式计算：未来的操作系统（Cloud Platforms and Embedded Computing: The Operating Systems of the Future）。

　　作者：Jan S. Rellermeyer（IBM），Seong-Won Lee（国立首尔大学），Michael Kistler（IBM）：http://ieeexplore.ieee.org/xpl/login.jsp?tp=&arnumber=6560668&url=http%3A%2F%2Fieeexplore.ieee.org%2Fxpls%2Fabs_all.jsp%3Farnumber%3D6560668。

　　论文摘要：过去，如何有效编写嵌入式系统往往围绕理想的指令集架构（ISA）或最佳操作系统展开讨论。这在很大程度上是由于嵌入式设备资源受限，因此强调以效率作为主要设计原则决定的。本文中，我们主张改变看待嵌入式系统的方式。嵌入式系统不仅变得功能更强大、资源更经济，而且我们还看到嵌入式系统进一步可由最终用户使用、编程和定制的发展趋势。事实上，我们看到，这种情况与最近云计算的发展极为相似。我们简要说明 Java 虚拟机等语言执行系统转变为云平台面临的几种挑战和机遇。我们着重介绍这种平台中多租户并行运行支持。多租户支持是云环境下有效利用资源的关键，同时可提高嵌入式环境的应用性能和整体用户体验。我们认为，目前具有多租户扩展支持能力的先进的语言执行系统可成为单个连续平台的基础，支持云服务基础设施下各种新兴的嵌入式应用。

2)《解读云计算》作者是 Christopher Barnatt，本书由何小庆，何灵渊译，北京航空航天大学出版社出版。

互联网与物联网协议

嵌入式系统接入互联网形成一个物联网系统，协议是必不可少的关键技术。传统上以解决人机对话为目标的互联网协议遇到了物物相连的物联网系统，显得像大马拉小车，有劲使不上，物联网协议就此应运而生。

毫无疑问，人类和嵌入式设备通过完全不同的方式使用互联网。人类主要通过万维网——运行在互联网上的应用集合——访问互联网。当然，网页并不是互联网人机交换的唯一选择，我们还可以通过电子邮件、短信、手机应用程序，以及一系列的社交媒体工具实现互联。

与互联网相比，在物联网中，智能电子设备之间通过互联网实现信息的交互，但这些设备上并没有类似于网页浏览器和社交媒体的工具，人们已经着手开发这类工具和服务。

TCP/IP 协议栈

TCP/IP 协议栈是互联网的核心。它可以通过 OSI 七层参考模型来表示，如图 9-3 所示。图中顶部的三层组合在一起，以简化模型。

1. 物理层和数据链路层

嵌入式系统中最使用的物理层协议包括：

1）以太网（10，100，1G）

2）WiFi（802.11b，g，n）

3）串行 PPP（点对点协议）

4）GSM，3G，LTE，4G

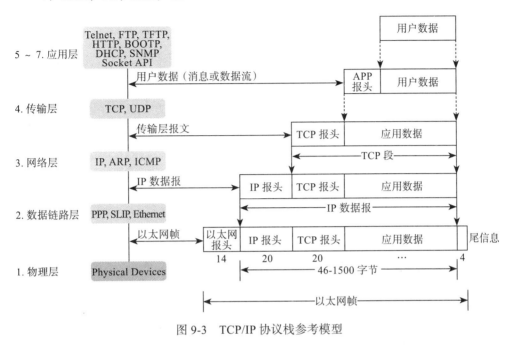

图 9-3　TCP/IP 协议栈参考模型

2. 网络层

网络层是互联网的基础。该层提供了网络间及物理层之间的连接。该层中，设备拥有人们随处可见的 IP 地址。

3. 传输层

该层位于网络层之上，具有 TCP 和 UDP 两种传输协议。

TCP 通常用于网络间的人机交互（电子邮件、网页浏览等），以致很多人认为 TCP 协议是传输层使用的唯一协议。TCP 提供了逻辑连接、传输确认、丢包重传和流控服务。

但对嵌入式系统而言，使用 TCP 有点小题大做了。尽管长期以来，UDP 主要用于类似于 DNS 和 DHCP 的网络服务，现在，在传感器数据采集和远程控制领域，它有了新的用武之地。

UDP 也适合于实时数据应用，例如音频和视频应用。这是因为，TCP 的包应答和重传特性对这类应用是无效的，并且增加了额外的开销。如果一个数据块（例如一段对话）没有按时到达目的地，也没有必要重传该包。如果重传，它会破坏包的顺序并导致信息错误。

设计物联网设备时，必须考虑如何将本地设备连接到互联网。可以通过网关，或者将该功能集成到设备中以实现连接。目前，很多 MCU 集成了以太网控制器，简化了联网的工作。

物联网协议栈

你可以使用熟悉的 Web 技术来构建物联网系统吗？答案是肯定，但没有使用新的协议有效。

HTTP(S) 和 WebSocket 是数据负载中传送 XML 或 JavaScript 对象符号（JSON）的常用标准。JSON 为网页开发人员提供了一个抽象层，可以为 Web 应用创建一个到 Web 服务器的持续、稳定的连接。

1. HTTP

HTTP 是用于 Web 服务的客户端 – 服务器模型的基础。实现 HTTP 连接的安全的方式是在物联网设备中只包含一个客户端，不包含服务器。换言之，设计一个只发起连接、不接收的物联网设备比较安全。总之，不允许外部设备访问你的局域网。

2. WebSocket

WebSocket 是一个全双工通信协议，它在客户端和服务器之间，通过一个 TCP 连接实现全双工通信。它是 HTML 5 规范的一部分，WebSocket 标准简化了双向 Web 通信和连接管理方面的复杂度。

3. XMPP

XMPP（可扩展通信与表示协议）是现有 Web 技术在物联网领域开发新用途的一个很好的实例。

XMPP 最初用于即时消息与现场信息。现在已经扩展到支持 VoIP 信令、协作、轻量级中间件、内容聚合及广义的 XML 数据路由等领域。它是家用电器大规模管理的竞争者，这些白色家电包括洗衣机、干衣机、冰箱等。

4. CoAP

尽管 Web 协议可用于物联网设备，对大多数物联网应用来说，它的体积太庞大。IETF 制定的资源受限的应用协议（CoAP），可用于低功耗和资源受限的网络。CoAP 是一个 REST 类型的协议，采用了与 HTTP 类似的语法，其语义可以与 HTTP 的语义一一对应。

对基于电池供电或能量收集供电的设备来说，CoAP 协议是一个很好的选择。

其部分特性如下：

1）CoAP 运行在 UDP 协议之上。

2）由于 UDP 传输不可靠，CoAP 重现了一些 TCP 的功能。例如，CoAP 可以识别需要确认的请求和无需确认的请求。

3）CoAP 报文采用异步请求 / 响应模式。

4）所有的报文头、方法和状态码基于二进制编码，以减少协议开销。

5）不同于 HTTP，缓存 CoAP 响应的能力不依赖请求方式，取决于应答码。

6）CoAP 面向需要轻量级协议和建立永久连接的需求。如果拥有 Web 应用背景，使用 CoAP 会比较容易。

5. MQTT

MQ（消息队列）遥测传输是一个开源的协议栈（MQTT），面向资源受限的设备和低带宽、高延迟的网络。它采用发布 / 订阅消息传输模式，是一个轻量级的协议，适合将小型设备连接到资源受限的网络。

MQTT 带宽利用率高，数据不可知，并具有连续的会话意识。可以帮助物联网设备减少资源消耗，还可以确保可靠性和一定程度的服务等级。

MQTT 面向大型网络中的小型设备，这些设备需要通过互联网中的后台服务器来监视和控制。它不是一个设备到设备的传输，也不是"组播"数据到多个接收器的传输。MQTT 非常简单，仅提供了一些控制选项。

协议比较

表 9-1 概述了所有的物联网协议，开发这些互联网定义的物联网协议的目的是满足低存储空间、低带宽和高延迟设备的联网需求。

表 9-1　超越 MQTT：从思科的视角看物联网协议（Paul Duffy，2013.4.30）

协议	CoAP	XMPP	RESTful HTTP	MQTT
传输类型	UDP	TCP	TCP	TCP
消息模式	请求 / 响应	发布 / 订阅 请求 / 响应	请求 / 响应	发布 / 订阅 请求 / 响应
2G、3G、4G 适用性（1000 个节点）	很好	很好	很好	很好
LLN 适用性（1000 个节点）	很好	可以	可以	可以
资源占用	10K RAM/Flash	10K RAM/Flash	10K RAM/Flash	10K RAM/Flash
成功案例	生活局域网	大型家电的远程管理	智能能源规范 2（能源管理，家庭服务）	扩展企业消息到物联网应用中

　　互联网和物联网协议比较如下，图 9-4 提供了将互联网协议与物联网中的性能优势比较。资料来源于 Zach Shelby 的报告"物联网驱动标准"。

图 9-4　互联网和物联网协议比较

　　如图 9-4 左侧所示，Web 应用的协议栈可以很容易地生成几百到几千字节的数据开销。比较而言，物联网协议针对受限制的设备和网络进行了优化，仅生成几十个字节的数据开销。

手机中的嵌入式操作系统

　　手机属于嵌入式设备，手机软件平台使用的操作系统属于嵌入式 OS 的范畴。传统的功能手机使用了以实时多任务操作系统为基础的手机软件平台。入门级的智能手机采用了半开放的嵌入式 OS，而今天，高端的智能手机多采用 Android 和 iOS 这样的通用型的 OS。本章将回顾手机中操作系统发展历史，重点讨论嵌入式 Linux 在智能手机中的应用和 Android 的崛起。

手机：嵌入式操作系统必争之地

今天，手机已经成为人们生活中使用频率最高的电子产品，而且，相对于其他的电子产品，手机功能要复杂得多。无线通讯、用户界面、数据存储和多媒体处理等多项工作都是手机需要完成的任务。要完成这些任务，手机需要一个操作系统（OS）来帮助管理。在移动通信进入 3G 和 WiFi 时代以来，以苹果的 iPhone 为代表的智能手机开始流行。如今移动通信已经进入了 4G 时代，蓝牙、ZigBee、NFC 等近距离连接技术愈加成熟，互联网已被广泛使用，与人关系最为密切的智能手机自然而然地成为接入这个环境的入口。在经历了通信、上网和 App 应用之后，智能手机取代 PC 正在迅速成为互联网的计算中心。在这样的大环境下，一个全功能的智能手机 OS 就显得尤为重要。可以说，谁控制了智能手机，谁就控制了互联网的入口。

手机属于嵌入式设备，手机软件平台使用的操作系统属于嵌入式 OS 的范畴。传统的功能手机（Feature Phone）使用了以实时多任务操作系统（RTOS）为基础的手机软件平台。入门级的智能手机采用了半开放的嵌入式 OS（比如 Symbian），而今天高端的智能手机多采用 Android 和 iOS 这样的通用型的 OS。Android 是基于开源的 Linux 内核的开放智能手机平台，它具有目前其他手机 OS 没有的开放性特点。苹果公司开放的智能手机 iOS（也称为 iPhone OS）是建立在 Mac OS 技术基础上的智能手机平台，它具有提高移动设备的性能、延长电池的使用寿命和改进用户界面体验等特点。此外，Windows Mobile 在手机市场也占有少量的份额，它具有与 Windows PC 相似的使用方式、支持 MSOffice 软件等特点。Windows Mobile 是 Windows CE 的分支产品，Windows CE 是一个继承了 Windows 思想的嵌入式 OS。下面我将逐一介绍这些手机 OS。

功能手机软件平台分析

所谓功能手机，是指那些使用封闭手机 OS 和平台，具备手机的基本通话、短信、电邮、地址簿、音乐和 WAP 网页浏览的功能，支持厂家提供的专用的游戏和应用软件的手机，部分功能手机也可以支持 Java 应用程序开发和运行。可以清楚地看到，功能手机的定义是相对于智能手机而言的。市场上每一家手机芯片公司都提供功能手机的方案，比如 TI Locosta、Skeyworks、高通的 BREW 和 MTK（台湾联发科）方案。这里介绍其中比较有代表性的软件平台 Skyworks。

Skyworks 是世界领先的射频和无线技术半导体公司，它的手机软件平台 Skyworks 的层次结构非常清晰，分为 4 个部分：底层是硬件和基带（手机射频和无线通信部分）；第二层是 OS、驱动和 GSM 协议栈，平台的嵌入式 OS 使用的是 RTXC，这是一款小型的 RTOS，它提供了任务调度、任务间通信、中断和定时器服务；第三层是服务器，提供了 GDI 函数接口、Widget API 和 Toolkit，这些功能和工具可以帮助创建用户界面和应用程序；最上面一层是应用，包括了一些已经写好的手机应用软件，比如拨号、短信息、游戏、电话簿等。Skyworks 软件平台代码尺寸小，适合低端手机的开发。但是由于它支持的手机芯片种类少，通用性就显得比较差。

在 CDMA 流行的年代，高通（Qualcomm）公司凭借芯片技术和专利两大利器几乎把持了所有 CDMA 手机的市场，高通的 BREW 平台是功能手机使用最广泛的平台软件之一。BREW（简称无线二进制运行环境）是专门针对手机设计的，不仅小巧和高效，同时还可以使用面向对象应用软件环境进行扩充。BREW 支持 C/C++ 语言，还有内嵌的虚拟机，可以支持 Java 编译环境和运行库。在 BREW 内部的底层有一个 OEM 层，通过这个 OEM 层实现 BREW 与某种手机芯片和支持该芯片的嵌入式 OS 的关联。在 BREW 上端有一个 AEE 层，该层提供了应用程序调用 BREW 函数库的方法。BREW 本身并没有一个嵌入式 OS，但是其 OEM 的接口（MIL- 移动接口和 CHIL- 芯片接口）必须有一个嵌入式 OS 的支持，比如 ThreadX 和 Nucleus。

比较 Skyworks 手机软件平台，BREW 在底层设备驱动和数据结构之间做了很好的封装，具有良好的硬件独立性和可移植性。BREW 应用程序的每个模块都可以独立开发，而且保持二进制兼容，这大大方便了使用高通芯片方案的手机厂家开发基于 BREW 的应用软件。BREW 虽好但也有短板，BREW 自己没有一个嵌入式 OS，封装接口的完整性和透明性都有待完善，整个系统的健壮性不是很强。

Symbian 操作系统

Symbian 最初是一家叫 Psion 的英国公司的软件产品。1998 年，手机公司 Ericsson、Motorola 和 Nokia 联合起来与 Psion 共同成立了 Symbian 公司，该公司的目标是为 PDA 和手机提供软件平台。1999 年，世界第一部基于 Symbian 的手机 EricssonR380 问世，但是真正在市场上引起关注的是 Nokia 的 9210 和后来的 7650/3650 等几个机型，如图 10-1 所示。

Symbian 是一个实时多任务的嵌入式 OS，具有内存占用少和低功耗管理机制等特点，非常适合手机等移动设备使用。Symbian 经过许多年的不断完善，可以支持 GPRS、蓝牙、3G 和 SyncML（同步）等技术。它包括了一个内部的数据库、用户界面架构和公共工具参考实现。更重要的是，相对于功能手机软件平台，Symbian

是一个半开放的平台，手机厂家在获得授权后可以开发基于 Symbian 的手机，而手机软件开发者则没有任何限制，可以为 Symbian 手机开发应用软件。Symbian 继承了嵌入式 OS 的特点，将操作系统内核、移动通信的通用技术和图像用户界面（UI）技术分开，这样就能很好地适应不同类型的手机（比如翻盖手机和键盘手机）。这让厂商可以为自己的产品设计出更加友好的操作界面，既符合了个性化的潮流，也让用户能看到不同样子的 Symbian 系统。著名的 UI 有 Nokia S60 和 Ericsson 的 UIQ。到了 2006 年，全球 Symbian 手机总量达到 1 亿部，这是 Symbian 发展最鼎盛的时期，借助为这个平台开发的 Java 应用程序也开始在互联网上盛行开来，用户可以通过安装 Java 应用程序扩展手机的各种功能，功能手机开始步入智能化时代。

图 10-1　EricssonR380 和 Nokia 7650

从 2008 年年初，手机 OS 的市场发生了变化，Android 崭露头角，台湾 HTC（宏达电）为美国移动运营商 T-mobile 代工，做出了世界上第一部 Android 手机 G1，如图 10-2 所示。之后，Symbian 的追随者 Ericsson、LG 也纷纷离开 Symbian 阵营，Nokia 不得不收购了 Symbian 全部股份。2011 年 Nokia 成立 Symbian 基金会，按照 Eclipse 许可将 Symbian 开源，Nokia 希望借此吸引更多厂商和个人参与 Symbian 的发展中，与开源的 Android 做最后抗衡。但是大浪淘沙，由于失去了发展的最佳时机和自身技术上弱点，Symbian 没有能够逃脱退出手机历史舞台的命运。到了 2013 年 1 月，Nokia 终于宣布 Nokia 808 pureview 将是最后一款 Symbian 手机。在经历了 12 年的发展之后，Symbian 终告结束了。

图 10-2　世界第一部 Android
手机 HTC G1

开源的手机操作系统

1991 年，Linus Torvalds 发表了 Linux 开源操作系统，1999 年，Linux 2.2 版本发布，这标志着一个成熟的、可以应用在商业环境的开源的 OS 的诞生。Linux 除了在服务器上获得了成功应用，也成功应用在包括手机在内的移动终端领域。采用开源 Linux 作为手机 OS 的创新者是 Motorola 公司，Motorola 不仅抛弃了 Symbian，而且对 Windows Mobile 的兴趣也不大，而是使用 MontaVista 的 Linux 操作系统，同时采用了 Java J2ME 技术。Motorola 从 2003 年推出第一款 Linux 系统的手机 A760 到 2009 年最后一款采用 Linux 系统的 E11，连续 6 年的时间，Motorola 探索着自己的智能手机之路——将 Linux 与 Java 结合的道路。

A760 Linux 系统的智能手机采用了 Intel PXA262 芯片，主频高达 206MHz，内存 32M，其中用户可用内存约 7.5M。主屏采用了一块 2.5 英寸 65536 色的 TFT 屏幕，分辨率为 320×240。A760 带红外、蓝牙及 11 万像素的摄像头，支持智能语音命令系统，多媒体功能也非常出色，支持 MP3、MPEG、JPEG、WAV、MIDI、AVI 等格式多媒体文件的播放，内装了 Picsel 浏览器软件，可以阅读各种 Office 文档，它还有让国人非常喜欢的中文手写输入功能。A760 的 UI 使用的是开源的 Qt。Qt 是挪威 Trolltech 软件公司的产品，Trolltech 有两个产品：一个是跨各种平台的应用界面（Qt），另一个是针对 PDA 和移动设备的应用套件和工具（Qtopia）。Qt 和 Qtopia 都有两种授权：开源 GPL 版本和非开源商业版本。Motorola 使用的是 Qt 嵌入式版本（Qt/E），然后经过深度的优化和裁剪，最终成为自己的用户界面。

随后几年，Motorola 陆续推出了 E680、升级版 E6 和后期的 E8，这些手机采用了直板手写造型，对屏幕和摄像头做了升级，CPU 是 312MHz 的 Intel Xscale，这几款手机定位是娱乐多媒体手机（我至今还保留 E680，它依然可以工作）。Motorola Linux 智能手机最成功的产品是 2006 年推出的商务旗舰之作——明系列的 A1200，它也是首款完全由 Motorola 中国团队自主设计制作的产品，它所具有的风格和设计理念处处都洋溢着浓浓的中国风，如图 10-3 所示。

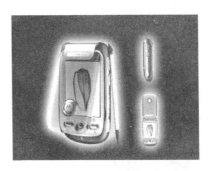

图 10-3　Motorola 明系列的 A1200

随着 Motorola 的 Linux 智能手机的成功，2003 年～2007 年，国内外手机市场上掀起了一场轰轰烈烈的 Linux 智能手机热潮。国际上著名的手机是 NEC 和 Panasonic

为日本移动运营商 NTT-Docomo 定制的一系列 Linux 智能手机，如图 10-4 所示。中国有中兴、TCL、东方通信、康佳和海尔等公司自己或者由手机设计公司（德信、宇龙和 E28 等）研发的 Linux 智能手机，这些手机核心技术方案与 Motorola 类似，芯片平台采用 Intel 或者 TI，手机 OS 软件平台采用 MontaVista Linux，手机应用软件平台采用 Qtopia。

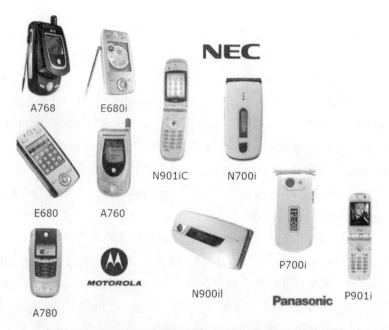

图 10-4　Motorola、NEC 和 Panasonic 的 Linux 智能手机

尽管 Motorola 和其他 Linux 智能手机追随者曾经有过几年的辉煌，却终因技术和市场的原因而濒临淘汰。Motorola 不得不再借助 Android 系统，逐渐恢复元气，艰难地开始再一次开源手机 OS 复兴之路。

Android 以及其竞争者们

Motorola 在 Linux 智能手机上的成功也催生 IT 巨头开始关注基于 Linux 的开源手机 OS。2005 年，Google 收购了 Android 公司，Android 公司是 2003 年 Andy Rubin 在美国加利福尼亚州 Palo Alto 创建的。在谈到创建 Android 公司的原因时 Rubin 说："聪明的移动设备能更好地意识到用户的爱好和要求。"进入 Google 之后，Rubin 领导着一个基于 Linux 的核心手机 OS 开发团队，团队的开发项目便是 Android 操作系统。Google 公司广泛的合作平台为 Android 提供了广阔的市场。2007 年年底，在 Google 的领导下成立了 Open Handset Alliance（开放手持设备联盟），最早的一批成员包括 Broadcom、HTC、Intel、LG、Marvell 等公司。开放手持设备联盟的目的是创建一个更加开放自由的手机环境。在开放手持设备联盟创建的同一日，联盟对外展示了他们的第一个产品：一部搭载了以 Linux 2.6 为核心基础的 Android OS 的智能手机，这部手机也就是 HTC 在次年年初与 T-Mobile 发表的 G1。至此之后，Andorid 步入了快速发展之路。

与此同时，手机巨头 Nokia 不甘示弱。2005 年，Nokia 发布了 Maemo，这是一个基于 Debian Linux 的移动终端 OS 开源项目，Nokia 首先在其 N770/N800 平板电脑上使用了 Maemo，但是很可惜 Maemo 没能继续发展。Intel 预测：计算即将向着移动计算的方向迅速发展，平板电脑和手机会是未来的移动计算主流平台，于是它在 2007 年发起了一个 Moblin 开源项目，旨在建立一个 MID（移动互联网设备）的平台。然而 Intel 的 MID 概念推进很不顺利，PC 和手机厂商对于 MID 理解各有不同，事实上，直到 2010 年年初，Apple 在美国旧金山芳草地艺术中心所举行的苹果公司发布会上展示第一代 iPad，移动互联网设备才有了一个样板。2010 年，Nokia 和 Intel 分别将 Maemo 和 Moblin 贡献出来，共同参与创立了 MeeGo 开源项目，并交由 Linux 基金会管理。

也是在 2005 年，由法国电信、MontaVista、MIZI Research、ARM 和华为等世界顶级公司倡导成立了 LiPS（Linux 电话标准论坛），该论坛旨在推动基于 Linux 操作系统服务和应用编程接口（API）的标准化。2008 年，LiPS 论坛并入 Limo 基金会，这是一家由手机行业领先者组成的全球联盟，提供开放的手机平台。该联盟创建的时候宣布了 11 家会员公司，Cellon、Esmertec、飞思卡尔半导体、龙旗、MIZI Research、Movial、PacketVideo、SK Innoace、Telecom Italia、中兴通讯和后来加入的风河公司名列其中。Limo 的目标明确，又有众多的手机芯片、软件、手机设备和运营商的支持，很快就有包括三星、Motorola 和中兴的几款手机问世了。

进入了 2010 年，智能手机的市场发生了很大的变化，数据显示，Android 操作系统在 2010 年第一季度的销量超过了对手 iOS 平台，成为美国最大的智能手机操作系统。在技术上，Android 2.3 版本在 2010 年正式发布，该版本支持更大的手机屏幕尺寸和分辨率，强化了电源管理，支持 NFC 和更多的传感器设备，多媒体功能也得到了优化。无论是 Intel、Nokia 主导的 MeeGo 项目，还是阵营庞大的 Limo 基金会都无法与 Android 抗衡，还有早已进入智能手机市场的 Apple 的 iOS，紧追不放的微软的 Windwos Mobile 等，更是被 Android 远远地抛在后面。2011 年，Nokia 在推出了首款 MeeGo 手机 N9 之后，宣布放弃了 MeeGo 开发，全面转向 Windows Mobile。Intel 和 Linux 基金会宣布了新 Tizen 项目，Tizen 取代 MeeGo。到了 2012 年，Limo 基金会更名成 Tizen 基金会，并把 Limo 项目转给 Tizen 项目，同年，三星将自己的手机 OS-Bada 并入 Tizen。经过 5 年多时间的整合，一个新的开源手机 OS 形成了。对于 Tinze 来说虽然 Nokia 离去了，但占有智能手机第一市场份额的三星的进入或许可以带来新的机会。虽然，Tizen 想在手机系统上很快占据可观的市场份额并不容易，但三星还有另一条路可走，就是通过整合自身在数码产品、家电、车载系统的能力，将 Tizen 手机的外延做好，与更多电子设备互联互通。这恰恰是三星的长处所在。因为之前在智能电视、智能家居领域，还没有一套成熟的平台标准，而 Android 目前的版本在电视上使用还需要做大量的工作，三星如果能将 Tizen 更好地与自己的其他电器产品融合，用手机作为控制中心，则有机会将 Android 挤到智能家电的门外，甚至有可能成功逆袭，一举扩大其在智能手机领域的市场份额。

在技术上，Tizen 有很大的变化，Tizen 底层平台相关的 API 按照 HTML5 的形式公开出来，服务涵盖通信、多媒体、相机、网络、社区媒体等。Tizen 绝大部分的源代码与 MeeGo 共用。Tizen 提供了基于 JavaScript 库、jQuery 和 jQuery Mobile 的应用程序开发工具。Tizen 为应用程序开发者们提供一个稳定灵活的基于 HTML5 与 WAC（电信联盟）的开发环境。由于 HTML5 具备稳定的性能与灵活的跨平台特性，它可能迅速地发展为移动应用与服务的首先开发环境。而 MeeGo 只支持 Qt 开发架构，据 Intel 研发中心的工程师介绍，使用 MeeGo 开发一款智能手机要耗费相当长的时间，并需要具备专业的工程师，而 Tizen 要快得多，尤其是在应用软件开发方面。

除了 Tizen，在智能手机 OS 上能够与 Android 抗衡的还有的 Firefox OS（也称为 Boot to Gecko，或称 B2G），这是一款基于 Linux 核心应用于智能手机和平板电脑的开放源代码 OS，由非营利组织 Mozilla 基金会主导研发。它允许基于 HTML5 的应用程序，能通过 JavaScript 语言，直接通过设备硬件来相互沟通，所有应用都基于网络，但也可通过 HTML5 相关 API 在脱机时使用。2013 年年初，中兴通信在巴塞罗那通信展上演示了 Firefox OS 手机 Open。比较 Android、iOS 和 Windows Mobile 其他智能手机 OS，Firefox OS 架构更加简练，代码更加小，适合入门级别智能手机。Android 的其他竞争者还有：Jolla 的 Sailfish OS 和 Canonical 公司的 Ubuntu Touch，前者是前 Nokia 员工创办的公司，继续在 MeeGo 基础智能手机项目上发展，后者是现在最著名的桌面版本 Linux 公司的智能手机和平板版本。

结语

IT 研究和咨询公司高德纳（Gartner）发布了 2016 年第一季度的全球智能手机市场报告。报告显示 Q1 全球智能手机销量达到 3.49 亿台，同比增长 3.9%。操作系统方面小众 OS 前景不太乐观，Android 和 iOS 瓜分智能手机操作系统份额的 98.9%，其中 Android 以 84.1% 的比重牢牢占据头把交椅。Windows phone 虽然排名第三，但份额从去年同期的 2.5% 萎缩至 0.7%，黑莓和其他小众 OS 同样面临腰斩的局面。Android 一家独大的局面将会持续相当的一段时间，下一个智能手机 OS 明星将是谁呢？让我们拭目以待。

手机设计挑战嵌入式 Linux

2006 年，手机制造商正在积极地拥抱 Linux 作为下一代智能电话平台，但是基于 Linux 开发手机也面临着技术上的挑战，特别是开发者必须保证手机具有电源管理、快速引导、集成的无线接口、先进的多媒体功能、小尺寸的 GUI 以及各种的手机应用，以满足用户对于手机越来越挑剔的口味。更具有挑战的是，所有这些功能全部集成和运行在一个不是很大的手机储存空间里面，这些完全不同于 PC，手机设计并不是建立在一个标准的系统上面。本节详细阐述了基于 Linux 手机开发的各种技术问题，涉及关键的 Linux 技术和支持手机开发开源项目的可用性和成熟性。阅读后读者不难看出，今天 Android 在智能手机上成功，是在若干年前 Linux 手机开发者和开源社区不断努力后的智慧结晶，正如中国人的一句话：前人种树后人乘凉。

Linux 和手机的市场

进入 20 世纪中，全球手机的市场正在爆炸性的增长，工业分析家 IDC 2005 年 Q2 的报告中指出，手机市场增长了近 34%，全球语音和数据网络中，近 7 亿部手机正在 OEM 工厂设计和生产中，很快将进入百姓的手中。分析家 Gartner 预测：到 2009 年，全球手机的安装数量将达到 26 亿部，这些数字和 Linux 服务器总量，以及全球的 Linux PC 总量比较也是巨大的。既代表了一个手机爆炸性增长的机会，也表示了手机将在终端市场上极大的占有率。手机市场还将是对于 Linux 已经占领的基于电信、企业和嵌入式 Linux 的设备市场的一个很好的补充。

1. 为什么是 Linux？ Linux 无处不在?

在 2006 年之前的 3 年，Linux 作为手机的 OS 平台已经获得了相当大的收获。OEM，如 LG、Motorola、NEC、Panasonic 和 Samsung，已经销售了 20 余款 Linux 电话，另外还有中国品牌的 Datang、e28、Haier、ZTE、Nokia 和其他的 OEM 也已经开始销售基于 Linux 的无线 VoIP 终端。无论是大型还是小型的 OEM 都在选择 Linux 作为智能手机的策略平台，这里面既有技术原因也有经济的因素。在技术层面，OEM 们选择 Linux 是因为它的性能、可靠性、标准的 TCP/IP 网络和灵活性；

在经济方面，Linux 可以给 OEM 们更低的开发和布置成本，更多的供应商开发方案或者自己开发的方案，Linux 还可以给 OEM 们一个丰富的商业技术生态环境和一个可能的机会，即可以统一繁杂的产品线和工程投入以支持多层次的产品（包括智能手机、功能手机和入门型的手机）、多种网络制式（GSM、CDMA、WCMDA 和 WiFi）以及运营商变化频繁的需要。

据报道，在 2005 年，因为这些技术和经济上的利益，Linux 手机的数量已经达到市场总量的 1% ~ 2%，在智能手机这个快速增长的领域里，Linux 正在占据着一个极为有利的位置，智能手机的市场份额正以每年 85% 速度增长，而 Linux 有 25% 的市场份额（来自 Gartner 2005 年 Q2 的数据），远远领先于 Windows Mobile，只比 SymbianOS 落后一个百分点。

2. 手机的分类

划分手机的类型不是一个精准的科学过程，甚至也不是一个准确的市场活动。某些功能手机的显著特点（如 Email、图像处理）的功能已经是今天市场各种手机的基本功能了。而今天智能手机所具有的特性也许是 6 个月后所有手机都有的功能，今天你以为物有所值的功能手机，在圣诞节假期结束以后，可能已经沦为仅仅作为礼品的入门手机了；而且它们可能只有从春天到夏天的一个季节的生命周期，如表 10-1 所示。

表 10-1　手机市场分类

分　类	价　格	功　能	处理器	操作系统
最高阶：智能手机	US$200 以上	电话，WiFi/VoIP，完整的 Email 和浏览器，多媒体（MP3、video）SMS/MMS，游戏和语音命令	ARM9，ARM11	SymbianOS，Linux，Windows Mobile，PalmOS，RIM
中阶：功能手机	US$49 ~ 199	电话，SMS/MMS，部分 Internet，彩屏，游戏和语音拨号	ARM7，ARM9，部分 SH，M32/M100	Nucleus，旧的 SymbianOS，Brew/REX
低阶：入门手机	US$0 ~ 49	基本的电话、电话簿和 SMS	ARM7，或者自有的 CPU	RTOS（Nucleus、iTRON 等）

Linux 只适合智能手机?

比起把开源的 Linux OS 放在一个功能或者入门型的手机上，发布一款 Linux 款智能手机是相对容易多了。这是什么原因呢？因为智能手机的售价和利润都高，它可以允许更多的 BOM（材料成本）和软硬件空间实现多媒体、显示和射频基带（RF）

等手机关键功能。一般情况下智能手机的应用 OS（Linux、Windows Mobile 等）是运行在一个专门的应用处理器上的，同时另外一个 CPU 和 DSP 处理语音、多媒体和 RF 功能。智能手机的购买者是典型的成熟用户，他们热衷于新技术，对于由于新的技术和功能带来的电池消耗等问题更有相当的宽容度。

然而，到 2006 年智能手机只占整个手机市场的 6%，如果 Linux 工业界和开发者社区真正希望进入广阔的手机市场，Linux 手机平台应该也必须支持中阶手机或者功能手机的技术和经济层面的要求。这些手机在技术方面无法和智能手机赛跑，硬件方面也无法和智能手机相比，一个低成本的 BOM 意味着运行在应用处理器上的 Linux 不得不面对所有的语音、数据、RF 和图形任务。一个运行在 0 ~ 200MHz 的单芯片 CPU 的 Linux 手机需要电源管理和合适的储存空间，以匹配 Linux 的运行和成本控制要求。

社会团体和各国政府正在帮助缩小全球数字化的鸿沟，我们可以大胆地想象，这是一款针对低收入人口的发展中国家的手机。可以想象它是个瘦 Ubuntu：一种时下流行开源的 Linux 开源的手机，就好像目前让人难以琢磨的 $100 计算机一样，下一个也许是"免费的"Linux 手机了。

随着时间的流失，中阶甚至低阶手机的硬件都可以满足 Linux 的要求，但是同时这些手机的利润也变得越来越薄。过去 10 余年间，电池技术没有能够以一个适度的速度提升，这就意味着应用不能和时钟的提速相匹配。所以，如果 Linux 手机要跳出智能手机的圈子，它必须采用新的功能，并改进和合并许多现有的功能，以应对面临的挑战。

技术的挑战

开放软件开发试验室（osdl.org）最近发起了新的行动计划— MLI（Mobile Linux Initiative），目的是培养和支持 Linux 在移动电话手机的应用。MLI 目前的首要任务是使 Linux 成为更适合手机的 OS 平台。下面列举的一些问题是来自 MLI 的参与者和有兴趣的合作伙伴，其中一些是手机制造商和手机芯片商。

1. 电源管理

今天，如果便携式设备制造商想要提供一个基于 Linux 并带有电源管理的设备，他们将面对下面各种方案而不知所措，如表 10-2 所示。

OEM 可以参考以笔记本电脑为代表的桌面系统的电源管理，如 ACPI 和 APM。在内核的邮件列表中关于桌面电源管理的讨论确实也是最多的，非 x86/IA-32 结构的硬件，OEM 可以使用针对苹果 PowerPC 的 PMU。嵌入式的 OEM 如果使用 ARM

授权的芯片，可以借助 ARM 公司的 IEM 框架，或者使用 10 余家 ARM 授权芯片公司自己的电源管理方案（如 FreeScale、NEC、Samsung、TI 等）。MIPS 和 MIPS 授权芯片公司、IBM Power 框架、Renesas 和 Hitachi 产品线也有自己的更加独特的能源管理协议和方法。OEM 当然可以选择 MontaVista 的 DPM 和其他嵌入式 linux 供应商的方案。选择多当然是一件好的事情，但是太多的选择会导致方案支离破碎的状况和应用缺少可再用性。

表 10-2　各种电源管理方案

APM，先进的电源管理	这是目前 Linux 最广泛的技术，但是遗憾的是它和 ACPI 不兼容
ACPI，先进的配置和电源接口	这是 x86/IA-32 笔记本电脑的电源管理方法（背后有 Intel、Toshiba 和 Microsoft 的支持），但是依赖于 BIOS
PMU，Macintosh PowerBook 电源管理单元	特别针对苹果电脑 G3/G4 PowerPC 系统的电源管理
Longrun	特别用于 Transmeta Crusoe 硬件的电源管理
DPM，动态电源管理	MontaVista 软件公司的电源管理框架，针对 ARM 体系（例如，TI OMAP 和 Intel XScale）通过策略和系统事件由操作点对 CPU 时钟和操作电压进行调节
IEM，ARM 智能能源管理	ARM 公司针对 ARM 核动态调节电压核频率的电源管理（和 DPM 兼容，但是实现方法不同）

应对电源管理的问题，OSDL MLI 的成员和工业界已经表达了一种愿望，即一个统一的、跨处理器平台的电源管理途径，或者一个主流的，更高层次的，可以覆盖嵌入式，桌面和刀片服务器电源管理的体系结构。

2. 无线通信接口

Motorola 用了近一个世纪构造其无线通讯技术，它和其他的手机 OEM（如 NEC、Nokia 和 Panasonic）可以借助自己 RF 知识和经验构造自己的手机产品。市场上新的参与者和新的设计必须克服一系列挑战，以满足局端设备制造商、运营商和测试者的所有要求，而且整个过程必须是节省成本的。

今天的 Linux 智能手机中，GPRS 接口（包括最新的 4G LTE）被集成在一个调制解调器里面，它包含一个 CPU 核、DSP 和支持无线通讯的 RF 硬件。它真的很像个调制解调器，许多智能手机和这些嵌入式处理器是通过一个串口上的 AT 命令进行通信的。这种靠卸载无线通信功能来简化智能手机设计的方法是一种可行的方案，但是这将会进一步增加整个手机的成本。今天，一些富有经验的设计已经去掉了调制解调器，把基带接口开放给了应用处理器（比如中低端的手机使用 Nucleus 嵌入式实时操作系统这种情况），但是这样会给即使是最新 Linux 的实时性技术（抢占和开源的实时补丁技术）带来相当大的压力。GSM 或者 CMDA 无线协议信令帧大约是 800 ~ 900 微秒的时间，如果是 x86/IA-32 或者是 PowerPC 处理器，一般都是 500MHz 到 1.5GHz CPU 时钟，处理一个毫秒以内的最坏情况是很容易的，但是如果是处理器时钟在 0 ~ 200 MHz 的 ARM CPU，使用了基于 Linux 的硬实时的中断响应和抢占延迟技术，仍然是具有挑战的。

另外的一个挑战的领域是把已经非常成熟的手机协议栈移植到 Linux 上，这种协议软件是基于传统的 RTOS，像 Nucleus 和 REX 开发和优化的，这些私有的多层协议是用特有的每一层的线程切换技术实现的，如果移植到 Linux 可能会在层和层之间增加 20 ~ 30 微秒的切换延迟，要穿越一个单包的协议栈就需要消耗很大一部分的计算时间，这样留给其他任务的 CPU 时间就很少了。所以，如果 Linux 要想进入中低端手机的设计领域，它必须解决低延迟的任务切换和 CDMA/GSM（甚至 3G/4G 协议）协议栈的移植这两个重要的问题。

注释

> Nucleus 和 REX 都是传统的 RTOS，前者是 ATI 公司开发的现在归属于 Mentor Graphic 嵌入式部门，产品继续发展；后者是高通公司私有的软件，主要提供给购买了高通手机芯片用户使用。

3. 实时性

从 2001 年 ~ 2006 年的 5 年中，Linux 已经在向自身实时性改善的方向发展，并取得了长足的进步。今天 Linux 已经具备了本身的实时性选择，包括抢占内核、0(1) 调度、FUTEXes 和最新开源的实时 Linux 项目，现在已经合并到由 Ingo Molnar 维护的抢占补丁里面了。同时还有双内核和虚拟计算的技术，像 RTLinux、RTAI、Adeos 和私有的 Jaluna Osware。虚拟化技术实现了把一个嵌入式的 RTOS 虚拟到 Linux 里面，就像我们已经很熟悉的一台 PC 上安装了 Windows OS 之后，再安装 VMware 虚拟化软件就可以安装 Ubuntu Linux 这种情况一样。另外还有一些目前属于研究阶段的实时项目和技术，如 L4 Micro-kernel 和 L4 Linux 等。OSDL MLI 的成员和社区更愿意接受和喜欢 Linux 本身的实时性改善方案，为了支持 Linux 直接面对 RF 处理器、多媒体和语音处理，多数人认为 Linux 应该继续在本身像 RTOS 一样在实时响应方面发展。在手机的设计中，为了减少电池消耗，系统时钟可能从 200MHz 降低到 40MHz（甚至 0MHz）后再回升回去，以响应系统的调度策略和外设输入的要求，这些动作产生的切换要求 Linux 必须有足够的响应能力和时限保证。

4. 小尺寸

2005 年的时候，智能手机出厂时已经有了 128MB 的 Flash 和 64MB 的 RAM（2015 年这个数字已经变成 16G Falsh 和 2G RAM）。然而作为一个电话的 OS 需要为在有限的存储器里寻找可节省每个字节而努力。OS 和中间件占掉的每个字节都不能为 OEM 增值而服务。原则上嵌入式 Linux 可以为大约 1MB 的尺寸，但是在实际手机的配置中却大得多。嵌入式系统开发人员、平台提供商和 Linux 内核的维护者都提供了一系列配置工具，以压缩 Linux 平台的尺寸。

5. Linux Tiny

这是一个内核 build 的补丁，是 Linux 2.6 版本推出的一个分支，内核尺寸可以缩小到大约 2MB。Linux Tiny 还有另外的一些特性，如 SLOB 一个替代 SLAB allocator，支持跟踪内存分配的工具。更多的信息可参考 http://elinux.org/Linux_Tiny。

6. ARM Thumb 和 MIPS16

像 ARM、MIPS 嵌入式处理器都提供特殊的指令模式和小字长的指令集，以压缩代码的生成和执行时占用更小的地址和数据空间。这些方法和模式非常适合布置用户空间的代码，但是为了这样做必须有与之相匹配的库和系统调用，因为一般情况下它们都是 32 位的执行代码，而现在要匹配到 8 位或 16 位模式。可喜的是，芯片和 Linux 内核的维护者已经开始积极地开发和维护一个 Linux 分支，以匹配这种高效率的执行模式。但是即使是主流版本支持这种模式，也不能解决所有的问题，依然将面临如何支持混合模式的系统和如何支持第三方的二进制代码库的问题。

想要了解更多的关于 ARMThumb 的内容，请访问 http://www.arm.com/products/CPUs/archi-thumb.html。关于 MIPS16，可参考 http://www.linux-mips.org/wiki/MIPS16。

7. XIP，本地执行

当然，如果你坚持要节省 RAM 的空间并不在乎多占用一点 Flash，你可以配置 Linux 内核和某个应用直接在 Flash 里面运行，用这个方法取代传统的由 NOR Flash 或者其他类型的 ROM 和 DISK 复制一个压缩映像文件到 RAM 然后再执行的 Linux 启动过程。目前有几种途径可以直接执行一个没有压缩的执行程序。需要注意的是，因为 Flash 的存取速度远远慢于 DRAM，虽然内核的 XIP 因为减少了压缩和解压缩的过程可以提高引导的速度，但是 XIP 的程序一般还是慢于基于 RAM 的程序执行。关于 XIP 和 CramFS 可参考 http://tree.celinuxforum.org/CelfPubWiki/ApplicationXIP，关于 NOR Flash 内核的 XIP 可参考 http://tree.

celinuxforum.org/CelfPubWiki/KernelXIP。

8. 其他压缩方法

还有许多可以减少用户空间内存消耗的方法、经验和技巧，包括使用 μClibc（http://www.uclinux.org/）代替 glibc 作为标准库，配置 BusyBox（http://www.busybox.net/）和 TinyLogin（http://tinylogin.busybox.net/）代替标准的 shell 和 utility，以及使用压缩的文件系统，如 CramFS 和 YAFFS（http://www.aleph1.co.uk/yaffs/）。这些方法在商业的 Linux 嵌入式版本，如 MontaVista Linux CEE（2.4.20）和 Mobilinux Linux（2.6.10）中已经包含上面提到的关于尺寸优化的绝大多数的功能。访问 www.mvista.com 可了解更多的信息。

运营商的要求

手机制造商虽然希望按照自己的想象进行创新，但是他们已经意识到不能完全按照自己的想法去设计和生产一个手机，取而代之的是，他们必须遵循他们的用户——移动运营商（像 Cingular、Vodaphone、中国移动等）的要求和规范去做事，这些无线网络运营企业公司多数是本国政府严格控制的或者大型的跨国企业，他们要代表政府和行业去管理和规范市场，手机是这个系统中的一个重要组成部分和单元。

过去和将来的手机

每个国家的政府对无线电频谱都要进行严格的管理和控制，美国由联邦通讯委员会（FCC）拍卖和发放无线频谱和管理带宽、信号强度、安全和内容。只有个别国家和地区的行业协会趋向于开放和免费使用无线频率。

负责政策和规则制定的移动运营商已经可以体会到开放的设备结构带来的问题，运营商并不是一味地反对开放，只是会更多地考虑如何安全地布置增值服务和管理问题，协调在技术层面建立一个完善开放环境和一个有限制的 API 接口，当然还有更多的政策和法规问题需要讨论。设备制造商、手机的开发者和行业主管已经在原来完全封闭的手机方面打开了一点点口子，比如在过去 5 年里，用户和行业观察家看到 Java 和 BREW ⊖电话，更令人振奋的是这几年的 Symbian OS 和 Windows Mobile 5.0 上的本机应用软件也层出不穷。

基于 Linux 的电话展示了未来一个在用户空间可以编程的安全开放环境，它拥

⊖　BREW 是高通公司开放的手机应用开发环境。

有一个具有丰富的开发人员的社区团队。相信未来基于 Linux 的电话将是一个完全的开放平台，但是目前的情况还不尽人意，现在发行的 Linux 电话是基于一个内核和许多 OS 的组件（像某个版本的 Qt [⊖]），它们不是一个开放的设备。黑客不能（或者说非常不容易）自己构造一个内核、OS 和应用部件代替原来的系统（像大家以前做过的 Linux PDA 一样），即使在手机应用上面增加一点功能也难以实现。这些设备不能注册登录和让用户自己刷新，现在开启这些 Linux 手机大门只是 Java 程序。市场上有开放的 Linux 手机资源，一个项目是 Harald Welte 的 Open-EZX（见 http://www.open-ezx.org/）。这个项目还处在一个早期阶段，项目努力构造一个 100% 开放的电话软件，支持像 A780 这样 Motorola 电话。项目的 wiki（http://wiki.openezx.org/）里面充满各种警告信息，比如如果使用 Open-EZX 可能不能正确地引导和失去正常功能等诸如此类的语言，但是这个项目的确包含了如何构造和生成一个 Shell，以及交叉编译的信息，因为 A780 使用的 CPU 是基于 Intel XScale 框架的嵌入式处理器。

可以相信，Motorola 的首席电话框架师绝对不会支持这样的努力，原因是什么？主要是责任问题。电话用户会担心他们的电话网络的完整性、安全性。当然 Motorola 还担心要支持数百万部电话以及他们可能的各种 Open-EZX 软件的分支版本，这样你就知道为什么叫 "Open-EZX" 了，因为像 Motorola 这样的设备制造商是希望鼓励社区的开发者在他们的平台上作些扩展，他们只是希望这种扩展的道路符合未来开放策略发展的轨迹。今天这个 "Open-EZX" 最有意义的可能是为 ISV（独立软件供应商）提供了一个 SDK 的开发环境。希望在不久的将来，通过宣传和坚持不懈的努力，谨慎的网络运营商和行业规划者们将意识到移动电话只是个计算平台，而不是个单功能的无线通信设备。

结语

Linux 电话正在走进千家万户，2006 年，Motorola 中国公司继 A760、A780、E680 后推出一款叫"明"的 Linux 手机，这款手机以其亮丽的外观、稳定的平台和软件、新颖的功能，为智能手机销售历史赢得了新的纪录和突破，更多本土和海外手机制造商和手机设计所正在努力尝试着 Linux 手机的设计，ZTE 的 E2，海尔

⊖　Qt 是挪威 Trolltech 公司开发的跨平台的用户界面软件，最早使用在 Linux 操作系统上，后由 Motorola 手机团队成功地移植在智能手机上使用，Qt 广泛的应用在基于 Linux 的各种有人机交互需求的嵌入式设备中。Trolltech 公司后被 Nokia 收购，Nokia 后来发生很多的变化。之后，2012 年 Qt 被 Digia 收购，现在是 Digia 旗下的一家子公司，更多信息可参考 https://www.qt.io/about-us/。

的 N60，E28 的 HAWK3 等就是它们当中的佼佼者。日本 NTT DOCOMO 电话公司最近发表了最新的基于 ARM11 N903i，这是继成功的 N900i、N901i、N902i 后的又一款针对日本市场的 3G 手机。无疑，亚洲是 Linux 手机的重要舞台和市场。OSDL MLI 的第一次成员会议选择了在中国召开，包括了 Motorola、MontaVista、Windriver、Intel 数十家成员和观察员在内的 OSDL 大家庭齐聚在 2005 年金秋的北京，笔者也看到包括大唐、华为、ZTE、龙旗在内的中国手机制造和设计企业对此表现出了极大的热情和关注。OSDL MLI 会议树立了在技术和经济层面加快 Linux 在手机领域发展的奋斗目标。虽然 Linux 正在和将要面临移动电话设计中的更多的技术和商业方面的挑战，Linux 的成熟性也有待提高，但是笔者坚信，依托 Linux 在服务器、通用的嵌入式系统的成功经验，以及丰富开源社区技术和商业人才，加上手机芯片公司、国际性的标准组织和电信运营商以及世界和亚洲政府的鼎立支持和推动，Linux 必将在移动电话领域发挥一个主导的作用。电脑商网曾经以"中国手机产能已经占全球半壁江山制造利润极低"为题撰文，表明中国在世界手机制造和设计行业的地位和困境，回答应该正如 2005 年北京 Linux 移动通信大会上，信息产业部张新生副司长表示的一样：Linux 对中国的移动通信行业具有积极的推动作用，我们希望中国企业以此为契机，逐步建立在移动通信领域的领导地位。发展和使用开源的 Linux 无疑是中国手机制造商和手机行业的面向智能、多媒体和 3G/4G 的手机操作系统软件，建立开放的自主研发体系和控制成本的一个重要选择。

嵌入式操作系统的应用

可以说哪里有嵌入式的应用，哪里就有嵌入式操作系统的身影。今天，嵌入式应用已经无处不在，嵌入式操作系统更是随处可见，比如消费电子产品的智能电视和智能手机、无线路由器和汽车电子产品。本章将着重讨论嵌入式操作系统在通信和汽车电子应用中的情况。

我与嵌入式通信产品开发

嵌入式操作系统和通信产品伴随我事业成长的整个过程，从最初参加的通信基站项目、广域网协议栈和路由器，到智能手机 Linux 操作系统。通过我们销售的嵌入式操作系统和网络协议软件，我结识了许多从事通信产品研发和产业链合作的朋友，他们中许多人还继续奋斗在通信事业上。

我最早接触通信产品开发是在 1988 年。那是在我工作几年之后又回到北航计算机系读研究生时，北京海仪通信电子公司邀请我作为技术顾问参与他们的数字程控交换机项目的开发工作，负责交换机主控板开发和操作系统平台工作。该项目当时使用的硬件平台是 Intel 8086 CPU，操作系统软件是 Intel iRMX OS。iRMX 是 Intel 为其 Multibus 微处理器系统开发的实时多任务操作系统，iRMX 非常类似 UNIX，可以说是实时的 UNIX，但并不是一个嵌入式操作系统。这个项目是我第一次接触到的通信设备的开发，前后历经两年多的时间，虽然最终产品并没有成型，但是我们这些年轻人在参与的过程中还是学到了许多相关知识，也积累不少实践经验。

1994 年我开始创业，我的公司承接的第一个项目就是无线通信基站平台的开发。当时我之所以敢接这个项目，和我参与过海仪公司程控交换机项目并积累了不少经验有着直接的关系。我们为这个无线通信基站平台选择的硬件平台是 Intel 386 CPU，后来升级成嵌入式 386 EX。软件操作系统选择的是嵌入式实时多任务操作系统 VRTX。平台开发的初期遇到过一些基础的硬件设计和操作系统移植上的问题，随后逐一解决了这些问题，之后项目进展一直很顺利。这个项目让我熟悉了 VRTX 嵌入式实时多任务操作系统（RTOS），也对之后几年我们公司在国内通信设备开发中推广 VRTX 的业务大有帮助，毕竟是真刀真枪地开发过项目，实战经验已经积累了很多。

国内的通信产业在 20 世纪 80 年代末开始蓬勃发展，通信企业纷纷仿效国外同行，投入巨资着手研发先进的通信设备。嵌入式操作系统、网络协议和开发工具等嵌入式软件在国内也立刻有了广阔的用武之地。我从 1984 年开始接触 iRMX 实时操作系统，到 1994 年的 VRTX，再到 1998 年开始转向网络协议以及电信协议，这个过程是一个艰难的不断学习再学习的过程。对我这个原本是计算机专业的人来说，更是必须下一番苦功夫才行。到底怎么去学呢？我的方法是：一向厂家学。我和公司的技术人员专门到位于美国波士顿附近的 Netplane 公司和加州附近的 Telenetworks 公司参加培训。Netplane 是知名的 ATM 协议开发者，Telenetworks 是 ISDN 协议的开发者，二者在行业均有相当的知名企业。虽然学起来花钱又吃力，但是收获也很多。二向用户学。东方通信和上海贝尔（现在的阿尔卡特）是我们的用户，记忆特别深刻的是东方通信，他们员工的朴实和热情让我们非常感动。和东方通信有项目合作的还有北京邮电大学，邮电大学的老师和东方通信的工程师们都成了我们学习的好老师。反复几十次的研讨与培训让我和同事们很快地成长了起来，对于通信协议也逐渐熟悉了起来。之后几年，我组织了公司自主开发嵌入式广域网协议栈的项目，先后开发了 x.25 和帧中继协议，并完成了基于自主开发 Nete860 广域网路由器平台的研究工作，也让公司成功地获得了北京市的自主开发嵌入式软件产品认证。

手机是 20 世纪 90 年代在全世界流行的通信和消费电子产品，中国企业也在此期间进入这个领域。中国企业开始只是组装生产，后来才有了自主设计。手机虽小，五脏俱全，除了通信功能外，现在越来越多的手机增加了多媒体、PDA、照相、互联网等诸多功能，手机已经成为一个复杂的嵌入式系统。手机通信部分一般是由基带芯片公司设计完成的，国内手机厂商主要是完成手机应用系统设计、嵌入式系统。因为当时我们公司正在与 MontaVista 合作，而 Motorola 又正在使用这个软件进行基于 Linux 智能手机的设计。于是我们在 2004 年进入了手机设计这个领域，机遇是全球兴起了一股智能手机浪潮，Nokia 使用的是 Symbian OS，Motorola 使用 Linux，微软 Windows Mobile 更是得到了许多中国台湾公司的支持。当时 Motorola A760 系列在中国市场取得了巨大的成，这激励了中国手机企业加入 Linux 智能手机开发队伍，中兴、海尔、TCL、康佳和大唐都先后开发出了 Linux 智能手机。我的麦克泰公司在 2002 年开始参与主持 Motorola Linux 智能手机项目之后，就开始着手组建一个嵌入式 Linux 开发和支持团队，除了公司员工外，我们还招聘了有相关知识背景的研究生和博士共同参与关键技术的研究工作。2005 年麦克泰公司与 MontaVista 合作成立北京研究中心，从事嵌入式 Linux 实时性和内核性能分析方面的工作，这个项目一直持续到 2009 年金融危机。我有幸参与研究中心的组建和日常管理工作，研究中心在帮助中国通信客户成功应用 Linux 方面做了卓有成效的工作。

手机设计有相当多的特殊要求。就电源管理而言，由于手机是一个关键应用装置不同于一般产品的消费电子产品，手机功耗的指标好坏直接影响产品销路，电源管理与应用处理器、OS（比如 Linux）、驱动程序、应用软件、手机的硬件（LCD 大小等）都有关系。我们花了大量的时间研究有关电源管理的问题，特别是基于 Linux 的电源管理方式，公司技术人员通过支持我们的 MontaVista Linux 手机用户的实践，理解并掌握了 Linux 电源管理的具体方法。

从 1988 年到 2008 年的 20 年间，我与嵌入式操作系统在通信产品中的应用结下了不解之缘，从程控交换机、无线基站、通信协议到智能手机，自己亲身参与的项目和支持的用户产品开发都让我深深体会到嵌入式操作系统对于通信产品的重要性，也感受到了用户在应用开发上所付出的艰辛。每个大的通信设备制造商都无法简单地直接使用一个嵌入式操作系统（包括 Linux），而是必须将其剪裁和优化到自己的一个软件平台（或者称为通信操作系统）上，这个过程极其费时费力。有的公司甚至需要投入数百人团队开发一个适合自己公司通信产品使用的嵌入式操作系统，还有小的厂商采用开源通信软件项目（比如 OpenWRT 路由器操作系统）。这些方式当然是各有优劣。总之，无论从哪方面来看，嵌入式操作系统在通信产品中的应用将继续保有广阔的前景。技术层面上，嵌入式操作系统还需不断地进行深化和优化，才能更好地适应通信产业的发展和变化。

嵌入式 Linux 在通信设备中的应用

本节最初成稿于 2002 年，当时嵌入式 Linux 刚刚兴起，通信产业在技术和业态上正在酝酿一场革命，Linux 恰逢其时成为未来通信网络的首选。本节以通信设备开发者的视角，对为什么可以采用 Linux 作为通信设备的嵌入式操作系统做了通俗的解释。

作为一种可以选择的嵌入式操作系统，嵌入式 Linux 以其特殊和引人注目的优势正极大地吸引电子设计的工程师从自己编写的或专用的 RTOS 转移到 Linux。据 VDC Research 的数据显示，整个 Linux 的年增长率从 2000 年的 1% 提升到 2003 年的 14%，到 2010 年已经猛增到 67%。在嵌入式市场，Even Data 数据显示，期望使用嵌入式 Linux 的用户从 2001 年 11% 增到 2002 年 27%，而同期打算使用 VxWorks 的项目只是从 16% 增到 18%，打算使用 Win CE 的项目从 9% 增加到 14%。在嵌入式 Linux 的各种应用市场中，通信（包括语音和数据）名列第一，2000 年的销售额是 1300 万美元，而预计 2005 年将达到 1.26 亿美元（VDC Research），可以说嵌入式 Linux 已经并将持续成为主流的通信用嵌入式操作系统。

技术和软件设计方法的演变促进了嵌入式 Linux 应用

嵌入式 Linux 在嵌入式系统使用的制约因素之一是资源占用比一般的 RTOS 要大。即需要更强大的 CPU 和占用更多的内存，但按照 Moore 定律，CPU 的集成度每 18 个月就会翻一倍，目前在市场上，10 美元可以买到 32 位约 100M 主频的嵌入式 CPU（2015 年这个芯片价格大约只有 1 美元）。另一个制约的因素是内存的问题：市场上的 SDRAM、Flash 从早期 512K 到目前很难找到小于 2M 的器件，从市场上国内外通信设备看（除部分信息家电产品）很少有小于 4M 甚至 8M 内存的系统，那么传统的神话般的 50K RTOS 的内核应该已经失去存在的必要了。

从嵌入式软件设计方法来看，20 世纪 70 年代的嵌入式设计是一个主循环程序加上若干个 ISR（中断处理程序），20 世纪八九十年代采用的是 RTOS 内核、ISR（中断处理器程序）和若干个任务（线程），今天的嵌入式系统已经包含完整操作系统（内核、设备驱动、TCP/IP 网络、文件系统、图形）、软件中间件（如各种标准通信协议、嵌入式数据库）、Java 和应用软件。软件的工作量和投入的人力资源及成本均远远大于硬件，软件已经成为通信设备的主要增值部分。市场硬件技术和制造工艺的不断发展，以及嵌入式系统设计方法的演变，为嵌入式 Linux 在通信设备中的应用奠定了良好基础。

为什么要使用 Linux？

自 1989 年芬兰赫尔辛基大学的学生 Linus Torvald 发布了一个新的 UNIX 变种——Linux，到今天各种 Linux 系统已经成功应用在服务器、嵌入系统和桌面系统，因为可以获得源代码，应用程序的调试和维护变得容易，通过开放源码社区，你可以得到最前沿的技术和应用，产品开发周期大大加快。Linux 遵守 GPL（通用公共许可），它没有版税，也没有项目和人数限制（而传统 RTOS 或私有软件都有项目、人数、产品系列型号限制或收费上的不同）。使用 Linux，产品研发和最终产品成本不再居高不下，特别是在 2001 年全球经济走软（通信制造业尤为受到重创）的情况下，Linux 就更受到普遍的欢迎（2009 年全球金融危机之后，Linux 越发得到重视）。

Linux 的代码质量和产品维护是目前许多人介意和被传统的 RTOS 供应商所攻击的话题之一，事实上这一点完全不必担心。我们知道 Linux 不是由某家公司私自拥有的，在辽阔的开放源码的世界和 Linux 社区有数万名自由软件爱好者和黑客，数百家 Linux 发行版的公司和 Linux 服务咨询公司在为一个共同的软件和开放的标准工作。从另外一个角度看，大型的硬件制造商，如 IBM，投资 10 亿美元在 Linux 上，以保证它的服务器和应用软件支持 Linux 操作系统，其他硬件厂家，如惠普也表示对 Linux 有极大的信心，半导体制造商 Intel 除了支持 Linux、投资 Linux 公司（如 MontaVista）外，还亲自操刀参加 TLT 电信 Linux 技术（后来并入电信运营级 Linux 标准 -CGE）的标准制定和实现。Intel x86CPU 和 StrongARM/Xscale 嵌入式 CPU 都全面支持 Linux，与 Intel 相同的公司还有 IBM 和 Motorola 的半导体部。这样就形成了一个巨大群体：由半导体、单板机、系统、软件中间件，以及 Linux 社区、Linux 发行版、Linux 服务商都在支持 Linux（包含嵌入式 Linux）的发展、维护。有如此巨大的群体作为后盾，Linux 已经发展了数万种以上的各种成功应用，其成果远远超过由数十名工程师开发、维护，经过十余年发展才有几百种应用的专用 RTOS，相比之下 Linux 和嵌入 Linux 是完全值得信赖的。此外 Linux 高性能的 TCP/IP 和网络安全性、稳定性，已经在业界得到广泛的认可。这对通信设备制造选择 Linux 是一种极大的鼓励。在市场上我们看到嵌入式 Linux

在过去 3 ~ 5 年市场中发展并借助 Linux 10 余年的成功经验，已经在各种通信产品上获得广泛应用。从各种互联网相关的信息家电到大型的通信基础设备，到处都遍布 Linux 的身影，嵌入式 Linux 应用随处可见，并在嵌入式系统变革中，以其特殊优势扮演些重要的角色。

嵌入式 Linux 迎合新一代通信设备的发展需要

我们正处在前所未有的通信网络大转变的黎明，通信网络将要发生的变化远远比 25 年前从模拟网络转变到数字通信网络的变化要大得多。可以用一句话来概括，关键词是"集中"：未来的通信网络将集中所有通信和分布式计算。这里面包含了通信的各个层面：语音、图像、数据、控制和网络管理。

IEEE 通信杂志 S. Mohan 的文章为我们勾画出了未来的通信网络（NGN）的轮廓。

未来的通信网络将由 3 个层面组成：

❑ 互通层：包含路由器、交换机、接入服务器和网关。

❑ 控制层：包含软交换、7 号信令系统、PBX 等网络设备。

❑ 应用层：包含 Web、数据库、计费和网络管理。

这 3 个层面的嵌入式 Linux 与传统的 RTOS（过去较多的应用在互通层设备）和大型的 UNIX 或 Sun Soloris 系统（较多在应用层服务器）展开了竞争，目前 Linux 已经有了相当多的成功应用。

我们知道 Linux 源于 UNIX，而后者与 TCP/IP 有不解之缘。Netcrate 调查显示，基于 Linux 的 Apache Web 服务器占 56.81% 份额。嵌入式 Linux 在网络方面的优势表现在以下 3 个方面：

❑ Linux 内核本身就包含丰富的网络协议和 TCP/IP(IPv4 和 IPv6)、Internet 协议，如 DNS、HTTP 和网络管理的 SNMP（V1/2/3）等；

❑ 为数众多的开放源码网络项目，如 Linux ATM、Linux ISDN、802.1Q（VLAN）、LDAP、MDLS、Linux firewall、Linux Router、VPN、IPsec、Open SSL、CORBR / DCCOM、802.11b、Bluetooth、IPv6、OSPF/BGP 等；

❑ Linux TCP/IP 效率远远高于传统的 RTOS。

据法国 Interface concepts 的测试，他们在使用 MontaVista Linux 时发现，TCP/IP 的吞吐率是以前的 VRTX 和 pSOSTCP/IP 的 5 ~ 10 倍。

随着嵌入式 Linux 在通信设备中的广泛应用，众多第三方应用软件也开始支持 Linux，这里有 Netplane 公司的 MPLS、IP 路由和 ATM 协议，Trilium 公司的 SS7 和 VoIP 协议，LVL7 公司的 L2/L3 交换和路由协议、Solid（嵌入式数据库）等。注意，这些公司的软件不是 GPL 许可证，需要得到商业授权许可才能使用。

而像 Ipinfusion、Nexthop 是靠维护、支持 Zebra SPF/BGP 和 GateD 路由协议而生存的。它们更像是 Linux 系统的咨询服务商。

新一代通信设备离不开高效的网络处理器，目前嵌入式 Linux（如 MontaVista）已经支持 Intel IXP1200、425、80310、Motorola 8xx/82xx Galileo、MMU、IBM405NP，以及 Broadcom 和 IDT 等网络处理器，嵌入式 Linux 主要是在控制平面处理路由和网管，而网络处理器主要是处理第二层（L2）数据流。

MontaVista 嵌入式 Linux

当你决定在一个新的项目中采用嵌入式 Linux 以后，会面临一个问题：是自己做还是选择一家嵌入式 Linux 发行版或嵌入式 Linux 服务商？如果选择自己做，原理上讲你可以从网上获得全部的 Linux 资源，但是你要花费相当多的时间使它们集成在一起并协调工作，这决非用几天、几周可以完成的，而且需要相当多的专业的计算和操作系统的知识。如果使用嵌入 Linux 发行版，那么你可以专注在核心业务，比如以太网交换机设计。一般情况下，嵌入 Linux 供应商都会承诺一年或更长时间的升级服务。这使得你的 Linux 可以跟上不断发展变化的 Linux 技术。而且嵌入式 Linux 供应商都在自己的发行版或专业服务中增加某些关键技术：MontaVista 在自己的 MontaVista Linux 中增加可抢占内核和实时调度器，以提高实时响应。

另外，在整个产品开发过程中，嵌入式 Linux 供应商可以提供目标环境（如 Power PC）移植（一般 Linux 应用是在 x86 平台上）、免费的技术培训、咨询和新版本的升级，有些公司还提供 VIP 服务，如现场的支持、专家的热线服务和快速的软件错误的修补。

MontaVista 是目前国际上最著名的嵌入式 Linux 发行版和服务供应商。MontaVista 产品名称是 MontaVista Linux（原 Hard Had Linux），支持 x86、ppc、ARM、xstrong ARM/Xscale、Mip、SH 六大 CPU 系列，共近 80 余种单板的 LSP 设备驱动程序（相当于 BSP）。它目前有以下几个产品：MontaVista Linux 专业版 2.1、MontaVista Carrier Grade 版本 2.1、Java 模块、MontaVista 图形模块、QT/Embedded 图形等。MontaVista Linux2.1 基于 2.4.17 内核，增加可抢占内核、实时调度器、最新的 GNU 工具链、目标配置和库优化器、KDE 集成开发环境、802.11b 协议、日志文件系统和小尺寸的 Web 服务器 Thttpd。

OSDL 论坛 MontaVista、Intel、Nokia、Alcatel、Cisco 等公司参加，该论坛指导电信运行级别 Linux（CGL）开发，并推动未来一代通信系统的组织，目标是构造一个在 Linux 开放的体系结构上并遵守高可靠性的电信级需求的 Linux 标准。符合

CGL [⊖]第一个商业产品是 MontaVista Carrier Grade Linux 2.1 版本，该产品已经在 2002 年正式发表。

自 1999 年成立以来，MontaVista 公司的嵌入式 Linux 已经成功地应用在全球 400 多种应用上，典型的通信产品有：Nokia Flexi Server（移动控制功能模块的管理和信令平台），3Com 的 Kerbungo Internet 收音机，Cyclades 的接入服务器，Interface Concept 的以太网交换机和 ITT 宇航通讯部的无线收发机等。

结语

虽然通信制造业正在面临着前所未有的严峻考验，但黎明即将来临。中国通信制造商虽然受到电信运营商机构改革的影响，但由于得到国内积极财政政策的保护，加上积极出口外销成功的推动，未见真正寒冷的严冬。但压缩开发费用、寻求新的制造商和运营商的生态链仍然是需要面对的问题，嵌入式 Linux 作为一种开放的标准，支持低成本、高性能的硬件平台，将是新一代通信设备首选的操作系统。

延伸阅读

MPLS（Multi-Protocol Label Switching）多协议标签交换，是新一代的 IP 高速骨干网络交换标准，由因特网工程任务组（Internet Engineering Task Force，IETF）提出，它为网络数据流量提供了目标、路由地址、转发和交换等能力，目前是核心路由器常用的协议。SS7（Signaling System#7）是由 ITU-T 定义的一组电信协议，主要用于为电话公司提供局间信令。VoIP（Voice over Internet Protocol）将模拟信号（Voice）数字化，以数据封包（Data Packet）的形式在 IP 网络上做实时传递。VoIP 最大的优势是能广泛地采用 Internet 提供比传统通信业务更便宜和更好的服务，比如 Skype、微信语音和视频等都是 VoIP 的应用。

IP Infusion、NextHop 和 LVL7 都是美国著名的通信协议软件公司，他们开发路由、交换和信令协议软件，他们的软件被通信设备制造商购买，使用在其通信设备上，比如网络路由软件解决方案厂商 NextHop 2004 年 1 月宣布，华为技术有限公司已获得 NextHop 的 GateD 路由软件的产品授权。报道说，华为已获得在其产品中采用 NextHop 的全套 GateD 多点传送路由协议的授权。该套协议包括 IGMP（v1、v2 和 v3）、PIM-SM、PIM-SSM、PIM-DM 和 DVMRP。美通社 2012 年 3 月报道，IP Infusion 有限公司（领先的以太网和 IP 增强业务智能网络软件提供商）宣布：全

⊖　目前符合 CGL 标准的是 MontaVista Carrier Grade Linux 7.0 版本，此外风河 Linux 也有符合 CGL 标准的产品，主持 CGL 标准的 OSDL（开源软件实验室）现属于 Linux 基金会管理。网址：http://www.linuxfoundation.org/collaborate/workgroups/cgl/。

球领先的信息和通信技术（ICT）解决方案提供商华为公司选择了 IP Infusion 公司的 ZebOS 网络平台软件，来扩展华为公司自身 IP 产品的新特性。随着通信产业的整合和开源软件的发展，NextHop 和 LVL7 公司均已经在几年前被其他公司并购了。

基于嵌入式 Linux 的无线网络设备开发

2003 年，MontaVista Linux 开始进入无线嵌入式无线网络应用开发，本节介绍其对无线网络技术的支持和无线网络开发工具。

无线网络技术已经成为热门技术。无线网络产品广泛应用于家庭网络、小型办公室、会展中心、体育中心、飞机场、医院、学校、港口、住宅小区、酒店、宽带接入。它使人们在 Internet 应用中摆脱了无穷无尽电线、电缆的束缚，进入真正的无线网络无处不在的 Internet 自由空间。无线网络技术可望成为新的强劲的经济增长点。

嵌入式无线网络技术是无线网络的关键技术之一，它广泛应用于无线网关、无线网桥、无线路由器、智能手机、无线 PDA、宽带接入、无线网络安全等无线网络产品。我们以 MontaVista Linux 为例来详细介绍。

MontaVista Linux 是嵌入式 Linux 操作系统的领头羊。MontaVista Linux 提供一系列增值技术，应用于诸多专业领域，包括：网络基础设备、移动计算机、通信、网络家电、互联网设备、仪器和控制。

下面首先介绍 MontaVista Linux 的特点，再介绍它对无线网络的支持和无线网络工具。最后介绍 MontaVista Linux 在嵌入式无线网络应用系统开发中的应用。

MontaVista Linux

MontaVista 2003 年推出两种版本：MontaVista Linux2.1 专业版，MontaVista Linux（Carrier Grade Edition）2.1 电信级应用和运营级版。

MontaVista Linux2.1 专业版包含丰富的处理器、目标板和主机环境组合，有一套完整的辅助开发工具，用于嵌入式系统专业人员设计、开发和发布应用程序。还提供了高价值的附加产品，以满足特定的用户需要。

MontaVista Linux（Carrier Grade Edition）2.1 电信级应用和运营级版是 MontaVista 软件公司推出的第二代高度可靠性和高性能产品，在电信级应用和运营级（Carrier-Grade）应用操作系统平台方面，是嵌入式 Linux 操作系统领头羊。它是一个用途广泛的可定制产品。MontaVista Linux 运营级版本提供对广泛的电信平台和计算机平台支持，它带有功能强大的全套工具，它被嵌入式系统专业人员用来进行电信应用和数据通信应用设计、开发和发布程序。

1. MontaVista Linux 的特点

MontaVista Linux 主要有以下特点：

1）支持广泛的处理器和目标板，支持 80 种以上的参考板和商用平台，包括引导程序、设备驱动等。处理器的体系结构如下：

❑ Motorola PPC 74xx/7xx/82xx/8xx

❑ IBM PPC 405GP，440GP，750CX

❑ Intel IA-32，x86

❑ Intel Strong Arm 110/1100/1110，IXP1200，Xscale

❑ NEC，QED，Alchemy，IDT，MTI，Toshiba MIPS

❑ Hitachi SH-3，SH-4

❑ ARM 720T/920T

2）集成开发环境。它的功能强大的集成开发环境 KDE 是基于图形界面的开发平台。它有工程向导、集成开发版本管理（CVS）、语法检查文本编辑器。它非常适合于熟悉 Windows 界面编程的开发人员使用。

3）丰富和功能强大的多种开发工具。MontaVista Linux 提供非常丰富和功能强大的多种开发工具，使你的开发工作轻松、容易，极大地方便 Linux 内核、Linux 设备驱动程、Linux 应用程序的开发和调试。它们包括：

❑ 内核和文件系统工具：目标配置工具（TCT），库优化工具（LOT）

❑ 交叉开发工具：GNU GCC/G++ C/C++ 编译器

❑ 调试器：GDB 源码调试器、DDD 源码调试器、KGDB 内核调试器，支持硬件调试（某些处理器）。GDB 源码调试器是命令行调试器；DDD 源码调试器是基于图形化的调试器；KGDB 内核调试器是通过串口调试 Linux 内核的工具；硬件调试可以通过 BDM/JTAG 接口与 DDD 或 GDB 结合跟踪调试。

❑ Linux 跟踪工具：用于跟踪 Linux 程序执行过程。

❑ 实时性能工具：用于测试 Linux 实时性能。

❑ 分析工具（Cscope、Cbrows、Cflow 和 Cprof）：用于分析优化程序源码。

4）实时性。MontaVista Linux 在实时性能方面具有以下特点：低延时任务可抢占内核、低开销固定优先级调度。它能够满足大多数实时应用程序的需要，如实时网络数据传输等。用户亦可选择标准 Linux 内核配置。

5）标准 Linux IP 网络和工具。支持的一些网络协议有：TCP/IP、PPP、PPPoE、HTTP、SMTP、DHCP、FTP、Telnet、SSL、820.11b；各种路由和网络管理协议：

Zebra、SNMP；其他 Open Source Project 网络协议，比如：LDAP、ATM、MPLS、IPSEC、H.323-SIP、SS7、Bluetooth 等。

支持第三方的网络协议，比如：Netplane 和 Level7。

6）MontaVista Net，它是基于遵从 PICMG2.16 标准的 CompactPCI 网络结构，能仿真多种网络接口。

7）支持多种文件系统，特别是 Journaling 文件系统和 Flash 文件系统支持。比如：JFFS、JFFS2、EXT3、ReiserFS、JFS。

8）高度可靠性和高性能（HA）。MontaVista Linux 提供 PICMG2.12 热拔插、冗余以太网、内核资源监视、内核消息监视、内核事件监视、磁盘镜像 /Raid 磁盘支持、多主机 Raid、事件代理程序、NFS 强制卸载模块。另外提供高度可靠性和高性能服务工具：内核动态探测工具、内核 I/O 性能分析工具，高分辨率 POSIX 时钟和下一代 POSIX 线程。这些主要针对电信级应用。

9）嵌入式图形系统，包括：MontaVista 图形、Qt/Embedded。

10）Java 开发系统，包括：J9 JAVA 虚拟机、VISUALAGE 微型版（VAME）集成开发环境。

2. MontaVista Linux 对无线网络的支持

MontaVista Linux 带有大量的无线网络网卡驱动程序。按接口划分有 ISA 接口类无线网络网卡驱动程序、PCMCIA 接口类无线网络网卡驱动程序、USB 接口类无线网络网卡驱动程序、其他接口类无线网络网卡驱动程序。PCMCIA 接口类无线网络网卡驱动程序在 driver/net/pcmcia 目录下。USB 接口类无线网络网卡驱动程序在 driver/net/usb 目录下。其他接口类无线网络网卡驱动程序大多数在 driver/net/wireless 目录下。近来市场上 PCMCIA 接口类无线网络网卡很多，一些 PCMCIA 接口类无线网络网卡驱动程序单独放在 pcmcia-cs/wireless 目录下。按无线网络标准划分有 802.11b 无线网络网卡驱动程序、Bluetooth 无线网络网卡驱动程序、IrDA 无线网络网卡驱动程序、其他无线网络标准无线网络网卡驱动程序。

除了大量的无线网络网卡驱动程序外，MontaVista Linux 还带有无线网络工具。无线网络配置工具 iwconfig，用于配置频率、网络 ID、ESSID、接收灵敏度、接入模式、无线网络标准、加密开关等；无线网络测试工具 iwspy 和 iwlist，也可以用 ioctl 工具。

基于 MontaVista Linux 开发无线网络应用系统

1. 嵌入式无线网络应用系统开发过程

首先根据要开发的嵌入式无线网络应用系统，选用合适的无线网络标准。根据嵌入式系统板提供的接口确定无线网络网卡的接口类型。如果选用市场上现成的无线网络网卡，建议查看是否有现成的无线网络网卡驱动程序。

如果是自己做的无线网络网卡，就要编写无线网络网卡驱动程序，建议使用 MontaVista Linux 提供的与你的无线网络网卡相近的无线网络网卡驱动程序作为模板，这样可以事半功倍，节省时间。关于无线网络网卡驱动程序的调试，可以使用 MontaVista Linux 提供的开发工具和调试器。

无线网络网卡驱动程序可以配置进内核，也可以以模块的形式动态加载。MontaVista Linux 提供的内核配置工具很容易配置。当无线网络网卡驱动程正确启动以后，在 Linux shell 下用 MontaVista Linux 自带的无线网络工具，即可进行无线网络配置和测试。

最后将无线网络配置和测试添加到内核的自动加载程序中。利用 MontaVista Linux 提供的工具可以很容易地把它们集成到文件系统中并固化。

下面介绍用 MontaVista Linux 开发嵌入式无线网络应用系统。该系统基于 802.11b 无线网络标准，无线网络网卡为 PCMCIA，嵌入式系统目标板采用 Rpxlite823。

2. 基于 Rpxlite823 嵌入式无线网络应用系统

图 11-1 是嵌入式无线网络应用系统示意图。嵌入式系统目标板采用 Rpxlite823e。Rpxlite823e 是 Embeddedplanet 公司生产的 OEM 嵌入式计算机。它采用 MPC823e CPU。MPC823e CPU 集成了 I2c、SPI、SMC、SCC、USB 通信控制器；PCMCIA 接口；还有视频控制器。因此 Rpxlite823e 嵌入式系统目标板尺寸虽小（PC104），但有以太网络接口、串口、PCMCIA 接口。无线网络用 PCMCIA 无线网络网卡从 PCMCIA 口接入，有线网络从以太网络接口（Ethernet Hub）接入。

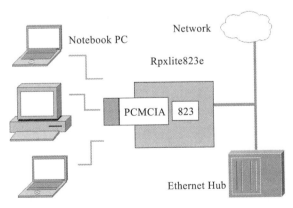

图 11-1　嵌入式无线网络应用系统示意图

3. IEEE 802.11b 无线网络网卡原理

图 11-2 是 IEEE 802.11b PCMCIA 无线网络网卡原理框图。IEEE 802.11b 无线网络协议标准只规定了物理层和数据层的数据传输和控制。数据层以上遵守络网 OSI 模型相对应的网络协议。它采用载波侦听的方式来控制网络中信息的传送，另外 802.11b 无线局域网引进了冲突避免技术，从而避免了网络中冲突的发生，可以大幅度提高网络效率。数据加密与有线网的等同加密（WEP）算法一样，使用 64/128 位密钥和 RC4 加密算法。IEEE 802.11b 允许使用任何现有在有线网络上运行的应用程序或网络服务。IEEE 802.11b 标准对于无线局域网系统的使用者和系统管理员是透明的。

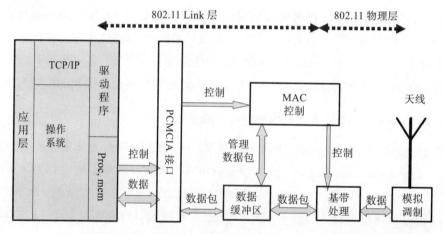

图 11-2　IEEE802.11b PCMCIA 无线网络网卡原理框图

无线网络网卡采用 Lucent IEEE 802.11b PCMCIA 无线网络网卡。工作频率为 2.4GHz（2.4 ～ 2.483GHz）。数据传输率分为 1Mbps、2Mbps、5.5Mbps 和 11Mbps，可以由程序设定，也可以由网卡自动根据网络和环境情况调整。802.11b 工作模式基本分为：点对点对等接入模式（Ad-Hoc Mode）、单点接入基本模式（BSS）、多点接入基本模式（ESS）。通过程序设定工作模式可形成对等无线网络网结构、连接周边的无线网络终端、星形网络结构等多种网络结构。

4. 内核配置和无线网卡驱动程序调试

嵌入式操作系统采用 MontaVista Linux2.1 专业版。交叉开发环境如图 11-3 所示。将 MontaVista Linux2.1 专业版安装在主机 PC 上。MontaVista Linux2.1 已经带有无线网络网卡驱动程序。用可视化 Linux 配置工具 TCT 配置内核，选择网络支持、PCMCIA 支持、MPC8xx SCC 网络支持、PCMCIA 无线网络网卡支持、TCP/IP

支持、路由协议支持。根文件系统在开发时选择 NFS 文件系统，便于调试。TCT 工具还可以让用户选择配置优化 Linux 内核运行时的文件系统。配置完以后 TCT 自动编译 Linux 内核并安装相应的模块。Linux 内核通过 BDI2000 下载到目标板。Linux 内核也可以用 Rpxlite823e 上的 Planet core 通过以太网下载到目标板。

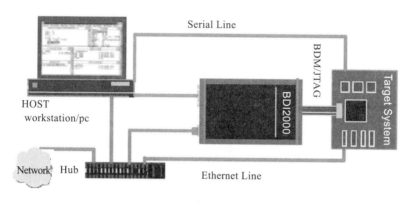

图 11-3 交叉开发环境

BDI2000 是 Abatron 公司的 BDM/JTAG 硬件调试器。BDI2000 的一端通过以太网口与主机相连，另外一端通过 BDM/JTAG 口与目标板相连。用 BDI2000 可以方便地跟踪 Linux 内核的运行，调试网卡驱动程序。

Linux 内核下载到目标板后，在主机上通过串口线可以监测控制目标板上的 Linux 内核运行情况。如果驱动程序初始化成功，在 Linux 内核初始化信息中会显示驱动程序初始化成功的信息。如果驱动程序初始化不成功，检查 Linux 内核后，可用 BDI2000 跟踪调试驱动程序。

5. 无线网络网设置和软件固化

Linux 内核和试驱动程序程调试好了以后，进入 Linux shell, 用 /etc/rc.d/init.d/pcmcia start 命令启动 pcmcia，用 iwconfig 命令将工作模式基本设定成单点接入基本模式（BSS），用 ifconfig 命令设置 MPC8xx SCC 以太网络接口 IP 地址、无线网络网卡以太网络接口 IP 地址，用 route 命令设置路由。接下来的工作是进行网络测试。

网络测试好以后，将上面的 shell 命令写入 Linux 启动脚本，最后用 MontaVista Linux 提供的文件系统工具将 Linux 内核、运行库、启动脚本和其他文件集成到一个可固化的软件包中。BDI2000 是一个很好的 Flash 编程固化工具，也可以用 Rpxlite823e 上的 Planet core 中的固化工具。将可固化的软件包写入 Flash 就完成了软件开发的一个周期。

结语

我们以 MontaVista Linux 嵌入式操作系统及其开发工具开发了一个嵌入式无线网络应用系统，该无线网络应用系统可以用于家庭网络、小型办公室等。它可以作为一个无线网络应用和开发的实验平台，基于该实验平台可以进行无线网络应用、无线网络性能、无线网络安全研究。

本文通过一个无线网络应用开发实例，说明 MontaVista Linux 在嵌入式无线网络应用系统开发方面是一个很好的嵌入式 Linux 操作系统，同时也提供了很好的开发工具。

汽车电子：群雄逐鹿的新战场

最普通的汽车也已经包含了几十个嵌入式处理器，豪华级别的汽车的软件代码长度更是超过了 1 亿行。汽车电子的开发平台正在从封闭走向开放，越来越多的嵌入式公司甚至 IT 公司都在争先恐后地跻身于汽车电子的开发行列。

根据 IEEE 2009 年 2 月的报告，豪华级别的汽车的软件代码长度将超过 1 亿行，GENIVI 联盟预测，其中 70% 的代码是来自汽车的 IVI 系统，也就是我们常说的车载信息和娱乐系统（Infotainment and Telematics），其余的 30% 代码来自仪表盘、车身电子、发动机和引擎控制以及汽车安全相关部件。即使是 30% 的代码，这 3000 万行代码长度也已经远远超过了 1000 万级代码行数的波音 787 飞机，也超过了 2500 万行代码行数的 Windows 2000。如果没有嵌入式操作系统（简称嵌入式 OS）和软件平台架构，想要完成如此巨大代码量的工作根本无法想象，由此所连带产生的软件研发、测试和维护成本也非常巨大，带给汽车的安全性和可靠性隐患更是无法预估。

OSEK 和 AUTOSAR

20 世纪 90 年代的中期，一些欧洲的汽车工业厂商联合发起了一个联盟 OSEK/VDX，目的是形成一个针对汽车中各分布式单元的开放式架构的工业标准。该标准对 RTOS、软件接口、通信和网络管理任务都有专门的说明。

OSEK 的意思是"开放系统和汽车电子的对应通信接口"。这个标准最初是在 1993 年由德国的 BMW、Bosch、Daimler-Benz、Opel、Siemens、VW 和 Karlsruhe 大学共同发起制定的。VDX 的意思是"车辆分布式执行"（Vehicle Distributed eXecutive），这个标准的发起人是法国的 PSA 和 Renault。1994 年这两个联盟合并，由于 OSEK 操作系统的功能能够和 VDX 协调运行，所以为了使用方便，一般常用术语 OSEK 来取代 OSEK/VDK。

开发 OSEK 规范之前，汽车电子开发者要支付高额的、持续性的开发费用，面对控制单元（ECU）软件的非应用部分的管理也不规范，不同的软件接口和协议所造成的各生产厂商制造的控制单元部件的不兼容性的困扰更加严重。如此诸多问题的存在共同促成了 OSEK 的出现。

OSEK 联盟只是定义 OSEK 规范，符合该规范的开源和商业的 RTOS 产品目前已有很多，比如开源的 FreeOSEK、OpenOSEK、Toppers-OSEK（日本京都大学发起的开源项目 6.2 节有更详细的介绍）。商业 OSEK OS 有德国 Vector 公司的 OS/Can、EB（Elektrobit）公司的 tresosAutoCore 和 OsekCore，美国 Mentor Graphic 的 Nucleus，还有 GPL 和商业双授权的 Arctic Core，它同时支持 AUTOSAR 和 OSEK 规范。

OSEK 是基于 ECU 开发，标准包括三部分：操作系统（OS）、通信（COM 交互层）、网络管理（NM）。AUTOSAR（汽车开发系统架构）是基于整体汽车电子开发，包括汽车电子功能的划分、ECU 统一软件架构、ECU 软件开发过程等整套的方法和理论。AUTOSAR 规范中定义的操作系统就是 OSEK OS，而通信和网络管理虽然和 OSEK 有区别，但思路是一样的。

汽车电子领导者——QNX

说到汽车电子和嵌入式 OS，那一定要提到 QNX。1980 年，Gordon Bell 和 Dan Dodge 在加拿大成立了 Quantum Software Systems 公司，他们根据大学时代的一些设想写出了一个能在 IBM PC 上运行的名叫 QUNIX（Quick UNIX）的系统，后来因为 AT&T 的干预，才把名字改成 QNX。QNX 遵从 POSIX 规范，类似 UNIX 实时操作系统，目标市场主要是面向嵌入式系统。20 世纪 80 年初，笔者在研究所工作的时候曾经使用过这个系统，当时我们使用了一张软盘在 PC 上成功地引导出 QNX。不过，由于我们不熟悉 UNIX 命令行，在操作人机接口的时候还真是让我们颇费了一番周折。2010 年，在被美国哈曼国际 Harman 买走 6 年后，QNX 又重返加拿大。2010 年，黑莓手机制造商 RIM 收购哈曼国际旗下的 QNX 软件公司，以获取其车载无线连接技术。QNX 的应用范围极广，包括保时捷跑车的音乐和多媒体系统、核电站和美国陆军无人驾驶 Crusher 坦克的控制系统，还有 RIM 公司的黑莓 PlayBook 平板电脑等都使用了 QNX。据有关资料显示，QNX 在汽车电子市场占有率达到 75%，目前全球有超过 180 种车型使用 QNX 系统。QNX 应用在汽车电子的多个方面，比如远程通信（车联网的功能）、信息娱乐系统、汽车导航、汽车无线技术（蓝牙接入）和汽车收音机等。

QNX 是建立在微内核上的（在嵌入式 OS 上使用微内核技术的还有 VRTXsa 和 VxWorks 等，但是它们之间有很大的不同），这个架构的特点是既可以支持小型的缺乏运行资源的嵌入式系统，也同样适合大型分布式的实时系统。该系统的大多数系统服务基于多（线）进程的形式来表示，这些进程被封装在自己的地址空间里面，与用户空间有隔离。微内核本身提供 OS 基本管理，扩展模块提供设备、网络、文件和图像用户接口，这些模块都是可以裁剪的。这样的特点让 QNX 能够适合用于非常广泛的嵌入式应用场景，支持更多的嵌入式处理器，提供可靠性很强的 OS 环境和接近硬实时的运行环境。QNX 应该是基于微内核的嵌入式 OS 中最成功的一个。

2012 年，QNX 推出了 QNX CAR 2 汽车软件应用平台，这是一套全新的解决方案，汽车开发人员能够将丰富的 HTML5 用户体验建立在已有多年汽车经验的 QNX 软件基础之上。QNX CAR2 致力于帮助用户快速开发车载信息娱乐系统。该平台包括一个全新的以汽车为中心的 HTML5 架构，集成了包括 QNX Neutrino 嵌入式 OS、强大的多媒体架构、免提系统的音响处理库，以及软件技术服务和工具等。2013 年年初，QNX 公司宣布德尔福汽车将在其新一代信息娱乐系统中部署 QNX CAR 2 应用平台。

开放和封闭之争

在汽车电子领域，QNX 的竞争对手有微软、Linux 和 GENIVI 联盟，它们各显神通，在汽车电子市场群雄逐鹿。微软 WES（Windows Embedded Standard）7 为福特信息娱乐系统 SYNC 提供了底层构架，正在寻求机会积极扩大其在汽车操作系统领域的渗透力。另外，Azure 云平台也是微软的核心优势之一，它通过云技术为整车厂提供在线导航、实时诊断、道路救援等服务，微软也因此在汽车信息终端中争取到了一席之地。Linux 是一个开源的操作系统。2013 款凯迪拉克（Cadillac）XTS 搭载了由 Linux 支撑的 CUE 信息娱乐系统，因其科技感十足的中控台屏幕及多变的人机交互方式而倍受推崇，如图 11-4 所示。但是，由于 Linux 版本变化很快，每天都有上千次改动，OEM 和供应商为了得到一个比较固定和可靠的 Linux 版本，必须自建一支操作系统开发团队。大多数开发者选用 Linux 的硬件供应商，而硬件供应商们所提供的操作系统并不是很完善，这就需要用户本身在操作系统开发方面具备丰富的经验。基于以上原因，非营利

图 11-4 卡迪拉克 XTS CUE IVI 系统

性 GENIVI 联盟在 4 年前成立。GENIVI 联盟的成员现在包括170 多家汽车生产商和供应商，其宗旨是共享一个标准的车载信息娱乐系统开发的开源平台。

GENIVI 通过提出一个基于开源的操作系统环境（Linux），并利用全球开源软件开发人员的专业技术，改变车载信息娱乐软件的开发和使用的方法。联盟希望最终能够从根本上改变汽车生产商和供应商开发现代车载信息娱乐系统的方式。GENIVI 真正的好处将体现在汽车生产商在他们的未来系统中具备可以修改和重新使用软件的能力。

GENIVI 的主要任务是确立和界定联盟成员车载信息娱乐系统的核心功能。在应用层，汽车生产商们可在 GENIVI 平台的基础上自由定制，打造独特的驾驶员和乘客体验，甚至设计专用的人机界面。重要的是，这些应用要使用 GENIVI 车载信息娱乐平台和中间件提供的功能，这些功能可以重新使用或重新整合进不同汽车生产商或者一个厂商的不同系列的车载信息娱乐产品中，GENIVI 大约每 6 个月更新一次其 Linux 车载信息娱乐系统规范，最近发布的规范是 GENIVI Compliance 3.0。3.0 规范中包含 69 个单独的开源组件，其中大部分包含多个子组件。联盟成员依据这个规范来建立软件平台。这些平台将受到 GENIVI 的审核，如果符合规范就会被注册为 GENIVI 合规产品。有些成员提供的是一个完整的 GENIVI 平台，有些成员则集中精力只研究一个合规平台的单个或多个部件。过去两年里，合规平台的数量稳定增长，目前已经有 50 多个软件平台被注册为 GENIVI 合规产品。比如 Mentor 公司、风河公司都已经发布了 GENIVI 兼容的软件平台。Mentor 的产品是通过收购 MontaVista 汽车电子部门整合而来的，后者的汽车技术平台（ATP）在卡迪拉克项目中有成功的应用。风河的 GENIVI 平台是通过与意大利厂商 Magneti Marelli 的合作而来的，后者原本隶属于意大利飞亚特（Fiat）集团，主要负责设计并生产先进的汽车系统及零件，它所提供的产品遍布全球汽车市场。

汽车安全

越来越多的微处理器被使用在汽车上，据报道一些高端机型上已经有 200 个以上的嵌入式微处理器。现代车辆的电子控制单元的复杂性已经到了令人难以置信的程度，这给嵌入式系统开发人员带来了前所未有的挑战。

除嵌入式系统微处理器数目和软件复杂性增加外，不同类型的多重网络，包括控制器局域网、车载网络、本地互联网络和车载多媒体系统传输，这些都会关联到了电子控制单元。汽车电子设备制造商集成了网络化的电子控制单元组件和来自许多一级和二级供应商的软件，设备制造商为这些电子控制单元定义要求，但它们无法严格控制其实际内容和开发过程。

毫无疑问，随着汽车电子迅速发展，汽车电子安全的形势已经变得异常严峻。比如闹得沸沸扬扬的 2010 年丰田汽车刹车门事件，就是有关汽车电子安全事件的一次大爆发。汽车设备制造商正在面临着巨大的困难。如单一的电子控制单元的延迟交付或者伴随有严重的可靠性问题等。所有的这些或许都会引起到货延误或客户可见故障，最终导致召回和声誉不佳的后果。再加上车联网引发的有关安全的新挑战，一个关键组成部分中的一个漏洞，比如通往安全性至关重要的汽车网络网关，都会导致远程攻击者进入，这将是物联网环境中提高汽车安全性的一些崭新的领域。

针对汽车功能安全（Functional safety），嵌入式操作系统已经加强了安全方面的测试和认证工作，比如要求代码符合 MISRA- C 规范和 ISO26262 认证。

结语

无论是汽车电子系统的电子控制单元（ECU）还是车载信息娱乐系统（IVI），嵌入式 OS 正在大行其道，越来越多的嵌入式软件公司甚至 IT 公司都在争先恐后地跻身汽车电子的开发行列。今天我们看到的特斯拉 Model S，拥有一个巨大的液晶显示中控屏，俨然将汽车变成了一个移动的大电脑，非常吸引眼球，如图 11-5 所示。特斯拉这家创立于硅谷的电动汽车品牌，在汽车与互联网 IT 的完美结合方面给了我们许多启迪。还有已经上路试车的谷歌自动驾驶汽车，也非常令人期待。汽车电子的嵌入式 OS 大有可为，走开放、开源的道路是大势所趋。

图 11-5　特斯拉 Model S IVI 系统

嵌入式软件的知识产权

因为嵌入式软件和操作系统需要嵌入在电子设备里，具有不可见和难以度量的特点，所以其获得知识产权收益的方式与传统软件有很大的不同。开源软件重构了嵌入式操作系统的商业模式，为嵌入式企业带来了机遇。而云计算和物联网的兴起，又给嵌入式操作系统带来了商业模式上的新挑战。

嵌入式软件的知识产权

2007 年 3 月 15 日，德国汉诺威电子展览的第一天，当地海关人员就以涉嫌参加展览的产品侵犯了意大利 Sisvel 公司的专利为理由，扣押了包括爱国者、纽曼和迈乐数码等中国厂商的部分 MP3 产品，尽管中国厂商解释他们已经通过代工厂交了专利费用，但是也无济于事。虽然最近华旗和 Sisvel 双方和解并高调宣布进行全面的合作，但是这依然无法抹去罩在中国企业头上的阴影，也不得不让人们联想起来 2004 年思科（Cisco）对华为的诉讼，再之前 Intel 起诉深圳东进软件侵权，还有已经喧闹已久的 DVD 专利费用，和最近美国不顾中国知识产权现状的改善，向 WTO 申诉中国的盗版行为。这些对于正在谋求转型和国际化的中国企业来讲，真好像是山雨欲来风满楼。

软件知识产权的概念

计算机软件知识产权是指个人、企业对软件开发过程中创造的智慧成果所拥有的著作版权、专利权和商标权三部分的总称，著作权是指软件代码和文档，专利权是设计方法和处理方法，商标权是指品牌和商标。著作权和专利权对软件保护起到重要的作用。在某些情况下，企业和个人也常常利用商业秘密对没有公开的商业技术进行保护。

20 世纪 70 年代初，在 IBM 的倡导下，计算机硬件和软件的销售逐渐开始分离，专业软件企业开始兴起，软件产品和软件服务开始作为一个产业在信息社会发挥重要的作用，培育了微软这样的航母级的软件企业。软件不同于一般的商品，软件的销售和交易中包括了软件的复制（介质）、技术服务和知识产权 3 个部分。软件的销售和交易过程也不同于一般的商品，一般商品交易只许签订一个简单的购买协议或者柜台交易，而软件销售和交易一般采用软件许可证协议的方法，即买卖双方除了签订一个购买合同外，还要签一个重要的文件，就是软件许可协议（Software License Agreement-SLA），通过这个许可协议卖方向买方提供软件的使用权和复制权，卖方也通过它制约买方对软件的使用和修改的行为，同时也规定了双方承担的法律义务和责任。有些简单的套装软件采用打开式许可协议的方式，即许可协议打印在软件包装上，撕开封口就意味着接受许可协议，或者软件安装的过程中首先提示许可协议，等待用户键入"同意"后安装继续，即认为用户接受许可协议。嵌入式软件中的工具类软件有的采用这样的方式，其他包括操作系统在内的嵌入式软件多数需要签订软件许可协议。

软件的市场宣传、销售和服务是个经营性比较复杂的过程，多数软件企业规模较小，软件经销和代理是世界比较流行的方式，软件许可协议也可以通过经销商获得，即软件代理和经销商从原始软件厂商获得一个主授权协议（master agreement）后再分发给最终用户。

需要说明的是，上面我们谈到的软件许可方式是针对商业软件，自由软件（freeware），包括目前非常流行的开源软件（open source software），如 Linux 同样受著作权法的保护，但是它们采用完全不同的发行方式来保护著作权。

嵌入式软件的特征

嵌入式软件是运行在一个电子设备（或者说装置）的微处理器上的软件集合，它可能是一段由汇编语言或者 C 语言书写的代码，也可能是包含一个嵌入式操作系统和应用软件的代码。今天的嵌入式软件已经是电子设备的核心部件，这些电子设备可能是手机、MP4/MP3、高清晰电视机、微波炉、空调、电梯这些随处可见的消费电子和日用产品，也可能是运行在全世界互联网络上的路由器、交换机、无线路由器，还可能是我们虽然不是每天使用，但是的确是我们生活一部分的飞机、火车、汽车、轮船、火箭等。

伴随着微处理器的大量使用和处理能力的提高，嵌入式软件在电子设备中的地位越来越重要，一个基于 32 位微处理器电子设备的软件工作量已经大大超过硬件，在后期的投入中，软件将会是主要的工作。嵌入式软件的代码量也由早年 8 位单片机上几 KB 的汇编代码到现在的几 MB 甚至几十 MB 的程序。更多电子设备趋向于通过软件的方式改进产品功能和差异，以满足市场细化的要求，嵌入式软件正在成为电子设备的灵魂。但是，我们必须意识到，上面提到的大量的软件程序之中相当一部分的代码可能是操作系统、图形库、TCP/IP 协议、USB 和蓝牙协议、多媒体编解码库、安全加密库、汉字库和输入方法等五花八门的软件库，这样代码的来源是哪里？是否取得了合法的授权？使用商业的软件和自己开发的软件有没有侵犯第三方的专利和涉及其他企业的商业秘密呢？这些都属于嵌入式软件的知识产权问题。

嵌入式软件的知识产权问题

嵌入式软件包括开发工具、嵌入式操作系统、嵌入式中间件和应用软件这 4 个大的组成部分。开发工具是嵌入式系统中最基本软件，它是由编译器（嵌入式汇编和 C/C++）、调试器和仿真器（比如 JTAG 盒子）这 3 个基本工具组成，也称为 IDE 环境，还可能包括设计和分析工具，比如 UML 设计软件、测试软件。嵌入式开发工具是对软件进行编辑—调试—编译的过程，最后生成可以运行在微处理器上的软件代码。这部分工具的知识产权主要是开发和使用的授权许可，即你们公司和团队有多少个开发者使用这个工具和工具的升级技术服务等问题，一般情况下不再加收版税。比较著名的开发工具有 ARM 公司 RealView（新版本是 DS5）、Keil MDK、IAR 公司的 EW、Freescale 公司的 Codewarrior 等。

嵌入式操作系统是一种以支持嵌入式处理器为基础，为各种嵌入式应用软件和设备提供多任务编程接口的系统软件。传统的面向微控制器的嵌入式操作系统由一个内核和附加的模块组成，目前市场上典型的代表是 μC/OS-II/III、Nucleus、Threadx 等。新一代的嵌入式操作系统集成了开发工具、内核、TCP/IP 网络，文件形成类似通用操作系统（如 UNIX）的软件环境，典型的产品是 VxWorks、QNX 等。随着集成电路技术的发展和信息电子产品对网络互连的要求越来越高，通用的操作系统经过改造也逐渐进入嵌入式领域，并已经扮演着重要的角色，如 Linux、Windows Embedded CE。

传统的嵌入式操作系统采用一次性收费和开发许可加版税这两种方式。所谓一次性的收费是按照某个特定的产品（比如某个公司品牌的某个具体型号的产品）、产品系列（上面这种情况的一个系列的产品，如某公司 E 系列手机）、整个公司在某个地区生产范围的所有产品等情况，不按照生产产品的具体数量缴纳费用。开发许可加版税的方式顾名思义是授权在产品开发和维护时使用嵌入式操作系统的软件环境和工具，在产品进入了生产时按照实际的产量收取每个产品的版税，价格是由产品的生产数量和产品价值决定的，可能是几十美元，也可能是几十美分。随着更多的企业拥有自己的芯片产品，为了能够更好地推广自己的芯片，芯片公司一般都会自己或者委托第三方开发一个参考设计的方案，这个方案里面可能都会涉及嵌入式操作系统，有些商业的嵌入式软件公司就提供一个称为专门针对 CPU 的版税授权，这样芯片设计公司就代替最终用户获得了某个操作系统和这个芯片绑定在一起的版税授权，而且与最终产品的种类无关，这个模式非常适合于产量大的消费电子产品。

另外值得注意的是，一种按年收费的方式已经在国际上流行起来，国内的某些大型企业也有采用。这个方式的基本过程是这样的，授权方经过对被授权方考察后，确定一个每年的收费价格，价格里包含产品开发和维护者的使用授权，还包括产品发行时的版税授权，重要的是在一年的时间里没有任何数量的限制。从这样看，这种方式应该比较适合有大量开发人员、多种系列产品和高产量的大型设备制造商。

通用操作系统如 Windows Embedded CE 是采用版税的方式，它的好处是开发工具一般是免费的或者价格低廉的，这对于中小型企业和产量小的企业有吸引力。Linux 是一个开源的软件，有其独特的软件授权和使用方式，是非常适合嵌入式软件使用的一种操作系统软件和工具。它属于非商业软件，在此不再赘述。需要说明一点，商业的 Linux 软件公司的产品，比如 MontaVista、Red Had 是在开源的基础上形成了一个商业 Linux 软件工具和平台，它们也遵循商业软件的方式，比如 MontaVista 是按照年和开发人数目收取订阅费，但是没有版税，Red Had 按照每台服务器的方式收费（相当于版税）。

嵌入式软件中间件在知识产权形式和授权方式方面同操作系统非常接近，在技术层面两者也有融合的趋势，操作系统正在包含越来越多的中间件，而中间件和应用方案里面会包含一个操作系统。嵌入式中间件可以分为通用和专用两种类型，其中通用型和操作系统基本一样，如图形库、TCP/IP 协议、文件系统和小型的数据库等；专用型里面除了电信行业的网络协议外，因为技术方面复杂度要求，是以源代码和一次性版税的方式为主，其他的如电信数据库和高可靠性软件都是二进制版税的方式，传统的消费电子的应用软件和中间件多数是二进制版税方式，如手机、电视和 VoIP 软件。因为消费电子产品开发周期短，产品开发和销售的风险系数大，消费电子的嵌入式软件和半导体硬件系统的关联紧密，采用二进制版税的中间件和应用软件是一个兼顾各个方面利益的方式。但是需要注意的是，在开源软件的冲击下，消费电子的中间件和应用软件也正在发生巨大的变化，开放的软件代码和灵活的授权方式已经产生，而且必将成为未来的趋势。

国内企业、设计公司、行业协会和政府很早就已经开始关注嵌入式软件的知识产权问题，自主开发和采用国际惯例购买嵌入式软件的开发和生产使用授权已经是目前许多企业和机构长期遵循的原则。在政府和行业协会的支持下，国内有自主知识产权的嵌入式软件也在蓬勃发展，2006 年中国软件企业的排名中，华为、中兴和海尔都名列前茅。但是不可否认，盗版使用嵌入式软件的现象依然大量存在，相关的商业纠纷也越来越多。尤其因为嵌入式软件的特殊性，如果不是在开发使用阶段，产品已经进入了生产阶段，一般的机构是很难发现和取证这样的侵权行为，这样的结果不仅仅给国外嵌入式软件企业带来了巨大的经济利益损失，也给我们国家和国内企业的国际形象带来负面的影响，同时也制约了国内嵌入式企业发展。从目前的情况看，国内专门从事嵌入式软件的企业的数量大大少于其他软件行业，而以自主开发为主的嵌入式软件企业更是寥寥无几，企业规模和盈利情况也不容乐观。目前在国内侵犯嵌入式软件知识产权的行为主要表现在下面几个方面：

1）在没有取得任何授权的情况下，盗版使用嵌入式工具和操作系统软件，或者只购买了少量用户（坐席）的使用权，但是从网络或者其他途径获得安装口令后多人使用；未经授权获得商业嵌入式软件源代码在自己软件开发中使用，侵犯其他企业嵌入式软件的商业秘密。

2）使用了需要支付版税的嵌入式软件，产品开发成功后上市，或者再销售给最终用户的时候，没有取得厂家的软件授权未交付版税；或者即使和厂家签订了软件授权协议，应该按季度主动申报数量缴纳费用，但是以各种借口拖延或不缴纳。

3）已经签订的软件授权许可协议内容和现在的实际使用情况不符合，比如授权许可的是某一个型号的产品，但是现在生产的是另外一个型号；或者擅自在未经授权的其他企业的产品中使用。

与国内消费电子、音乐、电影、服装和医药行业面临的知识产权现状情况一样，伴随中国设备制造业的发展，国外对国内嵌入式软件的使用也将会更加关注，将会进行更严格的审查和检验，特别是针对有外销产品和在国际上有相当声誉的企业更会紧盯不放。正如信息产业部的领导在其次工作会议上谈及华旗MP3事件的时候，呼吁中国企业要更多地研究并遵循国际游戏规则，他同时批评，"我国的一些企业对国际规则不太了解，导致国外企业老来抓小辫子"。学习和了解嵌入式软件的知识产权规则，制定企业自己的嵌入式软件发展策略，是摆在国内电子设计行业面前的一个重要课题。

应对嵌入式软件知识产权的策略

大型企业应该配置相应的职能部门，中小企业应该有专人负责的小组，汇集法律、商务和技术3个方面专家，研究和评测企业嵌入式软件知识产权的现状和计划，学习相关的法律和法规，有计划和步骤地讨论和解决问题。目前国内企业已经逐渐建立了一个比较完善的开发和生产过程管理体系（比如某些企业采用的IPD），但是大多还缺少一个完善的研发流程，甚至多数企业研究和开发不分，也就是我们通常所说的只有D（开发）没有R（研究）。这将成为管理知识产权的一大软肋，因为如果研究阶段不能控制知识产权风险，到了开发和生产阶段，那就会太晚了。依目前看到的情况，应该提醒的是：过分地强调技术方案的可行性，而忽略了知识产权问题，过分强调追求成本优势，以商业价值替代知识产权风险，过分追求操作简化，以市场运作代替知识产权问题的想法都是不正确，而且有可能给企业未来长期发展带来重大隐患。所以，解决体制和组织结构的问题是目前当务之急。此外完善的体制和组织结构也是保护企业自身商业秘密和不侵犯其他企业商业秘密的重要手段。近些年来，企业之间侵犯商业秘密和盗窃企业机密等方面的官司不断发生，这说明了市场竞争加剧了知识产权问题的争端。

嵌入式软件自主开发和创新之路

嵌入式软件是系统和工具软件，属于基础科学。相对新型技术，嵌入式软件中的嵌入式软件操作系统、通用中间件和工具的基本理论和实现方法是成熟和公开的，尤其是在开源浪潮的冲击下，这些软件在开源、半开源（双许可）和其他自由软件世界里都可以找到参考代码，甚至已经比较成熟的软件，比如 GNU 作为嵌入式软件工具，Linux、FreeBSD、eCOS、GTK/X-windows、Qtopia 图形库、FreeRTOS 和 LWIP TCP/IP 作为操作系统和中间件等。

纯嵌入式软件中的专利技术相对消费电子、通信产业要少得多，国内企业完全有可能开发自主产权或者参与开源的软件开发，比如中科红旗 Linux、凯思和科银京成的嵌入式操作系统、飞漫的 miniGUI、南京移软的手机软件等都是成功的例子。国内软件企业有人力成本和服务的优势，特别可以帮助本土的设备制造商进行本地化和产品化的开发和维护，这点尤其适合嵌入式系统。国内自主的嵌入式软件开发和创新能力的提升也是我们与国际商业嵌入式软件厂商谈判中的筹码，比如国内手机软件在国产手机方案中的成功应用，使得国外手机软件的价格在过去 3 ~ 5 年降低近 50%。

从芯片厂商获得授权

通过芯片厂商获得嵌入式软件的授权是目前常见的方法。嵌入式软件是建造在芯片上的一种管理和应用系统，嵌入式系统的许多功能和软件是由芯片厂商提供和支持的。芯片厂商由于自身的市场竞争压力，在提供芯片的同时，还会愿意免费或者很便宜地提供评估和构造简单系统的开发工具和软件，比如 ST 和 NXP 针对他们各自用户，通过从德国 Segger 公司授权，免费提供了二进制代码的 emWin 图形库；在消费电子行业，因为产品更新换代快，芯片厂商会提供一套嵌入式软件方案，用户只要改变 UI（用户界面）就可以马上生产了。当然用户还可以做更进一步的改进，但是余地不大。芯片厂商一般都是比较大型的企业，他们的软件方案都会先得到合法授权，他们选择的软件也都有一定的先进性和成熟性。通过芯片厂商获得嵌入式软件的授权将继续是一种常见的方法。

但是有必要提醒大家的是：第一，相对来说，芯片厂商的工具简单，难以满足复杂的系统软件开发和调试；第二，芯片厂商的方案是要卖给多家制造和设计公司的，如果大家都只是简单修改些皮毛，那么最终的产品就可能是很雷同的了，同质化的现象比较严重，这样的结果使不同企业的同类产品无法进行差异化竞争，最后只能是价格竞争。所以笔者的建议是：在项目开发的初期和开拓市场的时候，选择芯片厂商的工具和整体的解决方案都是适合的，但是当企业已经在行业中取得了领导的地位，又希望保持和继续发展的时候，选择成熟的第三方软件和委托定制软件将是明智的决定，先进的嵌入式软件和工具可以帮助企业提升产品的档次和提高创新能力。

重视标准参与和专利申请

随着中国企业在制造产业上的崛起，中国的制造和控制成本能力在世界范围都有着极大的优势，欧美和日本企业已经很难和我们竞争了。除了转移生产外，他们把目标投向了标准和专利，这篇文章开头的故事就是一个典型的例子。虽然嵌入式软件本身还不是最直接的面对标准和专利问题，但是开发嵌入式软件的过程本身必然要涉及标准和专利，如果中国企业总是不能加入标准的制定和讨论行列，一旦我们要设计一款支持最新标准的设备时，我们一定会比别人落后，还可能要不得不花许多的钱购买国外商业的软件去支持这个标准。比如，我们早年间在通信设备需要实现 7 号信令和 ATM 协议的时候，许多设备制造商就不得不花数百万的资金购买这些软件，相同的例子在过去几年的手机设计中也屡见不鲜。中国企业被动地等待标准成熟和实施才启动设备和装置开发的做法已跟不上时代的前进步伐，一味地跟踪国外技术、以成本优势和价格竞争市场的做法将更多地遭遇外国企业的标准和专利打压，深圳东进和 Intel 公司关于语音卡配套软件侵权的案子就是一个例子，明白地讲，东进的产品通过配套软件实现了和 Intel API 的兼容，东进的硬件价格大大低于 Intel，给 Intel 早年收购的 dialogic 的产品线造成了很大的威胁，法律手段成了 Intel 的一种市场策略。

企业要想在行业立足和树立品牌，跟踪标准、领导市场是立足和发展之本。中国企业已经认识到这些，正在积极参与国际标准的制定，中国自己的标准也正在逐步完善，中国的 TD-SCDMA 很有可能成为中国第一个实施 3G 的网络标准。深圳华为公司就有数十名专业人员和 300 人的外围团队，加入了 75 个标准的组织，积极参与组织各种国际标准会议，华为的产品正在按照国际标准走向世界。

与标准问题相比，专利的问题更具有复杂和隐蔽性。专利可能是一种带有创新的实现方案（发明专利），也可能只是一个外观的形式。对于嵌入式软件来讲，专利可能会隐含在其中。目前更多的建议和做法是鼓励企业员工申请更多的相关专利，包括华为在内的许多国内的企业都有内部的奖励机制，鼓励员工申请专利。2005 年的数字表明，上海、北京和深圳三地专利申请占国内城市的前三名，分别是 32741、22572、20940，同比平均增长 41%。而且发明专利授权占 1/3。专利申请无疑是一个必由之路，也是企业之间相互在市场上较量的一个砝码。伴随着中国企业向海外市场的扩展，专利纠纷将会越来越多，国内企业参与标准的制定和专利的申请，变得你中有我，我中有你，逐渐增加专利数量和提高专利质量是我们应该采取的对策。

当前，国际和国内的合作越来越多，一个企业为了市场的需求，不可能任何软件模块都是自己开发，如果必须外购或者定制软件模块，商业公司或者委托开发的机构如何保证他们的软件没有第三方专利侵权？这是一个敏感的问题，根据经验必须提醒的是，因为专利的复杂和隐蔽性，许多商业公司和机构（包括软件公司）并不能 100% 保证他们的产品没有第三方专利侵权，这已经成为行业的一个潜规则。企业应该争取要求这些商业公司和机构必须清楚地保证哪些部分是没有专利风险的，而且如果最坏的情况发生，商业公司和机构应该如何帮助用户更换有问题的模块或者部件，以保证用户的利益和相应法律赔偿。

结语

嵌入式软件是正在国内蓬勃发展的一个产业，嵌入式软件是电子设备的灵魂。企业重视嵌入式软件，学校、研究机构和政府积极推广和鼓励嵌入式软件的发展。尊重和保护知识产权是政府、企业和每个公民的职责和义务，合理的知识产权制度可以激励和保护知识创新。尊重嵌入式软件的知识产权，学习行业的规则，完善企业组织结构，制定正确发展对策是中国电子制造和设计行业面向世界、面向创新的坦途。

谈谈 FreeRTOS 及其授权方式

最近大家都在谈物联网，人人都在做智能硬件，FreeRTOS 也似乎被推到了风口浪尖。各家 MCU 芯片公司的开发板、SDK 开发套件都移植了 FreeRTOS。著名的智能手表 Pebble OS 的内核使用了 FreeRTOS，博通的 WICED WiFi SDK 也推荐使用 FreeRTOS。到底是什么让 FreeRTOS 火起来呢？

FreeRTOS 的起源

FreeRTOS 项目是由 Richard Barry 在英国创建的。Richard 在大学是学习计算机实时系统专业的，他参与创建过几个公司，主要专注在工业自动化、航天和仿真市场。Richard 现在是 Real Time Engineers Ltd 的技术总监、拥有者，以及 FreeRTOS 项目的维护者。图 12-1 是我和 Richard 2016 年 2 月在纽伦堡嵌入式世界展上的合影。

FreeRTOS 最初的目标是提供一个免费的、很容易使用的 RTOS 解决方案。无论你使用的是 Windows 还是 Linux，你不需要特别关注源代码文件路径在哪里，或者调试环境如何配置，这些 RTOS 都很容易构建和运行。

FreeRTOS 项目大约开始于 2003 年，每一个版本在正式发布成一个 zip 压缩包之前，都经过完整的测试，以确保产品的稳定。压缩包里面还会包含一个很简单的入门项目的例子，帮助初学者学习和理解。

图 12-1　笔者与 Richard 的合影

FreeRTOS 产品

FreeRTOS 是一个 RTOS（实时多任务操作系统）的内核，支持近 60 家公司 140 种 MCU（微控制器）和 MPU（微处理器），涵盖 8 位、16 位、32 位架构，FreeRTOS 支持开发者使用 IAR、GCC 和 Keil 等编译器预编译的工程项目。最近 FreeRTOS 自己开发了 FreeRTOS + TCP 和 FreeRTOS + FAT 两个内核之上的附加模块（中间件），这两个产品已经放在了 FreeRTOS 官网 FreeRTOS.org 中的 FreeRTOS lab 页面上。

8.2.2 版本 FreeRTOS 压缩再解压后有下面的几个文件目录（本书截稿的时候最新版本是 8.2.3，候选发布的版本是 9.0.0rc2）。

❑ FreeRTOS/source，包含 FreeRTOS 实时内核的源代码。

❑ FreeRTOS/demo，包含了 FreeRTOS 内核针对不同的嵌入式处理器和编译器的官方移植和 demo 项目，比如 CORTEX_LPC1768_IAR，指的是支持 NXP Cortex LPC1768 MUC 使用 IAR EW ARM 编译器项目工程文件。

❑ FreeRTOS-Plus，包含 FreeRTOS 自己和第三方的中间件，包括：CLI（命令行）、FAT — SL（标准文件库）、IO（POSIX 标准外设库）、NABTO（点对点连接云服务）、UDP、Trace（内核跟踪分析）和 CYASSL（嵌入式 SSL）等模块。开发者需要注意的是，上面产品的授权方式或许与 FreeRTOS 不一样，请仔细阅读对应代码目录下的授权文件。

❑ FreeRTOS-Plus/Demo，包含了 FreeRTOS 中间件预配置好的工程文件，有些工程文件需要运行在 Windows 仿真的环境下。

　　某些第三方的中间件没有包括在 FreeRTOS 压缩包中，比如 interniche TCP/IP 协议栈软件，它包括 IPV4/V6 和各种网络应用（比如 http/snmp/ftp）的源代码和二进制版本。FreeRTOS+Trace 是瑞典 percepio 公司的商业软件，它提供 FreeRTOS 应用运行时的诊断功能，如图 12-2 所示。FreeRTOS 压缩包里提供的是一个 Windows 仿真环境的免费版本。WITTENSTEIN high integrity systems（WHIS）是一家英国公司，它是 Real Time Engineers Ltd（FreeRTOS）官方的商业合作伙伴，他们开发的 SafeRTOS 是基于 FreeRTOS 技术、经过安全认证的实时操作系统内核，这些安全认证包括 EC 61508、EN62304 和 FDA 510(k) 等。

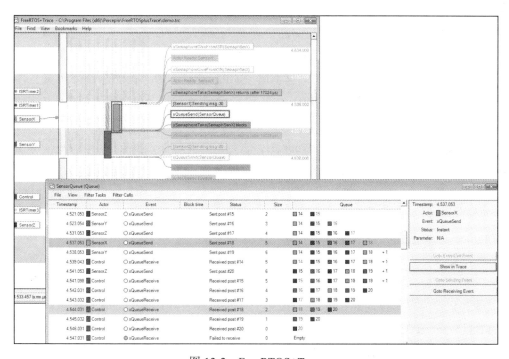

图 12-2　FreeRTOS+Trace

FreeRTOS 的授权方式

　　FreeRTOS 内核采用的是 GPL 授权方式，但它是一个修改的后 GPL 协议。FreeRTOS 的 GPL 授权给了这样一个例外条件：这些独立模块如果它们使用的是 FreeRTOS API 与 FreeRTOS 进行通信，并且这些独立模块不涉及内核和内核调度，也没有对任务、任务通信和信号量等内核功能做出改动，这些模块可以不按照 GPL

方式公开源代码。和通用的 GPL 条款不同的是，开发者、芯片公司和设备制造商没有被要求公开自己与 FreeRTOS 内核不直接相关模块（称为独立模块）的源代码，比如应用、驱动和中间件，如图 12-3 所示。Linux 内核采用的就是通用 GPL 条款。

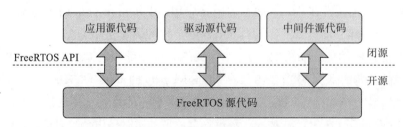

图 12-3　FreeRTOS 内核授权方式参考

FreeRTOS demo 目录下的第三方软件的授权不在 FreeRTOS 内核授权范围，请阅读相关目录下授权文件。比如前面提到的 FreeRTOS+Trace 就是一个商业软件，只不过在压缩包里他们提供了一个免费版本。还有一些在 FreeRTOS 内核源代码里，但是不属于 FreeRTOS 版权，也不属于 GPL 授权范围，比如芯片公司头文件（header file）和外设驱动（比如 SPI、中断和 timer 等）和编译器公司的头文件（比如 IAR 和 Keil），开发者和设备制作商需要联系芯片公司了解他们的授权方式和要求。uIP TCP/IP 协议的作者是 Adam Dunkels，它也是开源软件，授权的细节可以从 uIP 的源代码文件夹里获得。lwIP TCP/IP 协议的拥有者是瑞典计算机科学研究所，它也是一个开源软件，授权的细节可以从 lwIP 的源代码文件夹里面获得。

另外，FreeRTOS 的授权声明中还包括了下面的条款：除非得到 Real Time Engineers Ltd 公司允许，任何人不得将其用于以操作系统运行和编译时间测量为目标的出版物。这点研究机构和高校应特别注意。

为了减少一些企业和设备制造商对于 GPL 授权条款的担心、技术支持、服务和其他知识产品等法律问题，FreeRTOS 还有一种商业授权版本 OpenRTOS 可供用户选择。OpenRTOS 由前面提到的英国 WITTENSTEIN high integrity systems 公司提供授权和技术支持。表 12-1 给出了 FreeRTOS 和 OpenRTOS 的比较。据悉，国内已经有汽车电子企业在电动汽车项目中购买了 OpenRTOS 商业授权。

关于设备制造商使用了 FreeRTOS 之后，如何遵循 GPL 原则发布源代码和声明文件的问题，Pebble 公司的 Pebble OS 是一个很典型的案例，可以参考。Pebble 是一家美国著名的智能手表公司，它开发的智能手机操作系统 Pebble OS 的内核是基于 FreeRTOS 的，因为智能手表 App 任务权限管理的需要，修改了内核本身的一些功能，比如 MPU 的管理方式和软中断等内核功能，这样必须公开修改过的 Pebble OS 内核以及相应的说明文档。

表 12-1 FreeRTOS 和 OpenRTOS 的比较

	FreeRTOS 开源授权	OpenRTOS 商业授权
免费	是	不是
能在商业应用中使用 FreeRTOS	是	是
免版税	是	是
使用了 FreeRTOS 服务的应用程序必须开源	不是，只有代码提供的功能与 FreeRTOS 提供不同	不需要
需要提供 FreeRTOS 内核的修改文件	需要	不需要
需要有文档说明我使用了 FreeRTOS	是，一个 Web 的链接就足够了	不需要
需要给用户提供 FreeRTOS 代码	需要	不需要
能在商业应用中得到专业的技术支持	不能，FreeRTOS 支持通过在线社区提供	能
产品有维护	没有	有
提供法律保护	没有	有

结语

FreeRTOS 是一个非常容易使用的 RTOS，也得到了许多流行的 MCU 芯片、开发板和工具的支持。笔者在 2015 年春季给北京航空航天大学软件学院物联网技术与应用专业开设的"可穿戴系统设计与实现"课程中，就讲授了 FreeRTOS。Pebble 智能手表作为使用了 FreeRTOS 的可穿戴设备典型成为课堂案例。课程中实验平台采用了 STM32 Nucleo 开发板（Pebble 使用的是 STM32 Cortex-M3），STM32 Cube 软件中间件就包含 FreeRTOS 移植好的源代码和应用工程项目。

博通公司的 WICED Wi-Fi SDK，还有其他公司物联网操作系统也在使用 FreeRTOS，实时性和小的尺寸是 FreeRTOS 重要的技术因素，采用 GPL 授权方式，更符合互联网开放和共享精神是更重要的因素。FreeRTOS 修改后的 GPL 条款考虑了芯片、开发者和设备商隐私要求，更加合理和富有灵活性，这和 Android OS 授权方式有着异曲同工之处。

第 13 章 Chapter 13

嵌入式操作系统的发展

嵌入式操作系统走过了 20 世纪 80 年代 RTOS 内核、20 世纪 90 年代集成开发环境、2000 年开源软件和 2010 年面向应用嵌入式操作系统这 4 个阶段，标志性的产品分别是 VRTX、Vxwork、Linux 和 Android。如今，嵌入式操作系统正在迎来物联网时代。本章将重点介绍 RTOS 发展趋势和 Android 在非智能手机领域发展的情况。

嵌入式操作系统的现状和未来

随着互联网应用的飞速发展，嵌入式微处理器的应用日益广泛，无处不在，大到我们乘坐的波音飞机，小到移动电话，都有嵌入式微处理器身在其中。在嵌入式微处理器的应用开发中，嵌入式操作系统（RTOS）是一个核心部件，就像在我们日常所用的桌面系统中的微软公司的 Windows 一样重要。

RTOS 早已经在全球形成了一个产业，据美国 EMF（电子市场分析）报告称，1999 年全球 RTOS 市场产值达 3.6 亿美元，而相关的整个嵌入式开发工具（包括仿真器、逻辑分析仪、软件编译器、调试器）产值则高达 9 亿美元。

RTOS 发展历史

从 1981 年 Ready System 开发了世界上第一个商业嵌入式实时内核（VRTX32），到 2001 年已经有 20 年的历史。20 世纪 80 年代的产品还只支持一些 16 位的微处理器，如 68k、8086 等，那时候的 RTOS 还只有内核，以销售二进制代码为主，当时的产品除 VRTX 外还有 IPI 公司的 MTOS 和 20 世纪 80 年代末 ISI 公司 pSOS。产品主要被用于军事，以及电信设备制造商使用。进入 20 世纪 90 年代，现代操作系统的设计思想，如微内核设计技术和模块化设计思想开始渗入 RTOS 领域，老牌的 RTOS 厂家，如 Ready System（在 1995 年与 Microtec Research 合并）也推出新一代的 VRTXsa 实时内核，新生代的 RTOS 厂家 WindRiver 推出了 VxWorks。另外在这个时期，各家公司都力求摆脱完全依赖第三方的工具的制约，而自己通过收购、授权或使用免费工具链的方式，组成一套完整的开发环境。如，ISI 公司的 Prismt、著名的 Tornado（WindRiver）和老牌的 Spectra（VRTX 开发系统）等。

进入 20 世纪 90 年代中期，互联网在北美日渐风行，网络设备制造商、终端产品制造商都要求 RTOS 有网络和图形界面的功能。为了方便使用大量现存的软件代码，他们希望 RTOS 厂家都支持标准的 API，如 POSIX、Win32 等，而且希望 RTOS 的开发环境与他们已经熟悉的 UNIX、Windows 一致。这个时期代表性的产品有 VxWork、QNX、Lynx OS 和 WinCE 等。

RTOS 市场和技术发展的变化

可以看出，进入 20 世纪 90 年代后 RTOS 在嵌入式系统设计中的主导地位已经确定，越来越多的工程师使用 RTOS，更多的新的用户愿意选择购买而不是自己开发 RTOS。并且我们注意到，RTOS 的技术发展也出现了以下一些变化。

1）因为新的处理器越来越多，RTOS 自身的结构的设计特点使它更易于移植，以便在短时间内支持更多种微处理器。

2）开放源码之风已波及 RTOS 厂家，已经出现数量相当多的 RTOS 厂家，他们出售 RTOS 时就付加了源程序代码并包含生产版税。

3）后 PC 时代更多的产品使用 RTOS，它们对实时性要求并不高，如手持设备等。微软公司的 WinCE、Plam OS、Java OS 等 RTOS 产品就是顺应这些应用而开发出来的。

4）电信设备、控制系统要求的高可靠性，对 RTOS 提出了新的要求。瑞典 Enea 公司的 OSE 和 WindRiver 新推出的 VxWork AE 对支持 HA 和热切换等特点都下一了番功夫。

5）WindRiver 收购 ISI 在 RTOS 市场形成了相当程度的垄断，但是由于 WindRiver 决定放弃 pSOS，转为开发 VxWork 与 pSOS 合二为一版本，这便使得 pSOS 用户再一次走到重新选择 RTOS 的路口，给了其他 RTOS 厂家一次有利的机会。

6）嵌入式 Linux 已经在消费电子设备中得到应用，韩国和日本的一些企业都推出了基于嵌入式 Linux 的手持设备，并且嵌入式 Linux 得到了相当广泛的半导体厂商的支持和投资，如 Intel 和 Motorola。

RTOS 的未来

未来 RTOS 的应用可能划分为 3 个不同的领域。

1）系统级：这是指 RTOS 运行在一个小型的计算机系统中完成实时的控制作用，这个领域将主要是微软与 Sun 竞争之地，传统上 UNIX 在这里占有绝对优势。Sun 通过收购让其 Solaris 与 Chrous os（原欧洲的一种 RTOS）结合，微软力推 NT 的嵌入式版本 Embedded NT。此外，嵌入式 Linux 将依托源程序代码开放、软件资源丰富的优势，进入系统级 RTOS 的市场。

2）板级：这是传统的 RTOS 的主要市场。如 VxWork、pSOS、QNX、Lynx 和 VRTX，应用将主要集中在航空航天、电话、电讯设备等。

3）SoC 级（即片上系统）：这是新生代 RTOS 的领域，主要应用是消费电子、互联网络、手持设备等产品，代表的产品有 Symbian、ATI 的 Nuclens、Express logic 的 Threadx，老牌的 RTOS 厂家的产品 VRTX 和 VxWork 也很重视这个市场。

从某种程度上讲，不会出现唯一标准的 RTOS（像微软的 Windows 在桌面系统中的地位一样），因为嵌入式应用本身就极具多样性。但是在某个时间段以及某种行业有可能会出一种具有绝对领导地位的 RTOS，比如今天在宽带的数据通信设备中的 VxWork 和在亚洲手持设备市场上的 WinCE 就是一例子。但是这种垄断地位并不是牢不可破的，因为在某种程度上用户和合作伙伴更愿意去培养一个新的竞争对手，以便让 RTOS 的价格更趋合理，环境更加开放。比如，Intel 投资了 MontiVista，Motorola 投资了 Lineo，这是两家嵌入式 Linux 的领头羊，这种现象说明半导体厂商更愿意看到一个经济适用的、开放的 RTOS 环境。

RTOS 在中国

中国将是世界上最大的 RTOS 市场之一。因为中国有着世界上最大的电信市场，据信息产业部预计，中国是世界最大的手机市场（每一部手机都在运行一个 RTOS）。这样庞大的电信市场就会孕育着大量的电信设备制造商，这就造就了大量的 RTOS 和开发工具市场机会。目前中国的设备制造商绝大多数如果想采购 RTOS，他们首先考虑的还是国外产品，目前主要在中国市场流行的 RTOS 有 VxWork、pSOS、VRTX、NUCLEUS、QNX、WinCE 等。由于 RTOS 多数是嵌入在设备的控制器上，所以多数用户并不愿意冒风险尝试一种新的 RTOS。

但是我们同时也注意到，目前 RTOS 在中国市场的销售额还很小，这主要是由于两个原因：

1）中国的设备制造商普遍的规模还无法与国外公司相比，开发和人员费用相比还较低，所以 RTOS 对于中国用户讲是比较贵的。

2）多数国内用户还没有开始购买 RTOS 的版税，这主要原因有：产品未能按计划量产，没有交版税的意识。应该提醒大家注意的是：大多数二进制的 RTOS 必须在产品量产时交版税，你或者按数量买或与厂家讨论一次性买断，而由厂家直接发给你授权协议书。据国外某 RTOS 厂家称，他们年收入的 30% 来自版税。

在过去的几年中，国家研究机构、企业已经在开发自主知识产权的 RTOS 或在开放源码的 Linnx 基础上发展自己的嵌入式 Linux 版本。国产 RTOS 的市场主要集中在消费电子方面，因为这里有许多国外 RTOS 不能适应的部分，如中文处理。目前主要产品有：中科院系统凯思昊鹏的"女娲"，英文是 hopen，北京科银京成（原电子科大）的 DELTA OS（原名是 CRTOS），中科红旗 Linux ⊖，深圳蓝点 Linux ⊜。可以肯定地讲，这些 RTOS 目前市场占有率还很低，多数公司还是依靠政策支持、国内投资、海外上市等方式来支持公司庞大的开发投入，真正的市场回报还仅仅是杯水车薪。如何长期良性循发展下去将是一个重要的课题。对于这些厂家而言，如果深入某种特定的应用产品开发，如机顶盒，那将可能会等到一两家用户的支持，而同时将会失去更多的用户，因为用户之间有很强烈的竞争性，他们并不想让供应商参与他们的产品开发的全过程。

⊖　中科红旗已在 2015 年破产结算。

⊜　蓝点 Linux 已退出市场。

如何开发出一种通用的 RTOS，使得用户易于使用，能方便地裁剪到其他的系统中去，国外商用 RTOS 已经很好地解决了这个问题。中国人设计的 RTOS 应更多地适于中国的国情，除了中文处理，中国有些广泛的单片机的应用基础，开发设计一种简单易用 RTOS 开发环境，以中国人可以接受的价格和更为务实的技术支持手段，也许可以找到一种正常的市场回报途径。RTOS 产业是一个循序渐进的产业，任何急功近利的做法都将导致功亏一篑。用户熟悉一种 RTOS 需要一个相当的过程和厂家的支持，同时他们一经使用就不愿意轻易放弃这种 RTOS。我们相信，中国人自己开发设计的 RTOS 将来一定会得到国人的认可，有着无限光明的前途。

Android 方兴未艾

Android 系统一开始并不是由谷歌研发出来的。Andy Rubin 创立了 Android 手机操作系统公司，谷歌在 2005 年收购了这家成立仅 22 个月的高科技企业。Android 系统也开始由谷歌接手研发，Android 公司的 CEO Andy Rubin 成为谷歌公司的工程部副总裁，继续负责 Android 项目的研发工作。在 2007 年 11 月 5 日这天，谷歌正式向外界展示了这款名为 Android 的操作系统，并宣布建立一个全球性的联盟组织，该组织由 34 家手机制造商、软件开发商、电信运营商以及芯片制造商共同组成。这一联盟将支持谷歌发布的手机操作系统以及应用软件，将共同开发 Android 系统的开放源代码。到今天，Android 已经经历了十余个版本，成为智能手机市场占有率最大的 OS。除了手机，Android 在智能电视和手表等消费电子领域都有不俗的表现，正在向汽车电子和工业控制等传统的嵌入式领域逐步渗透。

许多年来，我们时常看到关于谷歌要关闭 Android 大门的各类信息。先是谷歌 2011 年 125 亿美元收购 Motorola 之后，传闻 Android 新版本将不再给其他手机公司了；后来谷歌推出自己品牌的手机（Nexus）；再传闻 Android 新版本将只供谷歌自己使用；之后又有 Andy Robin 离开 Android 开发团队的消息等，搞得中国商务部在批准谷歌收购 Motorola 的条款上还增加了一条，要求谷歌 5 年内要开放 Android 操作系统。现在看来，这些都是没有必要的担心。谷歌保留了 Motorola 手机专利后，2014 年 1 月 30 日，以 29 亿美元价格把 Motorola 转手卖给了联想，这一天也是中国的大年三十。谷歌自己的品牌手机 Nexus 5 也是让名气不是很大的 LG 代工，新一代 Nexus 6P 更是找华为代工。离职传闻已久的 Andy Rubin 最终还是在 2014 年 10 月离开了谷歌，创办了一家孵化器公司，帮助更多的年轻人参与硬件创业。

2014 年 5 月，我参加了在美国波士顿举办的 AnDevCon 会议，这是一个面向 Android 应用软件开发人员的技术会议和展览，特点是实用、涉及范围广泛，信息量很大。无论你是企业软件的开发者，是商业软件公司，还是创业公司，只要是在开发 Android 应用软件，都适合参加这个会议。可以更确切地说，AnDevCon 是非谷歌组织的最大的 Android 技术会议。

这一年的 AnDevCon 会议组织了 75 场讲座和 40 多家展商，其中 20 场讲座涉及最新的技术内容，比如"构建企业级安全的 Android 应用""嵌入式 OS 的新标准——Android""开发 Android 蓝牙应用"和"Android 性能优化的 5 个窍门"等讲座。这些内容能让参加者及时准确地了解到 Android 技术的新进展。

这次波士顿 AnDevCon 会议有 3 个重点：第一个是开发平台技术，涵盖所有 Android 编程内容的概述和深入探讨，包括广泛的 Android 平台，比如 Android 4.4、Google TV、Google Glass 和 Google Wallet；第二个是嵌入式的 Android 技术，这方面的内容是为与硬件开发工作相关的软件工程师准备的，如定制设备驱动、嵌入式 Linux 的内部机制讲解等；第三，是 Android 的企业应用，内容涵盖了 Android 开发的非编码方面的内容，比如在线支付、应用商店、隐私、知识产权保护、商标和版权以及市场营销。给我印象比较深的报告内容有两个，一个是高通公司的主题发言。高通公司计划把移动技术推广到更广泛的应用领域，他们认为，嵌入式系统同样需要移动处理器所具备的低功耗和高集成度，将是一个很大的应用市场。在软件方面，高通公司认为 Linux OS 已经在嵌入式系统有了深厚的基础，而 Android 正是得益于此，除了移动应用，嵌入式系统将是 Android 最大的应用领域。为此，高通推出了基于 Snapdragon 处理器 Dragonboard 的 SOM 核心板和基板，如图 13-1 所示。高通的这个平台主攻机器人、视频监控、数字标牌和高端智能玩具应用方向。在 Dragonboard 开发软件方面，高通推荐使用 Android OS，高通提供了 Snapdragon SDK for Android、图形处理器的优化和计算机视觉技术和 Html 5 API 等软件库。

图 13-1　高通展出 Android 嵌入式开发软硬件方案

另外一个报告人是 Karim Yaghmour，他是《Embedded Android》和《Build Embedded Linux System》两本书的作者，他报告的题目是：Android 是嵌入式 OS 新领袖吗？Karim 在报告中首先指出，未来基于触摸屏的设备将越来越多，2010 年以后移动终端的销量已经超过 PC，苹果产品风格和产业模式引领着消费发展的大趋势。在这样的背景下 Karim 分析了 Android 适合嵌入式应用的几大原因，即 OS 功能丰富、UI 好、活跃的开发社区、APP 生态环境好、基于 Linux 内核、广泛的 SoC 芯片支持等。同时 Karim 指出，Android 在嵌入式系统应用方面还需要解决一些问题，比如引导时间过长、实时性不强、除了手机以外嵌入式硬件平台还太少、内置协议功能有局限等。当然，Karim 也谈到了 AOSP 项目（Android Open Source Project）的碎片化问题，这个项目目前是由 Google、Linaro、TI、Freescale 和高通等公司各自维护着 AOSP 源代码树（Tree）。Karim 没有回避关于谷歌对 Android 的主导地位，以及谷歌是否会停止开放 Android 的问题。他认为，必须承认谷歌是 Android 的主人，多数 Android 新的特性都是谷歌开发的，社区开发者进入 Android 上游不容易，但是谷歌很看好嵌入式应用，更希望 Android 能在嵌入式系统上发挥更大作用。

谷歌每年举办一次 Google I/O 大会，这是了解谷歌技术（不仅是 Android，还有 Chrome OS 和谷歌云计算技术）的一个好机会，但是由于名额和地点的限制，不是所有人都能有机会参加 Google I/O。波士顿 AnDevCon 会议之后的一个月，Google I/O 2014 大会召开了，大会发表了一系列新的产品：Android L（Android5.0）新版的系统，它重要的改进是 Android 旧的 Dalvik 虚拟机被 ART 运行库替代了，ART 项目的开发在谷歌内部已经进行了两年左右的时间。回溯一下，当时差不多就是谷歌和甲骨文因为 Java 专利官司闹得不可开交的那段时期。相比 Dalvik，ART 的处理机制完全不同，它会在应用程序安装时就把程序代码转换成机器语言，让程序成为真正的本地应用。这样做的好处是程序的启动时间被极大地缩短，运行速度也会更快，电量消耗得更少，系统运行也随之更加流畅。

Android Wear 是 Android 智能手表版本，如图 13-2 所示。今天市场上基于 Android Wear 的智能手表已经有十多款了，除了 LG G Watch、三星的 Gear，还有 Mot 360。谷歌还推出了面向智能家居的 Android TV 和智能汽车市场的 Android Auto，如图 13-3 所示。谷歌正在多个垂直市场上发力。

Chromebook 和 Android 新的 UI 设计工具 Material design，这个 UI 工具将带来新的编程语言和设计方法，整合桌面、移动和穿戴设备的所有 Android 和 Chrome 平台的 UI 设计。从这次 Google I/O 大会的确可以看到 Google 有进一步收紧 UI、谷歌应用商店（Google play）的趋势，比如推出的 Android one——一种低价的

手机平台，这个平台将不允许开发者定制自己的 UI。在安全方面 Google play 也
在自动推送补丁给 Google Nexus 5 手机。但是，正如谷歌在开场演讲强调的，移
动（Mobile）—平台（Platform）—开发者（Developer）这 3 条线是谷歌保持优势
（Momentum）、变革（Evolution）和成功（Success）的重要基础，开放一定还是主流。

图 13-2　第一款基于 Android wear LG G Watch 在谷歌商店销售

图 13-3　支持 Android Auto 的汽车电子联盟

　　从 2008 年 Android 1.0 问世到现在，短短的 7 年，Android 发展迅速，前后经历
12 个版本（1.0 ～ 5.0）。2013 年手机市场占有率 78.6%，2014 年第二季度达到了
84.7%，谷歌正在进入各种嵌入式智能设备领域（汽车、家居和可穿戴）。Android
生态环境的企业正在更加广泛的领域研究和推广 Android 的应用，随着 Android 终
端市场占有率的攀升和应用软件增加，Android 应用的云和服务器端开发和测试需
求也日益增大，Android 应用的支持和服务企业越来越多（比如 2014 年 AnDevCon
会议亚马逊和黑莓参加展览和演讲），Android 方兴未艾，Android 在嵌入式市场前
途无量。

第 14 章 *Chapter14*

可穿戴设备与嵌入式操作系统

本章将介绍可穿戴设备产品的市场现状以及最新发展。可穿戴设备的功能和价值目前主要体现在智能硬件的层面，就未来发展来看，决胜因素还是操作系统和后台的大数据服务。

可穿戴设备市场回顾和展望

可穿戴设备是智能硬件创业和创新的热点，代表了物联网应用的一个重要的方向——移动医疗和运动健康领域。以苹果、谷歌、三星、ARM 和 Intel 为代表的 IT 企业都很重视它，并投入重金在可穿戴设备的技术研发上，预计未来在可穿戴芯片、传感器、操作系统和应用平台上都将会有重大的创新。

2014 年是可穿戴设备发展历史上不平静的一年。从年初 CES 上的无限风光，到年中各大卖场的少人问津，再到年底的黑色星期五抢购潮，可穿戴设备历经了跌宕起伏之后更加显得生机勃勃。2014 年，可穿戴市场经历了下面几个重要事件。

1 月美国拉斯维加斯的高科技产业年度 CES 大会上，可穿戴技术走到了台前，各大厂商纷纷推出新产品，是 2014 年可穿戴设备热闹的开端。Pebble 展示了其金属腕带的 Steel 智能手表。索尼、英特尔和 Garmin 的智能手环都在此次大会齐齐亮相，CSR 的智能蓝牙珠宝为早已拥挤不堪的可穿戴设备秀场再添了一抹高大上的光芒。

4 月，可穿戴市场开始进入低谷，Nike 宣布放弃穿戴硬件，70 人的 Fuelband 硬件团队中，有大约 55 人被裁减。

5 月，智能手环和手表销售不旺，BestBuy 产品陈列规模缩小。

6 月，可穿戴市场再次升温，谷歌发表 Android Wear 和 Google Fit，LG 和三星的 Android Wear 手表也开始在 Google play 预售。

7 月，小米发布 79 元低价的小米手环。

9 月，苹果发布 Apple Watch，并将于 2015 年一季度正式销售。

11 月 ~ 12 月，Moto 360 开始在北美热销，各大可穿戴设备公司纷纷备战黑色星期五和圣诞季销售。

长期跟踪可穿戴市场研究的公司 Canalys，2014 年对可穿戴设备市场的预测也是几经变更，高低互见，如图 14-1 所示。

在 2014 年 8 月的报告中，Canalys 把可穿戴设备分成基本型和智能型两种，基本型是手环类似的产品，主要是记录身体运动的状态；而智能型则可以安装第三方的应用软件。Canalys 指出，比较 2013 年同期，2014 年上半年全球销量增加了 684%。在基本型市场上，Fitbit 和 Jawbon 依靠其广泛的渠道成为销售量最大的两个赢家。在智能型市场上三星依然是老大，第二季度三星发布了 Gear 2、Gear 2 Neo 和 Gear Fit 三款产品，7 月三星发布其第 15 款穿戴产品，也是第一款 Android Wear 智能手表 Gear live。Canalys 分析师 Danniel Matte 预测，借助 Android 成熟的商业操作系统，智能可穿戴设备公司可以更快地将产品推向市场。

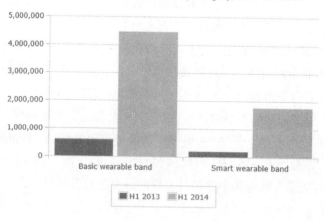

图 14-1　Canalys 2014 年上半年可穿戴设备市场预测

　　2014 年 9 月，苹果发布了大家期待已久的 Apple Watch，Canalys 在 9 月的报告中对 2015 年可穿戴市场做出更为乐观的预估：将比 2014 年的市场增长 129%，达到 4320 万台，其中智能穿戴设备将大幅度增加到 2820 万台，基本型的可穿戴设备将达到 1500 万台。Canalys 分析师 Danniel Matte 更看好 Apple Watch，他预计，2015 年市场，智能穿戴市场的推手将是苹果。Apple Watch 的用户界面设计得更加精致，把健身、医疗和个人通信多种功能集成在一个设备上，让人们更愿意佩戴。Canalys 在 9 月的报告中也注意到中国超低价格的可穿戴设备产品，在市场上的销量和影响力也不容小觑，比如小米手环。

　　2014 年 11 月，Canalys 给出了 2014 年 Q3 的可穿戴设备销售报告，Motorola 仅靠 Moto 360 一个产品就取得了 15% 市场份额的好成绩，凭借精巧的设计，Moto 360 一举成为 Android Wear 智能手表中最受市场欢迎的产品。三星依然占据 52% 的市场份额，但是这是三星凭借 16 个产品机海战术的结果，如图 14-2 所示。Canalys 分析师 Daniel Matte 虽然继续看好 Apple Watch，但也承认 Android Wear 平台虽然年轻，但它将会是除了苹果 Watch OS 以外的另一个热门的可穿戴 OS，成为设备开发商的重要平台。Android Wear 依托 18 亿 Andoird 手机的市场占有率，未来在市场会有进一步的成长空间。

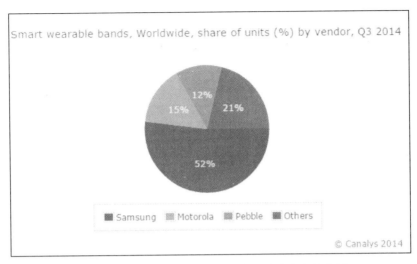

图 14-2　智能可穿戴设备 2014 第三季度的市场分析

纵观 2014 年可穿戴设备发展，其发展速度已经大幅度超过了传统 PC 和智能手机的发展速度。国外分析机构和专业人士普遍看好 2015 年可穿戴市场。美国 Macquarie Securities 分析师 Ben Schachter2014 年年底撰文说，"我们将见到更多的健身智能装置、健康管理监测工具以及智能眼镜，明年将是个起步"。从可穿戴设备产品的类型来看，Gartner 预估，2015 年将有一半佩戴健康手环（即 Canalys 报告中的基本型）的用户转而佩戴智能手表。2015 年全球健康手环销售量将从 2014 年的 7000 万只减至 6810 万只。在智能手表市场上，Forrester 预测，Apple Watch 将是亮眼明星，也将会有更多的 Apple Watch App 问世。但是分析人士也承认，来自 Android 和其他品牌的竞争者智能手表也将愈来愈多。据市场数据公司 Statista 的一项调查显示，穿戴设备市场在 2015 年将会创造 71.4 亿的销售额，比起 2014 年的 51.7 亿增加了 38%。

未来几年，可穿戴设备应用主要有三大热门领域：游戏和娱乐、信息交互和健康医疗。其中，健康医疗更可能成为可穿戴设备的大热门，医疗保健将成为可穿戴设备发展的极大推动力。IDC 预测，2015 年医院将迈入数字化时代。到了 2018 年，有 65% 的医院和疗养院的互动沟通将通过移动装置来完成，其中多数将使用穿戴设备上的 App 做遥控健康监测，还可提供虚拟的医疗照护。

可穿戴设备正在如火如荼地发展，前景光明，大有可为，它将带给我们一种崭新的生活方式。

可穿戴设备的操作系统

可穿戴设备的功能和价值目前还主要体现在智能硬件的层面，就未来发展来看，决胜因素还是操作系统和大数据服务。本节将重点讨论可穿戴设备操作系统（简称可穿戴操作系统）发展历史和技术特征，并介绍目前几种流行的可穿戴设备的操作系统。

可穿戴设备有多种不同形态和工作方式，比如智能手环、智能手表、智能眼镜和最近特别火爆的 VR（虚拟现实）设备等。可穿戴设备的人机界面和人机交互方式，比如最新特别流行的语音指示、仿生和手势控制，这些功能将使得可穿戴设备与人的身体更完美的结合。如果设计者要想改变并实现这些功能，仅仅靠硬件是无法完成的，需要操作系统的支持。可穿戴设备操作系统提供了主要可穿戴设备（手环和手表）需要的特性，比如小尺寸屏幕、低功耗蓝牙协议栈和云端连接的支持和服务。

可穿戴操作系统的历史

可穿戴操作系统已经有 10 余年的发展历史，最早可以追溯到 2000 年，IBM 与日本手表制造商 Citizen 合作开发了一款智能手表 WatchPad，该手表采用了 OLED 显示屏和蓝牙通信技术，这在当时可谓颇为豪华的配置，如图 14-3 所示。有趣的是，这款手表运行的是 Linux 操作系统。

美国时尚品牌 Fossil 2003 年设计了一款可穿戴的设备叫 Wrist PDA，它配置了 Palm OS，因为可以支持触屏，在当时还颇为流行。Palm OS 是当时非常有名气的 PDA 和智能手机的操作系统。2004 年，微软创始人比尔·盖茨在拉斯维加斯展示了微软的智能手表技术 SPOT（Smart Personal Object Technology）。这款 Suunto N3 手表的造型即便在今天看也不过时，它标价 299 美元。具有以下信息功能：

图 14-3　IBM 智能手表 WatchPad

- ❏ MSN 推送的新闻
- ❏ 股市行情
- ❏ MSN Messenger 文字信息
- ❏ 当地天气及温度
- ❏ 日程安排
- ❏ Outlook 同步

这些不就是大家现在每天在 iPhone 和 Android 上所做的事情吗？比尔·盖茨竟然在 10 多年前就想到了，而且做到了。SPOT 手表的开发者这样描述它："跟手机和 PDA 不同，智能手表是让你觉察不到的信息助理。"至于它长达两天的续航能力，也是很不错的表现（今天的苹果手表和谷歌手表也不过如此），如图 14-4 所示。

2013 年，三星发表了搭载 Android 的 Galaxy Gear 的智能手表，在第二年，三星发表了第二代产品，该产品使用了自己开发的 Tizen 操作系统。2014 年 3 月，基于 Android 技术，谷歌开发了专门针对智能手表的 Android Wear 操作系统，Android Wear 支持了 Google Now 的语音技术，可以使用命令操作手表，谷歌希望 Android Wear 可以打造一个标准的操作系统平台，加快可穿戴设备的开发。2015 年 3 月，搭乘 iOS 操作系统的苹果 Apple Watch 发布了，如图 14-5 所示。

图 14-4 搭载微软 SPOT 的 Suunto N3 智能手表

到此可以说，主要的智能可穿戴设备的操作系统悉数登场，它们是 Android、Android Wear、Tizen、Linux、iOS、Mediatek linkit 和各种基于 RTOS 的解决方案。

图 14-5 Apple Watch

可穿戴操作系统的技术特点

可穿戴操作系统最重要的部分是内核，内核位于可穿戴芯片（SoC）和可穿戴设备应用软件之间，负责任务和电源管理等工作。

可穿戴设备的 SoC 一般都是高度定制化的芯片，集成了嵌入式微处理器内核、蓝牙通信部件、外设接口、低功耗管理单元和存储器模块。目前市场常见嵌入式微处理器内核有 ARM Cortex M，基于该处理器内核的可穿戴 SoC 主要用来开发中低端的智能手环和手表产品，比如小米手环采用了 DA14580 芯片，该芯片的核心是 ARM Cortex M0，并集成低功耗蓝牙通信单元（蓝牙 4.0）；索尼公司的第一代智能手表 Smart Watch 采用的是 STM32F205，该芯片是 ARM Cortex M3 内核。最新的三星 Gear Fit 手环采用了 180MHz ARM Cortex M4，支持 1.8 寸可弯曲的 AMOLED（分辨率 432×128）。

高端智能手表中大量采用 ARM Cortex A，目前市场各种 Android Wear 智能手表，比如 Motorola 发布的 Moto 360 智能手表，其外观设计让人眼前一亮，被誉为

"世上最美"智能手表。配置上采用 TI OMAP 3 处理器，该处理器是 ARM Cortex A8。而另外一款 LG Android Wear 智能手表 G Watch 采用高通骁龙 400 处理器，它是 1.2GHz、四核 Cortex A7 构架的处理器。

MIPS 处理器在可穿戴设备中也有一些应用，其主要的特点是 64 位的处理器和超低功耗技术。基于 MIPS 内核最著名的可穿戴芯片是君正 Newton 穿戴平台，国内的果壳、土曼和智器等智能手表均采用君正芯片，君正芯片的可穿戴操作系统采用的是改造后的 Android 操作系统。

Intel 芯片在可穿戴市场是后来者，2015 年 1 月，在 CES 上 Intel 发表了只有纽扣大小的可穿戴模块 Curie，它包含了一个低功耗的 32 位 Intel Quark 微控制器、384KB 闪存和 80KB SRAM、6 轴加速器和陀螺仪和低功耗蓝牙模块。目前还只有极少数可穿戴设备在使用 Intel 芯片。

可穿戴设备是物联网的一种应用，可穿戴操作系统应该属于物联网操作系统范畴。归纳一下可穿戴操作系统应该具有管理物的能力；可裁减和可扩展的架构；泛在互联功能；系统的安全性和云计算后台等技术特点。

具体到可穿戴设备上，物的管理能力重点是体现在对于可穿戴传感器的数据采集和算法，以及传感器中继（Sensor Hub）的支持和实现技术。可穿戴设备的接入主要是采用蓝牙技术，只有非常少量的可穿戴设备采用 WiFi。可穿戴设备要求极小的电量消耗，低功耗蓝牙技术成为首选（Bluetooth 4.0/4.1）。

可穿戴系统安全主要体现个人隐私泄露和危害浸入，可穿戴医疗设备，尤其是医疗级别设备，像心率起搏器，如果被黑客攻击，那将严重危害生命安全。据英国媒体 Register 报道，2011 年，在美国迈阿密的一次会议上的情景由 McAfee 公司一名安全研究人员演示了劫持附近的胰岛素泵的情景，黑客能够暗中提供致命剂量给那些依靠胰岛素的糖尿病患者，这是一种致命的攻击。因为美敦力公司的胰岛素泵含有微小的无线电发射器，该发射器让患者和医生自己调整需要的功能。最初的研究结果是当攻击者在病人的几英尺⊖之内，并知道该病人的泵的序列号时候就可以获得泵的控制权。最新的研究显示，McAfee 公司安全研究人员设计的专门的天线和软件可以在 300 英尺内获得任何胰岛素泵设备的控制权，即使他们不知道的该设备序列号，这也是非常危险事情。

可穿戴设备受到产品尺寸和功耗的限制，目前可以完成的功能还很简单，许多延伸功能还必须通过智能手机或者直接连到互联网上实现，比如语音识别、健康数据分析等。因此可穿戴操作系统必须支持类似智能手机应用商店开发模式，通过可

⊖ 1 英尺 =0.3048 米。

穿戴操作系统 SDK 支持第三方应用软件开发和装入。比如 Android Studio 里面就有 Android Wear SDK；Pebble 智能手表也有一个 SDK，该 SDK 支持在 Android 和 iOS 手机上 Pebble 应用软件开发并将运行在 Pebble 手表上的代码下载到手表上，如图 14-6 所示是索尼智能手表 SDK 生态环境的示意图。

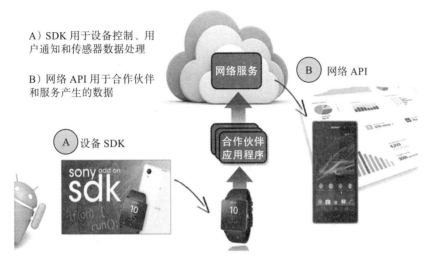

A）SDK 用于设备控制、用户通知和传感器数据处理

B）网络 API 用于合作伙伴和服务产生的数据

图 14-6　索尼智能手表 SDK 生态环境

智能手表有一个尺寸很小的屏幕，越来越多的手环开始带有一个 OLED 的小型显示屏，随着 Apple Watch 和 Android Wear 手表问世，针对可穿戴设备 UI 设计正在受到开发者的关注。最近一家荷兰公司开发的、专门在 MCU 运行的图形软件 TouchGFX，因为图形效果绚丽，运行速度快，占用资源很少，受到包括华为在内可穿戴设备制造商的关注，使用这样的图形界面，可以提升自己产品的用户体验。TouchGFX 占用资源的情况大致是这样的，内部 RAM 为 10 ～ 20KB（framework 和 stack），1 ～ 15KB（widgets）；外部 RAM 使用与分辨率有关：比如 320×240 QVGA 带有两个 framebuffers，大约是 307 KB。

开发可穿戴操作系统途径

开发可穿戴操作系统的途径有下面 3 种：

1）基于已经成熟的智能手机或者其他移动设备的操作系统，进一步优化和发展成可穿戴的操作系统。这种方式的好处是开发进度快，周期短，以前在手机上的应用软件可以复用。谷歌 Android Wear 和 Mediatek linkit 应该采用的是这样的方式，这两家公司在手机操作系统方面已经有成功经验。

2）基于开源软件（Linux、XNU 和 FreeRTOS）开发自己私有的可穿戴操作系统。这种方式是目前品牌型的可穿戴设备厂商采用方式，也证明是切实可行的，比如苹果采用 XNU 开源内核开发 iOS，再进一步优化成 Apple Watch 的操作系统；Pebble 采用 FreeRTOS 开发了 Pebble OS。这种方式的缺点是厂商要花费巨大的投资去构建这套私有可穿戴操作系统的生态环境，否则无法持续发展。Apple Watch 和 Pebble 算是成功例子，三星的 Tizen 未来的路将走得很艰难。

3）开发基于 Web 技术的可穿戴操作系统。这种方式在技术上有其先进性，它根据实际的需求，本着尽量减少可穿戴设备本身的计算资源的使用，充分利用 Web 服务器的资源，动态构建软件系统。最早商业的 Web 操作系统是 Palm 的 WebOS，随着的 Palm 的衰落，Palm 把 WebOS 卖给了 HP，之后 HP 又把部分知识产权卖给了 LG。在 2014 年 CES 上，我看到 LG 展示的基于 webOS 的智能电视，如图 14-7 所示。近期 LG 把 webOS 移植到 LG 智能手表 LG Watch Urbang。Web 操作系统未来发展前景广阔，但是耗时费力，还有很长的路要走。

图 14-7　LG 在 CES 展示 webOS 的智能电视

几种主要的可穿戴操作系统

前面讨论了可穿戴操作系统的发展历史和技术特点，下面让我们看一看几种增长最快的可穿戴操作系统的情况。

1. 谷歌的 Android Wear

Android Wear 的设计很像是 Android 的伴侣，一块基于 Android Wear 手表需要一部 Android 4.3 版本以上的智能手机支持，如果你需要在 Android Wear 手表上安装一个新的软件，则需要先在 Android 手机安装这个手表应用，然后用手机将该应用推送到手表上，才可以运行。一句话，没有手机，Android Wear 基本没有什么用途。

智能手机上的 Android 分开源的 AOSP 和闭源的谷歌 GMS，国内产商多数采用 AOSP 为己用。可是谷歌 Android Wear 发布开源代码的时候，去掉了谷歌语音操作和 Google Now，其余的代码价值对于可穿戴设备就大大打折了。业内人士分析，Android Wear 核心是谷歌服务，而谷歌进行开源授权的可能性很小。

目前被谷歌拉进 Android Wear 生态的除了台湾的 HTC 和 Acer 以外，中国大陆企业只有华为，如果只有入盟才能获得授权，许多中国中小厂商将无缘 Android Wear。另外，Google Now 在中国大陆地区是无法使用的，Android Wear 对中文的支持也并不良好。即使大陆大型厂商入盟，制造了搭载 Android Wear 的设备，其体验也无法保证。Moto 360 二代在国内发布的时候所采用的语音服务是"出门问问"，而它所搭载的也不是 Google play 和谷歌地图，而是联想应用商店和搜狗地图。

在可穿戴芯片支持方面，谷歌一直只选择高通作为主要的芯片平台，比如 2014 年发表的晓龙 Wear 2100。直到 2015 年年初，联发科发布支持 Android Wear 的 SoC MT2601。市场上虽传闻 MIPS 架构可穿戴芯片可以运行 Android Wear，但一直未见真正的产品。

分析人士普遍预测，谷歌将对 Android Wear 采取比 Android 更严格的控制，就像谷歌现在的其他几个操作系统 Chrome OS 和 Android TV，这样可以阻止竞争对手进入可穿戴市场。

谷歌针对可穿戴应用开发了一个 Google Fit 开发平台，提供给基于 Android 和 Android Wear 设备的后台健康数据收集和分析，已经有包括 Nike、Polar 和 xiaomi 等公司入住 Google Fit，Google Fit 与苹果 healthKit 很类似。

2. 三星的 Tizen

Tizen 是三星正在主导的一个开源项目，起源于 Meego 开源项目，这段历史在本书前面的章节中已经做了阐述。与 Android 一样，Tizen 内核基于 Linux，与 Android 不同的是，Tizen 长期以来一直没有一个类似谷歌应用商店这样的软件库，取而代之的是三星本身有的上千种的应用软件。直到 2015 年年中三星才推出了 Tize Appstore。除了主持智能手机（目前主要在印度等新兴市场，价格在 $100 以内），Tizen 还支持 TV 和可穿戴设备，即物联网应用，三星希望依托 Tizen OS 在物联网市场作为一番。

在可穿戴市场 Tizen 已经在三星的几款智能手环和手表上应用，除三星 GearS、Gear 2 和 Gear2 neo 以外，Tizen 操作系统还没在其他厂商的智能可穿戴设备中应用。三星也有一个类似 Googgle Fit 的健康平台 SSIC，目前还在开发之中。

业界有分析人士不看好三星 Tizen，认为 Tizen 必将失败，理由是三星的目标不明确，许多时候即使定了目标却不能完成。Tizen 应用商店远远落后谷歌 Play store 和苹果 App Store，在智能手机上根本无法与苹果和谷歌竞争。笔者基本认同这个观点，建议三星 Tizen 专注在物联网相关应用上，比如智能家居和可穿戴设备，因为这些领域市场生态环境还在建设中，三星还有机会建立自己的操作系统帝国。

3. 苹果 Apple Watch

苹果的 Apple Watch 操作系统是苹果公司在 iOS 的基础上，针对苹果手表处理器芯片 S1 SoC 的可穿戴操作系统，其内核也是基于开源软件 XNU-BSD 和 Mach 内核的混合体，后者源自卡内基梅隆大学。

Apple Watch 操作系统的电源管理效果稍好于 Android Wear，支持语音命令 Sir，并可以在国内使用。苹果的 HealthKit 是配置在 iOS 8 以后的版本里面，Apple Watch 作为一个设备接入这个平台上。

Apple Watch 操作系统是苹果公司封闭的操作系统，其他设备厂商无缘使用。

4. ARM mbed OS

ARM mbed OS 是 ARM 公司的一个全新的为物联网应用而设计的操作系统，本书后面的章节还将有详细的介绍。可穿戴应用是 ARM mbed OS 一个重要的应用场景，为此 ARM 专门配置 ARM mbed 可穿戴参考设计，该设计包含以下部件：

❏ ARM Cortex®-M3 微处理器（EMF32），可以运行 mbed OS
❏ 9-axis 运动传感器（Bosch）
❏ GPS 模块，提供地位服务（u-Blox）
❏ 集成了 NFC，支持移动支付
❏ BLE（Nordic）和 LCD 小尺寸显示屏（Sharp）
❏ 软件包括开源的软件（库）和 API

基于 ARM mbed OS 的可穿戴设备目前市场还没有看到，预计未来很快将有产品面世。笔者认为，ARM mbed OS 可以提供端到端一整套解决方案，适合初创公司的物联网和智能硬件项目开发。

结语

可穿戴操作系统是嵌入式、智能手机和物联网操作系统在可穿戴设备上一种延伸（优化），可穿戴操作系统目前还处在探索和发展阶段，伴随着可穿戴设备应用的深入和普及，可穿戴操作系统将逐渐标准化，并将陆续演化出若干支撑可穿戴应用平台的细分产品，可穿戴操作系统发展前景风光无限。

物联网操作系统

本章将介绍正在兴起的物联网操作系统的基本概念、发展历史、技术特点和应用场景。最后部分将会介绍几家公司最新的物联网操作系统产品。

什么是物联网操作系统

过去 10 年，我国嵌入式系统产业发展迅速，嵌入式应用逐渐告别单片机时代，迈入集成电路、计算机、通信、电子技术等多学科交叉融合的嵌入式系统时代。如今嵌入式系统又将迎来物联网应用的高潮。

物联网系统中有大量的嵌入式设备，与传统的嵌入式设备相比，物联网感知层的设备更小、功耗更低，需要安全可靠和具备组网能力。物联网通信层需要支持各种通信协议和协议之间的转换，应用层则需要具备云计算能力。在软件方面，支撑物联网设备的软件比传统的嵌入式设备软件更加复杂，这也对嵌入式操作系统提出了更高的要求。为了应对这种要求，一种面向物联网设备和应用的软件系统——物联网操作系统应运而生，国外也称其为面向 IoT 的 OS，以下我们统一称为物联网操作系统（简称物联网 OS）。

物联网 OS 产生的背景

互联网为物联网系统搭建了无处不在的互联管道，云计算和大数据的兴起为物联网数据处理和分析提供了技术支撑。在嵌入式设备端，32 位 MCU 技术已经成熟，价格趋于与 8 位 /16 位 MCU 接近，正在获得广泛的应用，32 位 MCU 不仅在网关设备上使用，也在传感和执行单元上普遍使用。物联网典型架构如图 15-1 所示。在 MCU 市场里面，ARM Cortex M 系列的 MCU 占有最主要的份额。在过去的 10 年中，ARM 已经建立了完善的生态环境，这大大帮助了包括物联网 OS 在内的嵌入式软件的发展。最后特别值得关注的是网络的安全，无论是 IT、工业控制还有消费领域，信息安全的重要性得到了政府和企业广泛认知，物联网是一种广义的信息系统，因此物联网安全也属于信息安全的一个子集。从物联网系统的角度来看，要保护系统中的信息不会被窃取、被篡改、被伪造，需要综合运用信息安全的各种技术，这些安全技术均运行在物联网 OS 上，因此，物联网 OS 的安全是物联网系统安全的基础。

物联网 OS 的现状

最早具备物联网 OS 特征的是传感网（WSN）的 OS，它们有由美国加州大学伯克利分校（UC Berkeley）的 TinyOS 和瑞士计算科学学院（Swedish Institute of Computer Science）网络系统小组 Adam Dunkels 开发的 Contiki 是传感网 OS 的典型代表。2010 年之后，欧洲有了一个 RIOT，相比前面两个 OS，RIOT 更加接近一个完整的 RTOS（实时多任务操作系统），具备实时性和模块化结构，支持标准的 C 和

C++ 编程接口。RIOT 不仅可以运行在小型的 MCU 上，也可以支持 MPU。在资源允许的条件下，可以运行最新的互联网和物联网协议栈，并完成协议转换工作。

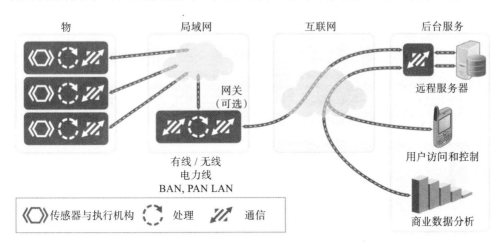

图 15-1　典型的物联网架构

2014 年 1 月，微软嵌入式事业部总监 Bob Breynaert 透露，微软计划推出物联网版本的 Windows Embedded；2014 年 8 月，微软开始向所有 Windows 物联网开发者配套 Intel Galileo 主板的 Windows 物联网 OS 预览版。Arduino 兼容的 Intel Galileo 主板采用了 Intel Quark 系统芯片，具有 32 位单核 400MHz CPU，尺寸比一张信用卡大不了多少，提供 10/100 以太网卡、PCI Express、JTAG 和 USB 端口，以及一个 SD 插槽和 RS-232 串行端口，Intel 将其定位在物联网和可穿戴平台。Windows 物联网 OS 是一个 Windows 8.1 的非商业版本。可以认为，预览版的推出是微软进军物联网计划的一个步骤，让制造商和开发人员产生新的想法，并提供反馈，以帮助微软继续发展 Windows 物联网 OS。据最新的信息，微软在 2015 年年中将推出 Windows 10 IoT core，这是微软物联网操作系统的正式版本。

2014 年 2 月，在德国纽伦堡的嵌入式世界大会上，风河公司发布了其基于 VxWorks 7 的物联网 OS，最近风河在其官方网站上给出了这个产品介绍和白皮书。微软和风河这两家操作系统大公司的加入，使得物联网 OS 已经呼之欲出。与此同时，传统的 RTOS 的公司也纷纷有所动作，比如因为开发了 μC/OS-II 和 μC/OS-III 而著名的 Micrium 公司于 2014 年 9 月宣布推出 Micrium Spectrum，一个针对物联网设备，集成了嵌入式软件、协议栈和云服务的端到端的解决方案，如图 15-2 所示。类似的还有 Express Logic 公司推出的基于 ARM 物联网设备的 X-Wave 平台，该公司的 RTOS 内核是 ThreadX。

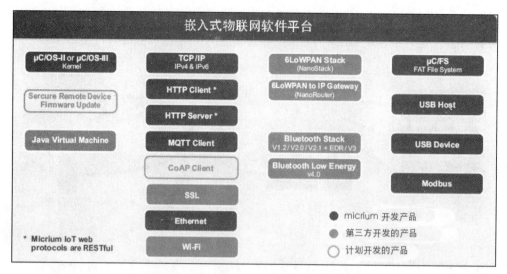

图 15-2　Micrium Spectrum 物联网软件平台

　　国内关于物联网 OS 的研究和开发才刚刚开始，多数停留在学习、移植和应用阶段，自主研发的物联网 OS 很少，高校物联网专业教学上有使用了开源的 TinyOS。中国科学院软件研究所与无锡中科物联网基础软件研发中心曾发表过一套物联网软件平台。北京凯思昊鹏的 SEN-Hopen OS 可以运行于无线传感网络微节点之上，是国内比较早的商业用物联网（传感网）OS。中兴公司自主研发的嵌入式操作系统在物联网设备也有应用。2014 年 7 月，上海庆科联合阿里智能云发布物联网 OS — MICO OS，MICO OS 支持庆科自己的 WiFi 模块，庆科希望它是与硬件无关的物联网 OS。

技术特征和实现方法

　　物联网 OS 还处在研发阶段，部分已经有的产品或者开源项目都还只是雏形。至今我们没有看到关于物联网 OS 的定义，但从已经有的产品和宣传出来的信息，其基本的技术特征已现端倪。概括地讲，物联网 OS 应具有以下技术特征。

1. 管理物的能力

　　物联网的"物"（things）的定义内容较为广泛。从嵌入式系统视角看，"物"是网络上发送和接收信息的一个个嵌入式计算小设备（或称为深嵌入式系统），比如家庭或者工业现场的智能传感器、佩戴在身上或者植入身体的可穿戴设备、医疗健康装置、视频监控装置和各种便携终端。现在嵌入式系统设计的一个共识就是降低功耗，常见的方法是系统尽可能快地执行，然后立即进入睡眠模式。现在的处理器核心架构，在低性能状态下，可以做到基本上不消耗任何电力。针对物联网边缘节点的设计，这种特性很有吸引力。ARM 的 Cortex-M0/M3/M4 架构可以体现这种低功耗设计的优势，并保证软件的兼容和较高的性能，这也正是它成为物联网设备主流的嵌入式处理器的重要因素，而运行 Cortex-M 架构上的物联网 OS 必须具备低功耗管理能力。

2. 可伸缩和扩展性的架构

随着 32 位 MCU 的价格下降，Linux 又无法支持没有 MMU 的 MCU，RTOS 理所当然地成为运行在 MCU 的物联网 OS 的首选，原因是基于 RTOS 的设计允许更灵活和可扩展的软件运行在这些系统中。一个完整的 RTOS 系统应该具有内核、GUI、文件系统、USB 协议栈、网络以及更多的其他功能，它能够适合小于 1MB 的内存空间。RTOS 的使用，使得嵌入式系统的软件体系结构可以更灵活，故障排除和添加新功能的能力将大大增强。物联网 OS 应具备很好的架构和弹性，适应不同配置的硬件平台。比如风河公司的 VxWorks 7 的微内核配置是一种内存仅为 20KB 的小型 RTOS，扩充了 VxWorks 7 标准内核，为各类设备提供了独特的可扩展性和一致性的 RTOS 选择。物联网 OS 还可以简化实现固件升级的方法，比如动态加载设备驱动程序或其他核心模块。内核和应用程序应该具备外部二进制模块动态加载功能，这些应用程序存储在外部介质或者网络上，无需修改内核，只需要开发新的应用程序，就可满足行业应用改变的需求。

3. 泛在互联功能

支持物联网常用的无线和有线通信功能，比如支持 GPRS/3G/HSPA/4G 等公共网络的无线通信功能，同时要支持 ZigBee/NFC/RFID/WiFi/Bluetooth 等近场通信功能，还要支持 Ethernet/CAN/USB 有线网络功能。在这些不同的物理和链路层接口之上的协议之间要能够相互转换，能够把从一种协议获取到的数据报文，转换成为另外一种协议的报文发送出去，最后要能够迁移到互联网协议。此外应该注意，互联网应用的协议栈可以很容易地生成几百到几千字节的数据开销。比较而言，物联网协议要针对受限制的设备和网络进行了优化，仅生成几十个字节的数据开销。如图 15-3 所示是互联网和物联网协议的比较。采用低带宽消耗的物联网协议是发展趋势。

4. 系统的安全性

随着越来越多的设备连接到物联网中，对互联网的依赖性将不断增加。如果设备不安全，这种依赖将导致互联网重大的安全隐患，使设备很容易遭到攻击和破坏。

物联网设备中很大一部分是使用 MCU 和资源有限的微处理器，与大型设备相比，这些小型设备更容易保护，不易受同类型威胁的攻击，更安全。物联网设备的安全分为以下两个层面。

（1）通信的安全

通信安全协议确保设备间的通信安全，它有一个可以依赖的信任等级，可以建立安全通信路径和管道。比如 TLS（前身是 SSL）是最常用的为基于 TCP 的流连接提供通信安全的方式。DTLS 是一个新的协议，提供可靠的 UDP 传输和基于 TLS 的数据包传输。

（2）设备的安全

文件传输，数据存储和系统更新方式都必须是安全的。比如防范入侵者通过电子邮件、FTP 或其他方式将病毒文件移入设备。

图 15-3　互联网和物联网协议比较

这些安全技术均运行在物联网 OS 上，因此，物联网 OS 的安全是系统安全的基础。

风河公司制订了一个物联网 OS 安全规范。该安全规范是一个专门针对 WindRiver Linux 的高附加值软件规范。其主要特点包括对 Linux 内核的安全增强、安全启动、保护用户安全空间。ARM mbed OS 有一个称为 CryptoBox 的安全子系统，支持各种安全的服务。

5. 云计算后台

物联网设备区别于传统的设备的标志就是这些设备将产生海量的数据，如何管理和处理这些数据是摆在物联网企业面前的一个难题，云计算无疑是解决这个难题的最有效的技术手段。云计算后台是物联网 OS 的一个不可缺少组成部分，选择支持物联网系统的云计算平台需要考虑以下的技术因素（信息安全因素不在此范围讨论）：

1）支持云计算和物联网协议（Websocket、RESTful、MQTT 和 CoAP 等）。

2）灵活和标准的设备管理方式。

3）支持安全的远程固件升级。

4）Web/ 移动应用开发的能力。

5）高效和可靠数据存储能力。

比如 Micrium Spectrum 使用的是 2Lemetry 的物联网平台和 heroku 云计算技术，产品架构如图 15-4 所示。ARM mbed OS 则使用自己提供的 mbed Device Server 的云计算服务。

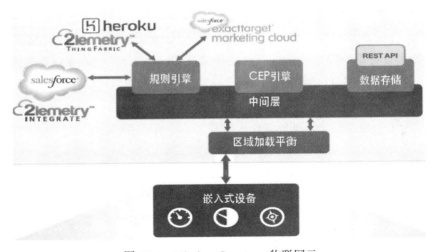

图 15-4　Micrium Spectrum 物联网云

6. 先进的编程语言

用于传统的嵌入式系统的编程语言多数是 C 和 C++。因为物联网设备的特点，互联网编程技术将进入物联网设备，优化后的互联网编程语言可在低功耗的 MCU 上运行，比如 Java、JavaScript 和 Python。需要注意的是，Java 总是运行在操作系统之上，所以你的选择不是 C/C++ 或 Java 两者之一，而是 C/C++ 和 Java 都会使用。对于物联网设备，Java 是极有吸引力的，因为全球有大量的 Java 开发者，占领移动终端市场 80% 以上的 Android 就使用了 Java 作为应用开发语言，这些对行业带来了巨大的增长潜力。Oracle 和 ARM 估计，全球大约有 45 万嵌入式软件工程师，而 IT 业有约 900 万的 Java 开发人员。

Java 引擎的资源占用是必须要考虑的因素，Oracle 针对基于 ARM 架构的 SoC 系统小型设备的嵌入式 Java ME 产品至少要占用 130KB RAM/350KB ROM 资源，而且还要考虑商业知识产权问题（Google 与 Oracle 在 Java 虚拟机知识产权上一直有纠纷）。

更加开放的 JavaScript 和 Python 或许是另外一种途径，开源硬件已经在这方面开始积极尝试，比如树莓派可以支持 Python 的编程，Spark Core 和 Espreuino 内置了 JavaScript 解释器，可以运行 JavaScript 应用程序，Spark Core 和 Espreuino 都是基于 ARM Cortex M3/M4 的 SoC，适合物联网设备。在不久的将来，不必掌握 C/C++ 语言就能对物联网设备编程或许不是梦想。

ARM 物联网平台 mbed OS

2014 年 10 月，ARM 公布了专为物联网设计的软件及系统平台，以加速物联网设备的开发及应用。该软件专门为基于 ARM Cortex-M 架构的 MCU 而设计，包括了设备端的嵌入式 mbed OS 操作系统、软件工具包 mbed 和云端的 mbed Device Server 三大部分，如图 15-5 所示。ARM 公司称，"能够以安全的方式为连接和管理设备提供所需的服务器端技术"，ARM 借 mbed 基础软件为物联网设备构建"砖石"，希望物联网设备商能够专注于为其产品增加更多新功能，让产品尽快上市场并具有竞争力。

mbed OS 的设计理念有别于传统的 RTOS 和 Linux，它不追求最大的灵活性，而强调物联网应用的专业性——低功耗和高效率。在 mbed OS 的设备端，连接和安全是两大亮点。mbed OS 支持多种互联标准，包括 3G/4G/LTE、Bluetooth Smart（蓝牙 4.0）、WiFi 以及 6loWPAN（基于 IEEE 802.15.4 实现 IPv6 通信协议）。在安全上，mbed OS 提供了通信和设备安全两个机制（在一个称为 CryptoBox 子系统里），提供安全的 API，支持安全标示、固件升级、认证和安全存储等功能，这个功能大大简化了产品安全设计。mbed OS 强调代码的可再用性，面向对象和模块化，开发者用 C++ 语言编写自己的应用。

mbed Device Server 是 mbed OS 软件平台的另一大亮点，这个由 ARM 自己开发的云端软件支持 IPSO Web 目标管理和 OMA 设备管理标准，支持 CoAP、6LoWAPN 和 HTTP 协议，提供设备开发者可以免费使用的 SDK 开发包。在应用上，mbed OS 目前侧重在智能家居、智慧城市（智能照明）和可穿戴设备 3 个方向上。

据 ARM 介绍，mbed OS 将对开发者和设备制造商免费提供，该操作系统源码部分基于 ARM 去年收购的 Sensinode 公司的技术构建，另一部分是由 ARM 内部开发的。mbed OS 基于 Apache 2.0 许可证，操作系统大部分为开源，但部分组件是只对 ARM 合作商开放。ARM 在 2014 年向合作商提供 alpha 版本的 mbed OS，2015 年 11 月发布第一个正式技术预览版本。目前业界对 mbed OS 持观望的态度，毕竟一个操作系统需要一段很长的时间才能让用户和市场认可，ARM 虽不能说是从零开始，但在这个领域还是一个新兵。ARM 有对嵌入式系统技术和产业链的 20 多年成功经验，我们有理由期待 mbed OS 的成功，开源也是 ARM 切入物联网市场的一大利器。

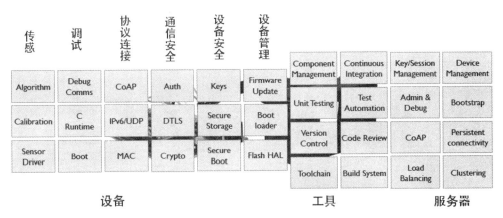

图 15-5　ARM 物联网平台 mbed OS 框图

结语

　　物联网产业正处在发展初期，碎片化的物联网必将导致物联网 OS 的多样性。一种物联网 OS 很难支持物联网系统中的所有设备，短时间内，物联网 OS 很难形成像智能手机中 Android 和 iOS 那样两家独占市场的局面，这对中国企业或将是一个机会。从技术层面看，传统嵌入式 Linux 和 RTOS 将持续在物联网设备中应用，但它们都将面临来自技术和商业层面的挑战，Android 带给智能手机的免费模式将对物联网产业产生一定影响。

物联网与开源软件

　　物联网的发展离不开开源软件，创客运运推动的开源硬件正在影响着物联网设备的开发方式。

　　物联网（Internet of Things，IoT）正在非常迅猛地发展，发展速度从各个方面都超过了桌面系统和移动计算。根据思科的分析，2020 年将会有超过 500 亿部智能设备连接到互联网（对比 Gartner 预计的 73 亿部 PC、智能手机和平板电脑），并产生 2 万亿美金的经济效益。物联网中"物"的大军有着很高的多样性，从比较典型的计算机，到基础设施类设备，再到传感器、照明开关和温控器，如图 15-6 所示。

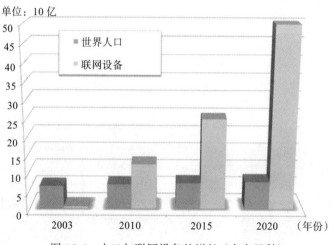

图 15-6　人口与联网设备的增长（来自思科）

物联网的影响将会涉及许多不同的产业和应用，包括医疗、农业、制造业、消费电子、交通运输和能源。和现在的互联网一样，发展中的物联网将会依赖开源技术和标准，并同时刺激它们的发展。

物联网的典型应用跨越了科学界、商业界和工业界，这之中有很多吸引人的案例。比如用绿色的方法饲养更加快乐的牛，与农民、兽医和供应商直接"对话"；或者通过连接医务工作者、药剂师与糖尿病患者的家、冰箱、药箱，来更加有效地帮助患者，比如通过智能牙刷来监控孩子的口腔健康。

除了畜牧、降低医疗费用和牙科健康，物联网带来了很多机遇与挑战。由于物联网有着太多的应用前景和组成部分，关于应该如何构建并开发物联网也就有了很多不同的看法。有些人认为物联网是对现有计算机技术和方法（包括开源软件）的扩充；另一些人则认为物联网是一次对 IT 的革命，必须要有思维的转换才能成功。

本节将会探讨物联网科技、商业模型和生态的演进策略。我将从基础设施、应用、设备的增值等方面重点关注开源软件，在物联网建造和维护中的作用，特别是开源软件如何能够支持互相竞争和互补的体系，以及应对物联网安全和隐私的重要挑战。

关于物联网的不同展望

物联网的发展潜能让业界充满了乐观的展望，但是现实与引言中这样乐观的预言相比，其实还是非常苍白无力的，而且这些预期将会因为实际的发展路径而改变。物联网的经济化，特别是其背后的开源软件，会受到相互竞争的技术和金融模型的影响。

1. 技术

关于物联网的组成和结构有两种流行的观点，我们分别称之为"多用户"和"多节点"。

在"多用户"中，物联网是对于目前互联网络的扩充。这一模式中的物联网由众多运行 Linux、Android 等高级操作系统的 32 位 /64 位硬件组成（"计算用户"），它们通过 TCP/IP 网络与云端或者局域网上的应用进行通信。"多用户"中的用户有着一定的结构，从物联网的边缘逐步到核心（云），如表 15-1 所示。

表 15-1　物联网层次、技术和开源软件的角色

	物联网端点	物联网基础设施	互联网基础设施	云 / 数据中心	客户端设备
应用	核心功能（感知与执行机构），路由	聚合，路由，安全	路由，安全	专属应用，混搭应用，商业智能，大数据等	设备与 Wep App
平台	AllJoyn, Kura, Mihini, OpenIOT, OpenRemote, ThingsSpeak		OpenWRT, OSR, OSRM, Quagga/Zebra	Amazon, Hadoop, Open-Stack 等	Android APIs, PhoneGap, X-Code
操作系统	无操作系统 / RTOS (Contiki, Riot, TinyOS, VxWorks)	RTOS / Linux	RTOS / Linux	Linux, Win-dows	Android, iOS, Linux, Windows
协议	6LoWPAN, CoAP, IEEE802.15, IP 网络, MQTT, 专有标准		IP 网络	IP 网络	IP 网络
物理层	3G/LTE, BACnet, 蓝牙, 以太网, Lonworks, WiFi, ZigBee		以太网, 广域网	以太网	3G/LTE, 以太网, WiFi
硬件	专有硬件（RFID/4 到 32 位 SoC / MCU）	32 位 SoC, NPU 等	32 位 /64 位 SoC, NPU 等	64 位刀片服务器	桌面电脑 / 笔记本电脑，平板电脑，智能手机
技术	网状网络 / 路由，开发工具		软件定义网络	虚拟化 / 容器化，工具	工具与框架

"多节点"设想的是一种机器到机器模式（machine to machine，M2M ⊖）的延伸。大量相对简单的端点系统，在 8 位、16 位或者 32 位的硬件上运行实时操作系

⊖　机器到机器是让嵌入式系统能够和其他设备通信的技术，一般是物联网的一部分，多用于监控和控制。典型应用包括工业自动化、物流、智能电网、电子医疗、国防等。可参见 http://en.wikipedia.org/wiki/Machine_to_machine。

统（RTOS）或者没有操作系统，使用专门的连接和协议通信。这些系统通过一系列专门的网关与本地的或者云端的服务器建立连接。在"多节点"的例子中，被动的节点没有计算能力，只会回应特定网关的请求（比如 RFID 就是一个典型的被动节点设备）。

这两种展望并不互相兼容，符合不同展望的设备已经开始部署在新生的物联网中了。两种展望的不同也带来了不同的拥护者：半导体行业和嵌入式软件供应商，以及创客们喜欢"多用户"的架构，系统供应商和企业软件开发者则更欢迎"多节点"的形式。

2. 商业

（1）开源软件商业模型和物联网

有很多方法可以让开源软件产生经济效益，因此与开源软件相关的公司所采取的方法都不尽相同。典型的策略包括：

1）使用开源软件提供服务（比如云托管和安全监视）。

2）销售和开源软件相关的服务、技术支持与信息（Linux 技术支持，OpenStack，物联网协议等）。

3）发布和开源软件相关的信息来获取广告收入。

4）销售和开源软件相关的硬件（物联网设备、硬件调试工具、存储）。

5）开源 / 商业双授权模式（商业化的开源软件平台或者中间件）。

6）提供开源软件的商业升级（商业化的开源软件平台或者中间件）。

7）整合、包装和分发开源软件解决方案（商业化的开源软件平台或者中间件）。

8）达成战略目标，而不是获得直接的收入（硬件公司生态系统、竞争力杠杆、市场认知和人力资源等）。

从概念上，开源软件商业模型主要如图 15-7 所示。

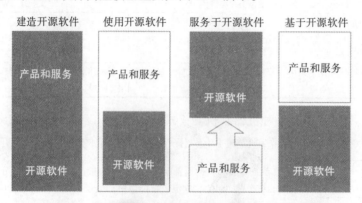

图 15-7　典型开源软件商业模式（来自 Linux Pundit）

接下来我逐一讨论这些商业模型和物联网的关系。

1）建造开源软件：

最基础和最有挑战性的模型，创造商业化的开源软件换取直接回报。在物联网中，这意味着建造开源的设备软件（操作系统、中间件或者应用），在云端创造可用于物联网的开源软件，以及客户端的网络和移动应用（同样开源）。

2）使用开源软件：

这一模型可用于硬件和软件，物联网的节点和基础设施部署开源操作系统、中间件和其他软件。节点上的增值软件或者物联网中的其他节点上运行的软件均可能是专有的[⊖]。

3）服务于开源软件：

在过去，这一模型代表着提供和现有开源技术相关的培训、文档、工具和技术支持。对物联网而言，企业可以支持 OpenRemote 或者 RIOT 这样的项目，开发物联网协议栈的优化和调试工具，或者提供关于使用开源软件开发物联网应用的培训和教育。

4）基于开源软件：

按照定义，这一商业模型是物联网的默认模式：整个物联网十分依赖于开源软件，所有物联网生态中的新业务也都需要依靠开源软件来实现。在企业和中小商业中，"基于开源软件"传统上意味着在公司运行中使用开源软件——CRM、会计、工程、市场营销和其他重要商业软件。在物联网中，这一模型包括使用物联网的开源软件部分来运行业务。例子包括在基于云的物联网服务（面向物联网的节点）中通过 API 构建混搭应用。

（2）物联网生态系统和开源软件社区

物联网有着丰富的设备组成、应用类型和协议分层互为支持。物联网的生态系统也同样是分层的，参与者从不同方向寻找商机。

如表 15-2 所示展示了和物联网节点紧密相关的层级结构：开发者开发什么，以及开发者如何利用开放源码支持他们的技术和商业目标。

（3）垂直整合和横向多样性

关于如何丰富物联网的不同技术层次的问题有两种完全不同的说法，特别是有关这些层次应该如何互动和协同。

1）垂直整合。目前已经有许多不同的物联网设备和协议。区域监控、家用电器、医疗和电子健康设备的供应商已经在提供丰富和可协同的产品线，产品也多可以使用云和移动应用（或者通过相互通信）进行协作。一个例子是使用网络摄像头

　　⊖　软件授权和架构决定了能否在开源软件之上开发专有软件。

和相关的家庭自动化设备进行家庭监控。许多供应商提供不同的摄像头、传感器和执行元件产品线，以及控制这些设备的云和移动应用。在单一品牌的环境内，这些设备直接提供接近完美的用户体验，但并不能与其他品牌的类似产品协作。

2）横向多向性。如果只有一个物联网层级，可以有更多的开放的提供商存在。这些公司提供较少的设备和设备类型，但是十分强调和其他供应商设备（摄像头之间、智能灯光开关和类似的工具等）以及和第三方基础设施设备的互通性。为了更好地互通，不同层次的供应商必须使用开放的物联网（例如 MQTT），不能只支持自己的设备，也必须避开向产品中增加"秘密配方"让其变得特殊。

在今天的 Web 标准（HTTP、HTML、SOAP 等）中，开放标准和共享、可重用的开源实现是互通性的基础。

表 15-2　物联网生态系统的参与者、技术和开源软件参与

类型	产品 / 技术	开源软件参与	参与动机
物联网应用开发者	云 / 网络 /SaaS/ 移动 App	Android，Java，PHP，Ruby，node.js，PhoneGap，Rails，Spring	简化应用开发，支持其他业务
云基础设施服务提供者	IaaS 和 PaaS 的平台和服务，预整合的数据中心	OpenStack，Cloudstack，Docker，Linux，KVM，Xen，Ceph，memcached 等 / 大数据（Hadoop 等）	扩充提供的服务
网络基础设施 OEM（TEM、NEP）	无线路由和访问点，边缘 / 访问设备，防火墙，核心路由等	Linux，运营商级 Linux，路由软件，安全工具和防火墙，深度网络包检测等	加快设备上市时间，减少差异性开销
物联网设备和基础设施 OEM	传感器，照相镜头，开关，执行元件，RFID，网关，网状路由	Linux 内核，Contiki，Spark，设备驱动，Openremote，工具和编程语言（C，C++，Java，Lua）等	加速设备上市时间，减少差异性开销，用服务增加设备的影响力
半导体供应商（ARM、Intel 等）	CPU，SoC，MCU，网络和图像芯片，参考板	Linux 内核，设备驱动，开发工具（GNU，LLVM，Eclipse 等）	保持半导体设计的竞争力

物联网中开源软件的作用

开源软件是物联网的重要组成，但是开源软件在整个网络的不同元素中有着不同的作用，如图 15-8 所示。

1. 端点和边缘节点

（1）被动端点

物联网中有许多哑设备，如智能标签、电感模块和其他 RFID 设备。这些设备在制造、库存管理和其他领域被广泛用于高价值物品追踪（制药业、服装业等），但是在物联网的讨论中却往往被忽视。这些设备是被动的，只在被特殊设备扫描和经过特定入口（比如出入库房）时才会被激活，返回 ID 和少量的数据。被动设备为

"物"的海洋架起一座桥梁。

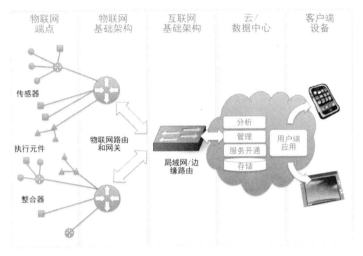

图 15-8　物联网节点类型和数据走向

开源软件在这类设备中的作用并非体现在 RFID 标签和感应模块本身，而是应用在扫描器和激活它们的设备上，以及操作数据的应用服务中。

（2）简单端点

从概念原型上看，物联网节点的重要组成是单一功能的传感器和执行元件。这些设备被认为是普适和独立的，能源消耗和成本也都很低。除了这些属性外，物联网节点的定义是十分宽广的：设备可以是无状态或者是有状态的；设备可以是无显示的，也可以有自己的用户界面；它们可以是完全独立的，也可以和同级端点紧密结合；它们可以非常"安静"，也可能非常"活跃"：有些端点传输数据量很少，变化也很少，因此某些物联网端点的数据是高度动态。

灯光开关、插座、恒温器、HVAC 控制器、动作感应器、区域安防开关、地面湿度和空气温度传感器都是这类节点的例子。

边缘节点应该只有少量软件，仅支持核心的功能：感知和影响周边环境，向网络上端传输状态信息。这些设备可以运行嵌入式操作系统，也可以只运行一个主循环和设备服务代码；一般会使用 8 位或 16 位的 CPU，或者某些情形下是 32 位处理器，或者 8 位和更基础的计算元件[⊖]；不一定会有完整的 OSI TCP/IP 栈，而是使用点对点通信、网状通信、6LoWPAN[⊜]，或者只具有部分 IP 通信能力（UDP 等）。

　　⊖　摩托罗拉半导体（现在是 FreeScale）曾经提供 1 位 MC14500B 工业控制组件。

　　⊜　低功率无线个人区域网络 IPv6（IPv6 over Low power Wireless Personal Area Networks），http://datatracker.ietf.org/wg/6lowpan/charter/。

开源软件在这类设备中的作用并不是固定的。设备制造商也许会使用开源的 RTOS（TinyOS、eCOS 或者 FreeRTOS ⊖），也可能采用封闭源码的可执行程序（有超过 300 种商业或者私有的选项）来管理资源、简化增值应用的编程。开发者肯定会使用开源工具来设计边缘节点设备，半导体供应商也会提供开源的设备驱动和其他元素来支持开发者，但是在设备上运行的应用（或者其他设备软件）很可能是封闭的。

今天的（和可以预见的将来的）设备制造商从保持自己独特的技术（软件和硬件）中看到价值，比分享开发/维护职责的价值要更多。

市面上肯定会出现针对很多节点，甚至所有不同节点的开源软件实现，但是这些代码很可能只是原型或者是一种"玩具"的东西。类似的开源/封闭共存的例子包括今天的闪存设备、以太网和 WiFi 访问设备、显卡驱动等。

（3）同级端点

同级端点能完成许多简单端点的功能，重要的不同有两点：

1）能够提供更好的服务，使用 32 位或者 64 位 CPU，有更多内存。

2）更可能包括路由和网关功能。

同级端点是多功能的设备，能够部署企业级 OS，如 Linux、BSD 和 Windows 等。

这些设备为开源软件带来了十分有价值的机遇，包括系统软件（特别是 Linux 和 Android）、中间件、应用程序框架和路由软件。与简单边缘节点相同，同级节点上增值应用软件的开放性同样受限于设备制造商的知识产权限制。设备制造商并不太希望将产品的独特点开源化。

不过，更少的资源限制和所需材料的低廉的价格使得这类设备能够更容易制造和自行 DIY。我们已经看到许多爱好者、研究者和小规模整合者用市面上的低端现成硬件（RaspberryPi、Arduino 和 BeagleBoard 等开源硬件）实现的同级端点设计。

2. 基础设施

在关于物联网开源软件的讨论中，我们需要关注两种不同的基础设施。一种是路由器、网关和整合者，它们将物联网端点连接到现有的互联网上；另一种是访问点、局域网/边缘路由、主干网络和核心交换机，以及组成互联网的路由。

（1）物联网专属基础设施

在这一层级中，物联网和其概念上的前身机器到机器网络依然十分相近。针对任务的设备将相关的信息从点对点或者网状网络传输到针对应用的路由器和网关，在那里被整合、缓冲和处理。

⊖ FreeRTOS 和 Android 并列领军嵌入式设计（17%，EE Times），见 http://www.freertos.org/。

信息接下来在局域网中被传输到能够进行控制和数据分析的计算机上，并进一步被推送到云服务器上。

这些网关设备使用 32 位或者 64 位 CPU，能够工作在工业级网络中或者串口连接上（Zigbee、6LoWPAN、RS-422 和其他连接方式），也可以使用更常见的 Wifi、蓝牙和以太网连接到局域网和广域网。根据边缘节点的数目和种类、设备的通信频繁程度、源代码是否开放，以及数据包的特性，物联网基础设施设备会记录和缓冲物联网流量，压缩（时间和空间）数据包，以及分析数据包的数据，然后才将数据向上游发送到云，或向下游发送到本地设备。

这些节点为开源软件的部署和进化带来了丰富的机遇：嵌入式 Linux 提供了弹性的原生 IP 平台、IP 路由软件和标准的本地文件系统。新的物联网框架基本都是先在 Linux 上用流行的编程语言和工具集编写的。

（2）互联网基础设施

从本地无线网络、宽带网络、移动宽带访问，到边缘和核心网络，互联网的基础设施已经与开源软件有了密切的关系。

1）在访问点、路由器、网关、防火墙、媒体网关和其他网络 / 通信设施中的嵌入式 Linux 和运营商级 Linux [⊖]

2）开源的路由软件，信息安全库，网络管理工具，高可用性使能器和其他与网络相关的中间件

3）和私有嵌入式 OS 配合的 TCP/IP 栈（BSDLite 衍生产品）

4）组成配置和管理界面的嵌入式网络服务器和网络应用成分

SDN（软件定义网络）和 NFV（网络功能虚拟化）的发展也为开源软件提供了支持互联网基础设施的新机会。

（3）云

和互联网基础设施一样，云在很大程度上是利用开源软件构建的：Linux，虚拟化平台，管理软件，应用程序支持库和其他云中间件，以及编写、部署代码的工具和框架。

并不是所有云软件（比如微软 Azure）和 IaaS/PaaS 的实现（比如亚马逊 AWS 或者 Rackspace 云托管平台）都是开源的。另外，使用现有开源软件实现的物联网应用和物联网 SaaS 解决方案也不一定都是开源的。Android 是一个很好的例子：Android 本身是从数以百计的开源成分发展而来，本身很开放，应用开发工具和支持库也同样是开源的，但 Google Play 应用商店中的绝大多数应用是封闭源码的。

⊖　为通信行业（运营商）优化可用性、可扩展性、可管理性和反应速度的基于 Linux 的操作系统，见 http://www.linuxfoundation.org/collaborate/workgroups/cgl。

3. 用户端软件

物联网应用端软件支持对物联网设备的监控、控制和配置，以及对物联网端点产生的大量数据进行分析。这些应用也提供针对特殊设备的专属功能，如医学诊断、农作物土壤分析和区域自动化等。用户端物联网应用一般是以网络应用或者移动应用的形式存在的，但也可以是其他形式，比如作为大数据分析工具中的一部分而存在。

在目前的移动应用商店⊖和网络应用中，开源工具和中间件让物联网用户端应用受益匪浅，但是这些应用本身却鲜有开源。原因有许多：小的企业不太会支持社区；针对设备的传统商业模式；依靠免费软件中搭载广告和内购盈利，而并不从开源软件的自由分发中获益；应用与特定的品牌 / 公司关系密切，被认为能增强品牌优势。

4. 开发工具

所有开发者都需要开发工具来编写和调试他们的软件。可以说，今天大多数的开发工具要么本身就是开源的，要么就是从开源项目衍生而来的。

- ❑ 配置管理：GIT，Subversion，Chef，Puppet
- ❑ 语言工具：GCC，LLVM，C/C++/Java/Lua/PHP/Python/Ruby/Scala 等语言的编译器和框架
- ❑ 调试器和模拟器：GDB，CDT，QEMU 等
- ❑ IDE：Eclipse 和衍生的环境

5. 物联网设备软件的发展趋势

物联网中不同的设备，包括端点和基础设施节点，都属于嵌入式系统的范畴。所谓的"互联智能设备"的制造商在过去 20 年间逐渐增大对嵌入式 Linux 的使用，并在近 5 年内开始借助 Android 制造非移动设备。与此同时，设备制造商从传统的私有源码控制软件转向 SVN、GIT、Github、Chef、Puppet 和其他"热门"的开源项目和技术。

嵌入式 OS 的选择是开源软件采用程度的一个重要标志。图 15-9 展示了 10 个流行嵌入式平台近年的市场占有率变化。

1）Linux ⊜以 41% 的占有率领先。

2）Windows 占有率虽然有 19%，但是在 3 年间没有变化。

⊖ 谷歌 Play 和苹果 iOS 应用商店等。

⊜ 包括定制 Debian 和 Ubuntu，使用社区 Linux，或者使用商业产品（Wind River 等）。

3）业界领先的 Wind River 私有 OS VxWorks 的占有率从 12% 降到了 8%（前 10 年的占有率更高）。

4）物联网 OS Contiki、RIOT-OS 和 Spark 还没有足够的采用率。

5）有明显占有率和增长的 OS 只有 Linux、FreeRTOS 和 Android。

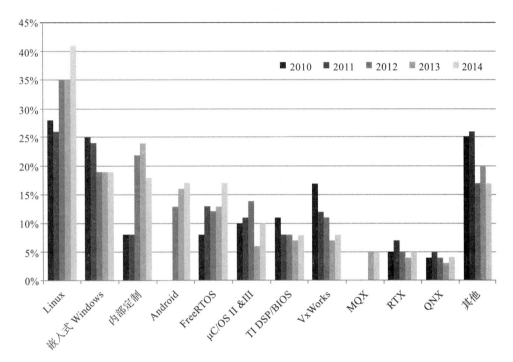

图 15-9　2010 ～ 2014 嵌入式 OS 调查（Linux Pundit）

如果按照开源、现成的商用私有平台和定制进行整合，平台的趋势就非常清晰了，如图 15-10 所示。

1）开源软件的使用稳定上升，将来会继续增长。

2）现成商业平台的使用率逐步在下降。尽管最近有一些上升，但随着物联网设计的增多，未来仍难挽回颓势。

3）自行定制的私有平台的占有率先增后减。开源软件引入开发需要的新能力（比如物联网网络协议），将之前的空白填补之后，自行定制的私有平台也就不那么有价值了。

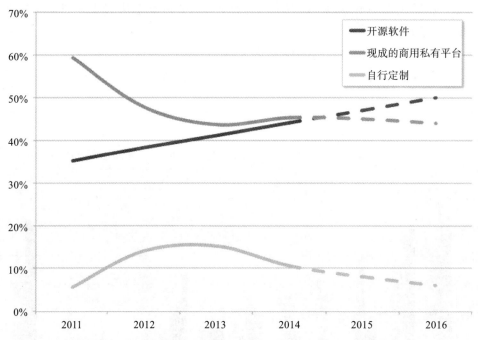

图 15-10　开源软件、现成的商用私有平台和定制嵌入式 OS 的发展趋势（Linux Pundit）

用开源软件应对物联网的挑战

我们已经讨论了开源软件在物联网建设中的角色，以及嵌入式开源平台如今的市场份额（和未来的地位）。现在让我们来关注开源软件与物联网最严峻的问题：安全、隐私。

.　　开源软件和安全的历史发展脉络和乘坐过山车差不多。起初，市场对于"通过复杂度隐藏安全问题"security-by-obscurity 的方式非常熟悉，也就对通过社区监督软件漏洞的方式不太接受。经过很多年的讨论之后，IT 业界的专业人士终于接受了开源软件"许多只眼"的安全监督（其根本要求是保持软件在最新版本[⊖]）。独立研究机构（比如 Coverty Scans [⊜]）发现开源软件的缺陷率十分低。但是，OpenSSL "心血"漏洞[⊜]的出现让 IT 用户再一次开始担心开源软件的安全性，尽管开发者非常迅速地修补了漏洞。

"心血"对于开发者和企业安全人士而言是一记警钟。我们迫切需要一种自动追

⊖　参见 http://www.blackducksoftware.com/solutions/open-source-security。

⊜　参见 http://www.coverity.com/press-releases/coverity-scan-report-finds-open-source-software-quality-outpaces-proprietary-code-for-the-first-time/。

⊜　参见 http://osdelivers.blackducksoftware.com/2014/04/09/the-heartbleed-bug-what-you-need-to-know-now/。

踪应用中开源软件组成部分，并发现其中安全漏洞的解决方案。另外一个重要的问题是如何迅速得知哪些软件使用了存在漏洞的组成部分。

从隐私角度来看，开源软件使用强加密（SSL、SSH、PGP 等）保护个人数据，并为移动安全和数据保护提供了基础组成部分（无论是否被广泛采用）。

物联网本身带来了独特的安全和隐私问题：

1）种类繁多的设备和不同的安全能力。

2）公共和私有数据混合（比如公共可见的环境传感器数据，对应个人健康监测数据或者从敏感来源整合的数据）。

3）安全问题有可能阻断工业、能源系统，或者干扰与生命健康相关的设备运行。

过去，设备制造商通过复杂度（或者是简单性）来达到安全，但是实际操作已经有所不同了。设备制造商面对着新的压力：

1）对设备和其所在网络的攻击不断增加。

2）企业级软件的存在数量正在增多。

3）客户和市场对设备运行和信息保护（商业和私人信息）提出更高的要求。

对于企业级软件而言，智能设备设计者依赖开源软件和其动态更新来避免安全威胁。下面的情形常见于同级节点，但对于单一或有限功能的节点不那么实用。

1）端点设备更易被直接利用、盗窃、更改，或者被重新烧写（恶意软件）和部署。

2）物联网端点设备的串口、网络接口、USB 或者其他接口可能会被恶意使用，造成设备失效。

3）本地的无线和网状网络可能会被监听，或者是被安插恶意中间人（中间人攻击）。

4）简单的端点设备的功能较少，但是依然可能存在不够安全的接口 / 授权、缓存区溢出和开发者后门等问题。

5）大量的低端设备一旦部署，就有可能再也不会被升级，包括安全更新。这些设备处在物联网的最底层，且数量庞大，不太适合大范围的软件镜像更新。

以上的问题并不是无法解决，但是我们也找不到一劳永逸的简单解决方法。今天的互联网中，智能手机和平板电脑是最普适的"物"，但它们也同时带来了很多安全问题。尽管全球的开发者围绕着 Android 和其他几个平台（开放或者封闭）在不断进行努力，安全问题依然如同一个打地鼠游戏，手机设备制造商、系统软件开发者、网络工程师、应用程序作者、IT 部门和用户都在游戏之中。

开源软件是迎战物联网安全问题的关键，但其只是整个安全和隐私问题中的一个因素。良好的开发方式和帮助执行这些方式的开发工具也都同等重要。

开源软件本身的开放性也正是它能够解决安全问题的核心。除了"许多只眼能够让所有 bug 都变得浅显[⊖]"以外，源代码和项目信息（比如 GitHub 和 OpenHub [⊜]）也让很多繁琐的技术活动的自动化[⊜]变得更加容易：

1）发现安全漏洞、过时的软件和不再更新 / 不活跃的项目。

2）分析和修补已知具有漏洞的组成部分。

3）监控物联网设备和应用程序源代码的安全问题。

结语

显而易见，开源软件能够帮助驱动物联网的建设。不过在物联网的技术中，开源软件不一定会占据主导地位。开源软件在智能设备、网络、网络基础设施和云平台软件等方面处在重要位置。为了将开源软件的优势转化为在物联网的稳固地位，开发者社区需要努力实现下面的重要项目：

1）可向下延展的、适合不同端点设备（特别是低端设备）的系统软件。

2）开源网状网络驱动和管理软件和工具。

3）高质量、可移植的开源物联网协议 / 协议栈。

4）在基础设施节点和云端部署物联网应用的框架和工具套件。

5）适合节点、能够应对集中破解的轻量级安全机制，和针对物联网的升级方案。

个人计算机的普及让 Linux 等开源软件受益匪浅，但是物联网却没有众多同构的系统。不过好消息是，有着超过 200 万的开源项目和数以万计的开发者的开源社区完全有能力挑战物联网新兴和独特的需求，而且这一任务已经在进行了。

延伸阅读

重要的物联网开源项目和平台如表 15-3 所示。

表 15-3

名称	网址	说明
AllJoyn 框架	https://www.alljoyn.org/	一个开放平台和设备框架，用于不同设备间的通信。使用 AllJoyn 的设备可以有不同的操作系统、平台、设备类型、传输层和品牌
Contiki 物联网操作系统	http://www.contiki-os.org/	针对低端设备的物联网操作系统
Eclipse 物联网框架	http://iot.eclipse.org/	物联网 / 机器到机器的开放框架和工具，包括 Mihini、Paho 和 Koneki

---

⊖ Eric Raymond 撰写的《大教堂与集市》中的一句话。

⊜ https://www.openhub.net/，前身是 ohloh.net。

⊜ 比如黑鸭工具 www.blackducksoftware.com/secure。

（续）

名称	网址	说明
Iotsys 整合中间件	https://code.google.com/p/iotsys/	提供通信栈的中间层软件，包括对 IPv6、oBIX、6LoWPAN、受限应用协议（Constrained Application Protocol）和高效 XML 互换的支持
Lua	http://www.lua.org/	强力、高速、轻量级和可嵌入的脚本语言，常用于物联网应用中
Mainspring 框架	http://www.m2mlabs.com/framework	Mainspring 是构建机器到机器应用的开源框架，用于远程控制、车队管理或者智能电网
MQTT 协议	http://mqtt.org/	基于发布/订阅模式的轻量级消息传输协议，适合于需要低开销或者低网络带宽的远程连接
OpenIoT 中间件	http://openiot.eu/	独立于设备和框架的中间件，用于从传感器云获取信息
OpenRemote 中间件	http://www.openremote.com/	连接不同设备的物联网中间件，包含 UI 和云应用设计的支持
Riot 操作系统	http://riot-os.org/	提供 C/C++API，多线程和实时能力的物联网操作系统
Spark 操作系统	https://www.spark.io/	连接到云端的物的操作系统，提供硬件设计、固件、云软件、移动 App 模板和开发工具
ThingSpeak 数据平台	https://thingspeak.com/	物联网开放数据平台

物联网操作系统的新进展

物联网操作系统（简称物联网 OS）最近很热闹，2015 年 5 月 20 日华为发布开拓物联网领域的"敏捷网络 3.0"战略，包括物联网 OS Lite OS、敏捷物联网关、敏捷控制器 3 部分；5 月 28 日谷歌在美国旧金山宣布物联网软件 BriloOS 和 IoT 协议 Weave；7 月 29 日微软在发布 Windows 10 的同时发布了 Windows 10 IoT Core；8 月 20 日庆科在北京举办了盛大的开发者大会，发布了最新的 MiCO 2.0，这距 MiCO 2014 年 7 月 22 日首发刚刚过去一年的时间。各大公司如此密集地发布新的物联网 OS，国内企业在争抢万物互联的新的风口，由此可见，一场物联网 OS 的激烈竞赛已经拉开序幕。

1. 物联网 OS 的元年

物联网 OS 最初是起源于传感网的两个开源 OS，一个是 TinyOS，另一个是 Contiki。TinyOS 项目是由美国加州大学伯克利分校、Intel 和 Crossbow 技术等公司

2000 年发起的开源项目，2012 年发布 2.1.2 版本以后就停止更新。Contiki 项目的作者是 Dam Dunkels 博士，Dunkels 博士原来在瑞典工学院计算机研究所工作，现是 Thingsqure 创始人，也是 uIP/LWIP 的作者。Contiki 项目很活跃，尤其是网络协议方面，Contiki 采用 uIP 协议，已经扩充支持 IPv6 和低功耗 6LoWPAN 路由协议。

　　由于方方面面的原因，之前的传感器 OS 只是在学术界稍有影响，在产业界没有太多的反响，2014 年才是物联网 OS 的元年。2014 年 10 月，ARM 推出 mbed 物联网设备平台和操作系统 mbed OS。ARM 物联网事业部门总经理 Krisztian Flautner 这样介绍 mbed OS 的开发背景："目前物联网设备多半仍处于孤立状态并未互相连接，这就意味着还无法实现一个真正全面互连的世界，并让所有设备都能互通并提供各种云端服务。"mbed OS 正是为了改善这样的现状而诞生的。

　　ARM mbed 物联网设备平台由 mbed OS、mbed 设备服务器（mbed Device Server）和 mbed 社区（mbed.org）3 部分组成。mbed OS 是一个专为基于 ARM Cortex-M 的设备所设计的免费操作系统。mbed Device Server 是一套授权（收费）软件，提供物联网行业必需的服务器端技术，以便安全地连接并管理设备，可作为物联网设备专用通信协议与网络开发商所使用的应用程序编程接口间的桥梁。mbed SDK 开发工具和 mbed.org 社区是一个开源嵌入式开发平台和开发者网络社区，如图 15-11 所示。

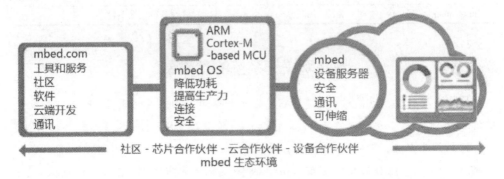

图 15-11　ARM mebd 物联网设备平台（来自 arm.com）

　　mbed OS 发布的时候，颇为吸引眼球，给业界的感觉是：难道物联网的 Android 来了吗？想赶风口的人更是跃跃欲试。但是之后几个月，ARM mbed OS 声音逐渐变得小了，直到 2015 年 3 月纽伦堡嵌入式世界展览上 ARM 宣布与 IBM 和飞思卡尔合作推出了一款"物联网入门套件"。最新的信息是，ARM 公司于 2015 年 11 月 10 日在美国硅谷 ARM TechCon 正式发布技术预览版，12 月 8 日在中国深圳做了专场技术研讨会，即使没有加入 ARM mebd 合作伙伴的全球的开发者也可以得到一个二进制版本了，详情参考 ARM mbed 网站。

2. 物联网 OS 竞赛才刚刚开始

在这场物联网 OS 的竞赛中，中国企业信心满满，而国外的企业却显得保守和犹豫。让我们先看看市场上已经发布的国外的几款产品吧。

（1）微软的 Windows 10 IoT Core

它是 Windows 10 家族中企业、手机和 IoT 三个版本一个成员，系统占用 256K RAM 2G Flash，目前支持 Intel Edison 和树莓派 Pi 2（ARM 架构）两款高端处理器。Windows 10 IoT Core 的优点是：放弃了以前 WinCE 方式，没有入门费也没有版税，集成了微软 Aurze 云服务、开发者熟悉的 VS2015 开发环境以及微软 20 年嵌入式开发和设备维护经验。缺点是：256K RAM 2G Flash，不能支持在物联网系统占领主流地位的 MCU；不开源，这一点也会让微软在与开源 Linux 竞争中失分不少。在智能终端 OS 市场竞争中，微软的市场已经丧失殆尽，基于 Linux 内核的 Android 牢牢占了上风。

（2）Micrium 的 Spectrum 物联网 OS

以开发 μC/OS 而著名的 Micrium 在 2014 年 10 月发表了 Spectrum 物联网 OS，今年 5 月联合瑞萨、高通和艾睿推出 Wireless Demonstration Kit，如图 15-12 所示。Kit 包括了 Renesas RX111 MCU 开发板、Qualcomm QCA4002 Longsys GT202 PMOD Wi-Fi 模块、Renesas E1 调试器和 Micrium Spectrum 软件。

Micrium 产品在工业、医疗和航空航天领域里有着广泛的应用基础，全球的市场份额接近 30%。μC/OS 通过第三方认证机构可以获得航空、医疗和工业安全认证，比如 EC 61508、EN62304 和 FDA 510(k) 等。技术上 μC/OS 的实时性、可扩展性和健壮性很好。MCU 支持近 60 家公司 140 种 MCU 和嵌入式微处理器。云端通过"中介层"支持包括亚马逊在内的多种云服务。

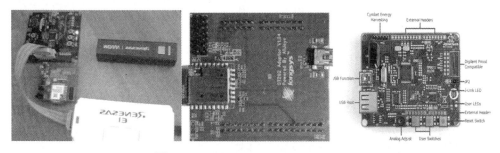

图 15-12　Wireless Demonstration Kit

Spectrum 物联网软件是一个完全商业化嵌入式软件，据了解，用户在开发和量产的时候都要支付费用，这样的高门槛的软件会将中小规模的客户拒之门外。

其他的相似技术和商业模式的产品还有：Express Logic 公司推出的针对基于 ARM 物联网设备的 X-Wave 平台，该公司的 RTOS 内核是 ThreadX。笔者参加 2016 年 2 月底纽伦堡嵌入式世界展时看到日本瑞萨公司发表 SYNERGY 物联网平台，其中操作系统系统使用的就是 ThreadX。Wind River（风河）IDP 智能设备平台，它是 Intel 物联网网关的软件中间件，支持企业以 Intel 物联网网关为基础来开发物联网解决方案，Intel 的物联网网关的优势是快速创新并且保持与传统设备的互操作性，它把网络、嵌入式控制、企业级安全性和易管理性完整地集成起来，把传感器和云端数据中心服务器整合起来，形成完整的物联网基础设施。该方案的缺点是开放性差。风河最新推出的物联网解决方案——Helix 有望将其技术覆盖物联网从智能传感到云平台的整个系统开发过程，详情还待进一步研究和了解。

比较国外企业的谨慎和保守，国内企业做得有声有色。上海庆科是一家名不见经传的小公司，以嵌入式开发板和芯片芯片销售起家，近几年开始研发和销售 WiFi 模块，进入物联网和智能硬件市场，据悉，庆科 2014 年获得了阿里系的投资。庆科的 MiCO（Micro-controller based Internet Connectivity OS）是一个面向智能硬件优化设计的、运行在微控制器上的、高度可移植的操作系统和中间件平台，据业内人士分析，基层软件是用开源软件技术修改而成的。庆科云（FogCloud）专门为智能硬件平台提供数据云存储、云分发、软件 OTA 升级、微信接入等支持服务，既然庆科是阿里系，庆科云肯定是附在阿里云平台上，目前看，FogCloud 是一个面向物联网的 PaSS 架构加上几个小的 SaaS 应用。比较前面讨论过的几个国外产品，包括华为 LiteOS，MiCO 是目前开放程度最高的物联网 OS。华为 LiteOS 项目的网站 http://www.oiotc.cc/ 上目前也只有一个简单的内核开发文档，论坛里面有消息称，源代码 2016 年 12 月才发布。

MiCO OS 已经上线，开发者进入 http://mico.io 开发者中心可以下载 SDK 和全部文档，最新的版本是 2.3.0。MiCO 支持各种 MCU 芯片，现在有几种开发套件，比如 ST 的 MiCOkit-3288，Atmel 的 SAMG55，NXP 的 LPC54102 和飞思卡尔的 K22 等，如图 15-13 所示是 MiCOkit 的一个开发过程范例。MiCO 的最多亮点是 MiCO OS、移动 App 和云服务全部免费。MiCO OS 是一个新的技术，目前还在爱好者试用阶段。但是使用了 MiCO 技术的庆科公司WiFi 模块产品已经遍及智能硬件各个领域的应用中，

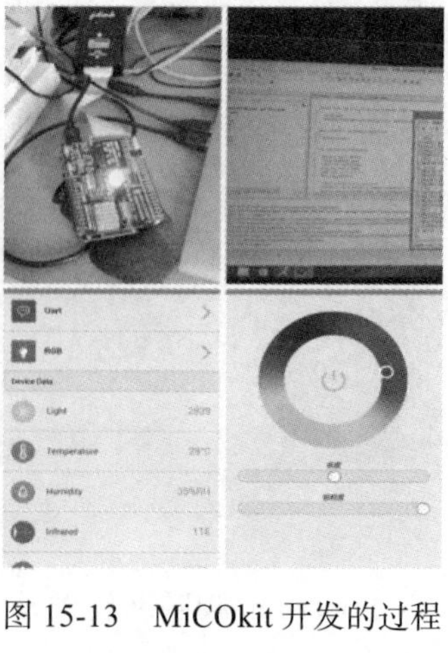

图 15-13 MiCOkit 开发的过程

已经有相当不错的应用基层。

3. 开源依然会唱主旋律

在这场物联网 OS 比武中，开源依然唱着主旋律。2014 年 ~ 2015 年市场调查显示，18% 的嵌入式 OS 依然是用户自己开发的（2000 年以前这个数字高达 50% 以上）。原因是什么呢？商业和开源软件产品无法满足用户要求，在物联网 OS 的世界里，这个比率还会更大，这是因为物联网系统的需求不明确、商业模式不成熟、加上物联网 OS 技术还在发展之中，用户只好选择基于开源软件去开发适合自己物联网应用的软件系统。

开源社区和芯片公司为物联网 OS 的开发者准备了大量的资源和工具，比如博通的 WICED-SDK-3.1.2 是一套基于 WiFi 智能硬件开发套件，除了商业的嵌入式 OS 和协议外，套件里面有一套移植好的开源 FreeRTOS 和 LwIP 嵌入式软件。适合于可穿戴设备应用的 STM32 Nucleo 的 Cube 软件库，也加入了开源 FreeRTOS 和 LwIP 中间件，还有一个已经获得商业授权的 emWin 图形开发库。

FreeRTOS 是基于 MCU 的物联网应用采用最广泛的开源的 RTOS，著名的智能手表 Pebble OS 的内核使用了 FreeRTOS。FreeRTOS 内核采用的是 GPL 授权方式，但它是一个修改的后 GPL 协议。FreeRTOS 的 GPL 授权给了这样一个例外条件：这些独立模块如果使用 FreeRTOS API 与 FreeRTOS 进行通信，并且这些独立模块不涉及内核和内核调度，也没有对任务、任务通信和信号量等内核功能做出改动，这些模块可以不按照 GPL 方式公开源代码。

FreeRTOS 还有一种商业授权版本 OpenRTOS 可供用户选择，OpenRTOS 由英国 WITTENSTEIN high integrity systems 公司提供授权和技术支持。

有消息称，MiCO OS 内核使用了 FreeRTOS，做了修改，并在其上封装了 API。但是目前还没得到官方的证实。智能手表 Pebble 网站声明了 Pebble OS 使用了 FreeRTOS 内核，有他们修改的 FreeRTOS 内核代码和相关文档说明。

与 FreeRTOS 相似的有 LwIP，它采用开源的修改后的 BSD 授权。此外，开源的 contiki IoT OS（网站 http://www.contiki-os.org）也是一个很活跃的项目，据悉，Lite OS 思路与 contiki 很接近，并使用了其中的 uIP 的协议。

基于开源硬件的 Arduino 和树莓派的开源的物联网网关和云服务有很多，Arduino 是基于 MCU 面向传感器和控制部件编程的平台，树莓派 Pi 是基于 Linux 的嵌入式计算平台，上面可以承载各种标准服务和应用，适合物联网网关设计。国内外的物联网云平台发展很快，比如 Ayla network、Xively、DreamFactory、机智云、Yeelink 和中国移动提供物联网云平台服务。

腾讯微信物联网硬件平台（http://iot.weixin.qq.com）是一种物联网云平台和应用服务，它使用一种微信硬件公共账号和物联网设备对接，实现在微信上管理用户的设备。微信硬件近期发展很快，支持微信运动（智能手环和手机）、智能家居、电视、玩具、血压计和微信相框等各种智能硬件，微信硬件平台通过支持芯片公司的 WiFi 和蓝牙模块内嵌 AirSync 和 AirKiss 协议，以方便硬件开发人员快速地将微信与智能设备进行互联。AirSync 和 AirKiss 协议用于蓝牙和 WiFi 技术的基础支持框架和硬件 JSAPI 等。腾讯已经联合 Marvell、ST、TI 和博通等芯片公司，Broadlink 和庆科 WiFi 模块共同支持微信硬件协议，目的是让智能硬件很方便地接入互联网，实现万物互联的梦想。

结语

物联网产业处在发展初期，碎片化特点必将导致物联网时代对软件的多样性需求。一种操作系统和开发工具很难支持物联网系统中的所有设备，短时间内，物联网 OS 很难形成像智能手机中 Android 和 iOS 那样两家独占市场的局面。以安全性和集成化为代表的物联网新需要给传统嵌入式软件带来挑战，也给以互联网企业为代表的产业新人带来机遇。

我与嵌入式系统 20 年

　　一晃已经到了 2016 年，中国单片机和嵌入式系统有 30 年历史了，而我始终见证着这个历史，我在 1995 年创办的北京麦克泰软件公司 20 年来也一直参与在这个历史进程之中。今天，因为物联网的兴起，单片机和嵌入式系统技术和产业正在发生翻天覆地的变化，嵌入式系统范围更加广泛，技术更加综合和复杂。我本人也从原来单纯的企业工作，转到了企业—科技媒体—高校和行业协会多头并举。我 2009 年到《单片机与嵌入式系统应用》杂志任副主编，主持杂志网络版和嵌入式系统联谊会工作，2014 年之后我任编委会副主任。2010 年，我又开始在北航软件学院和电子信息学院兼职任教，讲授创业和物联网方面的课程，这让我和年轻一代的学子有了零距离的接触。在我把自己掌握的知识和经验悉心传授给他们的同时，也从学生们身上感受到了年轻的激情和青春的灵感。2010 年，我开始参与中国软件行业协会嵌入式系统分会、中国嵌入式系统产业联盟以及嵌入式系统联谊会的组织工作，有幸把我多年积累的产业、高校和媒体资源以及经验回馈给社会公益事业，与行业同仁共同推动嵌入式系统产业发展。工作之余我还翻译了 4 本国外嵌入式操作系统方面的优秀图书。总之，我多年来所有的工作都是围绕嵌入式系统展开的，我与嵌入式系统早已密不可分。

　　到了 2008 年，中国单片机和嵌入式系统走过的 20 年，正是我从一个毕业不久的学生成长和进步的过程。回忆往事，许多的感受和经历都一一浮现出来。业内专家学者对单片机 20 年的发展历程有不同的划分，有认为 20 世纪 80 年代是普及推广的阶段，20 世纪 90 年代是广泛应用的阶段，21 世纪是嵌入式系统发展阶段；还有认为 1985 年～2000 年是单片机时代，2000 年以后是嵌入式系统时代。最近还有嵌入式系统 1.0、2.0 和 3.0 的说法，3.0 时代就是嵌入式系统进入物联网时代。这些说法都是仁者见仁，智者见智，各有各的精彩。过去的 20 年，我们的确是走过了从单片机到嵌入式系统这个漫长和多姿多彩道路。对我而言，过去的 20 年更是伴随我走过学习—成长—创业—发展的道路。

Intel 领我步入嵌入式系统大门

2007 年是 Intel 嵌入式行业创新历程的 30 周年，1971 年 Intel 发表 4040——世界上第一个微处理器，它虽然只有 2300 个晶体管，但绝对是第一个可以商用的片上计算机。今天，Intel 已经是全世界最大的半导体公司，依靠 x86 芯片主宰着 PC 和服务器市场，我想许多人都不会忘记 Intel 的 8051 和 8086，前者是 8 位单片机的重要核心芯片，后者是我们 PC 的基础，也是它们把我带进了单片机和嵌入式的世界。我 1984 年大学毕业，被分配到一家研究所工作，研究所的专业是计算机测量和控制。开始的时候还主要是基于小型机 PDP11 计算机，1986 年以后在我们所长——信息和计算机专家庄梓新的大力推动下，一个和 Intel 合作的引进微型计算机和单片机项目大大改变了我们研究所的现状，全新的基于 8086 的微型计算机系统和 8051 单片机开发系统让我们这些年轻人大开眼界，改变了我们对计算机的认识。神秘的魔法盒子就摆在我们面前，我们可以自由地打开一台微机，对单片和单板编程，然后烧入 EPROM 里面，看到程序执行的结果。那里，我们真是非常兴奋，激动的心情难以言表。

1987 年，我参加了在 Intel 香港公司的培训，这个培训项目更让我全面地了解了单片机和嵌入式微处理器的开发过程。课程安排得非常实用和紧凑，体现了 Intel 一贯务实的作风。第一周是关于处理器结构、指令集、中断、内存和 I/O 访问、汇编，以及 8255、8251 等接口，试验是安排使用 8086 和 8051 的开发系统汇编和 PL/M 语言编程（PL/M 是一个类似 C 的高级语音）。第二周是讲授 Intel 单片机和微型机的实时多任务操作系统 -iRMX，它有支持 8086、286，和后来的 386 几个版本。iRMX 虽然有支持 8051 的版本，但是因为当时 8051 资源的限制，实际使用者并不多，用户还是以 mcs51 宏汇编和 PL/M 51 作为开发语言，ICE51 在线仿真器作为 IDE 环境。需要强调的是，那个时候因为没有片上仿真技术，ICE51 虽然功能是完善的，但是昂贵的价格使得 8051 的开发变得相对困难了许多，早期的用户不得不"摸黑"设计单片机系统（就是直接把程序代码烧入 EPROM 执行）通过看 LED 和示波器确定程序的执行结果。相比起来，因为有了 iRMX 和 86/310 系统（Intel 的基于 8086 单板的系统），8086 开发就变得容易得多。iRMX 是一个可以称为 UNIX 的实时化的完整操作系统，你在 86/310 系统上开发好的代码可以从硬盘上直接启动，通过使用 printf() 在 CRT 看到代码执行的结果，如果你需要代码在 8086 单板上执行，你可以借助 ICE86 仿真器或者 EPROM 烧入。当时的 iRMX 不能称为一个嵌入式操作系统，这和 Intel 当时的策略有很大的关系，因为 Intel 是希望用户更多购买它的系统机和单板，而不是芯片。其实在技术上，包括笔者在内的一些技术人员，已经实现了在一定的硬件配置条件下把 iRMX 移植到任何 8086 单板上，这是后话了。说真的，以今天 Intel 和 20 年前比较，那时 Intel 更像一个朝气蓬勃的青年，才华横溢，创造了许多好的产品和技术，比如 Multibus 和 bitbus 这两个总线的技术和标准，一个是为单板机互连系统内部总线标准，主要是应用在 x86 单板计算机系统里；后者是一个分布式的工业总线标准。Intel 还设计了基于 51 的通信控制器 8044（SIU），它可以支持 bitbus 协议传输。应该说，当年 Intel 项目对中国工业自动化、嵌入式系统和单片机发展的贡献是巨大的。

这次香港培训不仅让我学到全套的单片机和微机开发系统开发的知识、实际操作经验。还让我结识了同去参加学习的北航计算机系开发系统实验室主任田子均教授。和田教授相识，促使我在几年后决定重新回到学校开始了计算机专业研究生的新生活。正是因为对 Intel 的敬仰，也出于对工作多年的研究所和同事的感情，研究生毕业后我还是先选择了一直和我们研究所合作的 Intel 计算机北京公司的工作。

VRTX 让我真正了解了嵌入式操作系统

在校园学习的生活总是感觉时间很快。我 1991 年研究所毕业再次走出学校大门后，正赶上社会发生翻天覆地变化的好时候，那时改革的浪潮汹涌澎湃，知识分子纷纷走出大门横向合作，下海创业，好不热闹。单片机和微处理器也由当初的 Intel 8051 和 8086 一枝独秀，变成 Z80、菲利普 XA、6800/68000 还有 TI 和 ADI 的 DSP 百花齐放。除了大名鼎鼎的台湾 MICETEK 的单片机开发系统外，国内的单片机和微处理器开发系统也小有规模，当时名气较大的是北工大 TP801、启东电子厂的 8051 和北京三环公司的 8086 仿真器。嵌入式软件方面的发展相对慢些，主要还是汇编语言和逐渐为大家接受的 C 语言，那个时候大家多数是在用 franklin C51，后来逐渐被 Keil51 替代（Keil 后来被 ARM 收购）、当然也有开发者开始转到 IAR EW51。

一次很偶然的机会，我参加一个技术研讨会时认识 VRTX 嵌入式操作系统和 Ready System 公司的创始人 Jim Ready 先生——一个很有智慧的技术专家，也认识了他的销售副总裁 Andre Kobel——一个和蔼、稳健和执着的瑞士人，见图 1。这件事情改变我以后的生活轨迹。今天年长的工程师可能比较熟悉的嵌入式操作系统有 VxWorks，少数人可能听说过有个 pSOS，VRTX 大家都不了解。其实 VRTX 几乎是比它们更早一代的嵌入式实时操作系统（也称为 RTOS），第一个商业版本的 VRTX1.0 早在 1981 年就发表了，在整个 20 世纪 80 年代 VRTX 在全世界占领了多数的市场，有超过 100 万基于 URTX 的产品，包括 AT&T、Motorola、Siemens 的通信和手机产品、波音、麦道和空客的飞机控制装置。VRTX 是一个真正意义上的嵌入式操作系统，也是一个实时操作系统。1991 年的 VRTX 就已经可以支持 68K、x86、960、sparc 等 16 位 /32 位的单片机和嵌入式微处理器，它拥有精细的模块化设计，完整的开发环境 VRTXvelocity 和 rtscope 源代码调试器和高级语言的编译，还有面向对象的设计工具 VRTXdesigner。我被这个产品深深吸引了，当时我想，这样的软件应该是未来中国单片机和嵌入式软件开发的方向。

图 1　20 世纪 90 年代的 Microtec Research 亚洲团队

图中左前一是 Jim 先生。他后面是日本负责人 Sakamoto，最后是韩国负责人 Nam，中间是笔者负责中国，右三是 Andre 先生。

几年以后，我也追随时代的浪潮下海创业了，创建了北京麦克泰软件技术公司。在摸索了一段时间之后，我很快把麦克泰公司的方向放在了嵌入式软件上，那么自然而然 VRTX 就是我最好的选择。那个时候 Ready System 已经和另外一个美国公司合并，产品线更丰富了，覆盖了嵌入式软件从编译—调试—仿真—操作系统一整套工具，当时我们支持最多的单片机是高档的 80186、386EX 和 Motorola 的 683XX。但是必须承认，当时的市场还非常的小，最初的阶段从工程师到领导层大多对 C 语言开发工具和仿真器比较认可的，但是到了嵌入式操作系统，大家只是听说国外用的很多，因为亲眼看到的少，怀疑和担心的观点占了主流。那时的单片机和微处理器的处理能力、网络、存储和外设功能都无法和今天相比，所以嵌入式操作系统应用在那个年代的中国还是凤毛麟角。直到 1997 年通信产业开始蓬勃发展，通信设备制造商由于对处理能力和网络的高要求而大量采用嵌入式操作系统，催生了国内嵌入式软件的快速发展。记得我第一次访问华为公司，观看我演示和讲解的一个项目主管现在已经某公司中央研究院的领导了，可见那时通信厂商对嵌入式操作系统的重视。国内值得记忆的典型的 VRTX 应用是 GSM 基站、ISDN 终端、SDH 光传输和数字程控交换机设备、飞行控制装置、计量和测试设备等有近百种之多。

VRTX 的市场推广过程是艰辛和漫长的教育过程，那时多数用户是第一次使用RTOS，任何值得借鉴的经验都没有，我们走的是和学校合作的路线，这也让我认识了包括清华大学邵贝贝教授和最初我们的合作伙伴——成都电子科技大学的熊广泽教授和罗蕾老师，熊老师的小组是国内最早研究嵌入式操作系统的团队，他们帮助我们完成了 VRTX 培训教材编写和十余个试验项目，组织了 VRTX 培训班，安排专人研究一些技术难题。这些事情尽管今天看一点都不难，但是 10 年多年前，电子科大和麦克泰所作的都是十足的开创性的，参加过我们学习班的一些学员今天已经成为大型企业的高层领导了。

借助电子科大的 Intel 实验室，我们拿到了一些 386EX 评估板，我通过游说VRTX 美国总部，让 VRTX 公司和电子科大成立嵌入式联合试验室，并得到了VRTX 的教育授权。今天满眼看到书店里的 ARM/Linux 教材，可惜的是，我们那本VRTX 培训教材没有组织出版，如今手里只有 1 本留作纪念了。

特别值得一提的是 386EX 这颗芯片，虽然它不是传统意义的单片机，但是它推动 32 位 CPU 在嵌入式系统的应用。这颗芯片更像一个通用 ARM7 SoC，非常容易构造一个小的单片系统，只是 DRAM 的接口电路略微复杂了一点。Intel 在 386EX之后没有新发展，将市场让给了后来者 Motorola、TI、菲利普（现在的 NXP）和再后面的 ARM。虽然 Intel 后来借助 Xscale 再次进军嵌入式系统，而且取得了更辉煌的成就，但是在 2007 年 Intel 还是放弃了 Xscale 无线和手持设备部分的业务，再次回归 x86 体系。

和清华大学邵贝贝老师的合作起源于国内单片机新的发展需要。邵老师的试验室是 Motorola 单片机实验室，那时 68XX（8 位）、683XX（16 位）和 68XXX（32 位）早在北美和欧洲占领了大半市场。得益于清华的名气，合作很顺利地得到 VRTX 美国方面的支持，最新的 VRTX 开发系统 Spetra 和 683XX/86XXX 开发软件 XRAY很快就在清华的试验室运行起来了，当然这也引来国内不少希望使用 Motorola 单片机的用户的关注。这是一个很好的示范项目。和邵老师的相识也让我以后结缘 JeanLabroose 先生，在加拿大蒙特利尔与 Jean Labroose 见面后，很快建立了 μC/OS 和麦克泰的业务往来。

ARM 和开源软件催生嵌入式系统标准化

自 1991 年第一次参加 VRTX 研讨会，到麦克泰公司销售和服务这个产品结束的整个过程大约是 10 年，这 10 年也正好是中国单片机和嵌入式系统大发展的时代。在 2000 年之后，市场、技术和人们的思维观念都在发生着巨大的变化。我记得最初由北航何立民教授召集的单片机联谊会是在北航出版社的一个很小的会议室召开的，有十几个人参加，大家仅仅就单片机领域各自了解的情况和体会进行了沟通和交流。后来参加的人越来越多了，大家可以讨论的话题也越来越广泛和深入，到两三年后因为参加人太多了，会议不得不以讲座的形式召开了。单片机联谊会的经历过程也是国内单片机向嵌入式系统演变的过程，人们思想和观念的变化催生了单片机向更广泛的领域发展，也影响和带动了更多人的关心和参与。如今的嵌入式软件已经是软件行业的重要部分，今天的单片机和嵌入式系统已经是计算技术、微电子技术、通信技术等众多行业的集合体。

ARM 和开源嵌入式软件对单片机和嵌入式系统的发展起到了重要作用。在它们之前，有好的单片机，也有好的嵌入式软件和操作系统，但是没有一个平台可以把单片机世界的各个部分统一到一个体系结构里面，美国的 8051、68XX、TI DSP 和 PIC，欧洲的 XA、AVR 和 MSP430，日本瑞萨和 NEC 的体系结构和开发工具多是各自为政，操作系统有 VRTX、VxWork、pSOS、Nucleus、OSE 和 CMX，而且价格昂贵，少则要几千美元，多则数万美元。这样的局面直到 ARM 和开源嵌入式软件出现后才有了根本的改变。今天虽然上面的单片机还活跃在我们生活中，但是更多的厂家在加快推出基于 ARM 内核技术的单片机和微处理器，包括了老牌的 Ateml、NXP、ST、飞思卡尔（以前的 Motorola）、TI、三星和 Intel 的 Xscale（今天的 Marvel），还有许许多多基于 ARM 的 SoC 芯片和基于 ARM 的 FPGA，这些 SoC 往往是一些专用的单片机。除了 Intel，各厂家都保持和 ARM 的紧密合作和路线图，即 ARM7 → ARM9 → ARM11 → Cortex，这样的发展格局对于嵌入式系统的用户是极为有利的，可以让用户将把他们的专注力放在产品层面创新。

Linux 是由芬兰的学生 Linus Torvalds 于 1991 年写的一个操作系统，之后全世界数以万计的人们为之贡献了自己的才能和智慧。Linux 不仅在服务器上取得了巨大的成功，在桌面系统逐渐成熟，更重要的是 Linux 被证明非常适合嵌入式系统。Linux 是完全开放的、免费的，但要求使用者必须有所贡献（GPL 的协议）。早期的 Linux 还主要是 x86 的移植代码，之后得 ARM 体系越来越为开源社区更多的人士所接受，ARM 公司和其他众多的 ARM 授权的芯片公司也积极资助开源社区和商业企业相关项目，这些使得 ARM Linux 更加成熟。有了 Linux/GNU 的支持的 ARM 平台，一个相对完整的嵌入式开发环境就有了，价格也非常低廉。这个平台解决了传统的单片机和嵌入式开发系统缺少高级语言和操作系统、网络和图形应用开发环境的问题，把单片机和嵌入式的开发引向了一个高起点。包括 ARM 中国，北航出版社，电子产品世界杂志，单片机和嵌入式系统杂志，博创公司，广州周立功公司，深圳英培特和北京麦克泰等在内，一直在通过不懈地推广 ARM 授权培训、图书、文章、展会、ARM 教学板和入门级 ARM 开发系统，为 ARM 单片机的普及铺路搭桥。今天，ARM 的书籍、开发板和 JTAG 仿真器得普及的程度可以和当年的 8051 单片机开发系统相媲美，甚至已经超越当年的盛景。

ARM 和包括 Linux 在内的开源软件把我们带入了 32 位的单片机和嵌入式系统世界。也是因为 Linux 的缘故，让我和 Jim Ready 先生以及他新创立的 MontaVista 再次携手，把商业的嵌入式实时 Linux 带进中国，开始了麦克泰"嵌入式 Linux 中国上路"的新的征程。

Linux 是开源软件的一个杰出典范，其他的开源和半开源软件包括 eCOS、μC/OS-II/III、（针对教育和非商业应用）、FreeRTOS、QT（GPL 和商业授权）和早期的 miniGUI，它们对中国单片机和嵌入式系统的普及和推广都起到了积极的作用。

结语

中国走过了单片机从无到有的时代，我们已经迈进一个全新的嵌入式系统世界。单片机和嵌入式系统深深地植入了我们的生活和工作当中。展望未来，我们将看到的单片机和嵌入式系统是一个绚丽多姿和五彩斑斓的世界，功能强大，品种繁多，单片机将和各种电子器件、网络、传感器件结合起来，融入各种产品和装置里。单片机和嵌入式系统将更加智能、节能、经济、安全和可靠，嵌入式开发系统和软件将更容易使用、组件和平台化。总之，单片机和嵌入式系统将走下圣坛，由高度专业走向普罗大众，人们越来越喜爱它，也将越来越离不开它。

推荐阅读

嵌入式系统导论：CPS方法

作者：Edward Ashford Lee 等 ISBN：978-7-111-36021-6 定价：55.00元

嵌入式计算系统设计原理（第2版）

作者：Wayne Wolf ISBN：978-7-111-27068-3 定价：55.00元

嵌入式微控制器与处理器设计

作者：Greg Osborn ISBN：978-7-111-32281-8 定价：59.00元

计算机组成与设计：硬件/软件接口（原书第4版）

作者：David A. Patterson 等 ISBN：978-7-111-35305-8 定价：99.00元

推荐阅读

FPGA快速系统原型设计权威指南

作者：R.C. Cofer 等 ISBN：978-7-111-44851-8 定价：69.00元

硬件架构的艺术：数字电路的设计方法与技术

作者：Mohit Arora ISBN：978-7-111-44939-3 定价：59.00元

ARM快速嵌入式系统原型设计：基于开源硬件mbed

作者：Rob Toulson 等 ISBN：978-7-111-46019-0 定价：69.00元

嵌入式软件开发精解

作者：Colin Walls ISBN：978-7-111-44952-2 定价：79.00元

推荐阅读

嵌入式系统软硬件协同设计实战指南：基于Xilinx Zynq

作者：陆佳华 等 ISBN：978-7-111-41107-9 定价：69.00元

兼容ARM9的软核处理器设计：基于FPGA

作者：李新兵 ISBN：978-7-111-37572-2 定价：69.00元

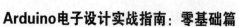

Arduino电子设计实战指南：零基础篇

作者：程晨 ISBN：978-7-111-41717-0 定价：59.00元

Arduino开发实战指南：AVR篇

作者：程晨 ISBN：978-7-111-37005-5 定价：59.00元